新农村建设实用技术

住房和城乡建设部科技发展促进中心
沈　阳　建　筑　大　学　　主编

中国建筑工业出版社

图书在版编目（CIP）数据

新农村建设实用技术/住房和城乡建设部科技发展促进中心等主编．
北京：中国建筑工业出版社，2011
ISBN 978-7-112-13132-7

Ⅰ.①新… Ⅱ.①住… Ⅲ.①农业技术—基本知识
Ⅳ.①S

中国版本图书馆 CIP 数据核字（2011）第 056079 号

* * *

责任编辑：郑淮兵 王 鹏
责任设计：董建平
责任校对：陈晶晶 赵 颖

新农村建设实用技术

住房和城乡建设部科技发展促进中心 沈 阳 建 筑 大 学 主编

*

中国建筑工业出版社出版、发行（北京西郊百万庄）
各地新华书店、建筑书店经销
北京永峥排版公司制版
北京建筑工业印刷厂印刷

*

开本：787×1092 毫米 1/16 印张：16¾ 字数：406 千字
2011 年 6 月第一版 2011 年 6 月第一次印刷
定价：**58.00** 元（含光盘）
ISBN 978-7-112-13132-7
（20481）

编委会名单

主　　审：杨　榕　刘　军

主　　编：高立新　周静海

编写组成员：梁　洋　王国业　毕既华　包红霏　彭晓烈　李　燕
李立新　王岳人　赵金波　包龙生　李亚峰　冯国会
朴玉顺　孟宪宏　林文卓　王　军　董　虹　贾世龙
于　玲　夏　怡　李　刚　汝军红　孙春晓　刘　阳

前　言

随着我国经济社会的快速发展，农村、农业及农民问题日益受到党和国家的重视，同时也引起了国际社会的广泛关注。2005 年党的十六届五中全会通过的《中共中央关于制定国民经济和社会发展第十一个五年规划的建议》中指出，“建设社会主义新农村是我国现代化进程中的重大历史任务”。新农村建设是党和国家针对我国社会发展的现状而提出的一个重大战略，是促进我国城乡一体化进程的重要组成部分。

为了促进我国新农村建设的技术进步，为新农村建设提供有力的技术和知识支撑，根据我国新农村建设特点，我们在住房和城乡建设部、科技部相关新农村建设课题研究的基础上，遴选出一批适用于新农村建设的技术和产品，并编写了《新农村建设实用技术》一书。书中全面系统地阐述了新农村建设的进程、建设规划、设计和施工、建筑材料与部品、道路与交通、给水排水工程、垃圾与粪便处理、可再生能源与新能源利用、历史文化与乡土特色建筑保护、防灾减灾等内容，对于指导农村建设选用相关所需技术具有较强的参考价值。本书可作为从事农村建设管理者和实际工程技术人员的参考用书。

本书共分十章，全书由高立新、周静海、毕既华总编，梁洋、王国业统稿。第一章由包红霏编著，第二章由彭晓烈编著，第三章由李燕、李立新、贾世龙、刘阳、王岳人编著，第四章由赵金波编著，第五章由包龙生、于玲编著，第六章、第七章由李亚峰、夏怡编著，第八章由冯国会、李刚编著，第九章由朴玉顺、汝军红编著，第十章由孟宪宏编著，插图由王军、孙春晓绘制。本书中的推荐技术由梁洋、林文卓、董虹收集、整理。

在编写过程中，参考并引用了许多专家学者的著作、论文及有关资料，由于篇幅所限，在此不一一列举，仅向他们表示衷心的感谢。书中如有不妥或错误之处，敬请读者批评指正，以便修改完善。

2010 年 11 月

目　　录

第一章　新农村建设 …… 1

第一节　我国新农村建设的历史进程 …… 1

一、建设“文明村（镇）”、“ 社会主义新农村” …… 1

二、建设“富裕民主文明的社会主义新农村”、“有中国特色社会主义新农村” …… 2

三、扎实稳步推进社会主义新农村建设 …… 2

第二节　新农村建设的历史意义 …… 3

一、建设社会主义新农村，是贯彻落实科学发展观的重大举措 …… 3

二、建设社会主义新农村，是构建社会主义和谐社会的重要基础 …… 3

三、建设社会主义新农村，是全面建设小康社会的重点任务 …… 3

四、建设社会主义新农村，是保持国民经济平稳较快发展的持久动力 …… 4

五、建设社会主义新农村，是促进城镇化健康发展的重要途径 …… 4

第三节　新农村建设的主要问题 …… 4

一、农村建设规划缺乏地域特色和科学性 …… 4

二、农村建设缺乏技术指导 …… 5

三、农村建设技术适用性不足 …… 5

四、农村建筑市场缺乏管理 …… 5

第四节　相关法律法规的解读 …… 6

一、相关法律 …… 6

二、相关行政法规 …… 9

第二章　新农村建设规划 …… 11

第一节　新农村建设规划的必要性 …… 11

一、实现新农村建设总体目标的要求 …… 11

二、推进新农村建设科学发展的要求 …… 11

三、加强新农村建设实施管理的要求 …… 12

四、健全新农村建设投入机制的要求 …… 12

第二节　新农村建设规划的主要内容 …… 12

一、村域规划 …… 12

二、村庄规划 …… 13

第三节　新农村建设规划的注意事项 …… 13

一、符合村庄发展实际，充分了解村庄现状 …… 13

二、合理选择建设用地，符合安全卫生要求 …… 14
三、配套公共服务设施，方便村民生产生活 …… 14
四、适度集聚紧凑发展，选择适宜住宅形式 …… 14
五、科学制定环境区划，保护农村生态环境 …… 15
六、高度重视公众参与，保障规划有效落实 …… 15
第四节　推荐技术 …… 15

第三章　房屋设计与施工 …… 18

第一节　庭院与住宅 …… 18
一、庭院设计 …… 18
二、住宅设计 …… 20
第二节　供热与通风 …… 28
一、供热 …… 28
二、通风 …… 30
第三节　采光与照明 …… 32
一、天然采光与遮阳 …… 32
二、人工照明 …… 33
第四节　房屋施工技术 …… 34
一、地基处理与基础施工 …… 34
二、墙体施工技术 …… 38
三、楼（屋）面施工技术 …… 42
四、防水施工技术 …… 44
五、门窗的安装技术 …… 49
第五节　厨房、卫生间设施与部品 …… 50
一、厨房设备布置 …… 50
二、厨房、卫生间排气系统及其主要设备 …… 52
三、厨房炊事灶具 …… 54
四、卫生间器具 …… 55
五、厨房、卫生间管线布置与安装 …… 57
第六节　推荐技术 …… 61

第四章　建筑材料与制品 …… 91

第一节　墙体材料 …… 91
一、砌墙砖 …… 91
二、砌块 …… 94
三、墙板 …… 95
第二节　防水材料 …… 97
一、刚性防水材料 …… 97

二、防水卷材……………………………………………………………………………………98
三、防水涂料……………………………………………………………………………………99
四、防水剂……………………………………………………………………………………101
第三节　装饰装修材料……………………………………………………………………101
一、装饰材料的选用………………………………………………………………………102
二、常用的装饰材料………………………………………………………………………102
第四节　建筑门窗…………………………………………………………………………105
一、门窗………………………………………………………………………………………105
二、五金配件…………………………………………………………………………………106
第五节　推荐技术…………………………………………………………………………106

第五章　道路与交通……………………………………………………………………132

第一节　农村道路技术分级与路线设计要点…………………………………………132
一、农村道路技术分级……………………………………………………………………132
二、路线设计要点…………………………………………………………………………133
第二节　路基路面工程……………………………………………………………………134
一、设计基本要求…………………………………………………………………………134
二、施工要点………………………………………………………………………………137
第三节　桥涵工程…………………………………………………………………………138
一、桥涵的组成及基本类型………………………………………………………………138
二、桥涵基本要求…………………………………………………………………………141
第四节　道路交通安全设施………………………………………………………………141
第五节　养护和绿化………………………………………………………………………144
一、养护……………………………………………………………………………………144
二、绿化……………………………………………………………………………………147
第六节　推荐技术…………………………………………………………………………148

第六章　给水排水工程…………………………………………………………………157

第一节　给水工程…………………………………………………………………………157
一、给水设施………………………………………………………………………………157
二、水质净化技术…………………………………………………………………………162
第二节　排水工程…………………………………………………………………………165
一、排水设施………………………………………………………………………………165
二、农村常用污水处理技术………………………………………………………………166
第三节　推荐技术…………………………………………………………………………169

第七章　垃圾及粪便的处理……………………………………………………………187

第一节　垃圾收集与处理…………………………………………………………………187

一、垃圾收集 …… 187
二、垃圾处理与处置 …… 187
第二节　粪便处理 …… 188
一、堆肥 …… 188
二、厌氧消化 …… 189
三、成套处理设备 …… 189
第三节　推荐技术 …… 189

第八章　新农村可再生能源与新能源利用 …… 197

第一节　太阳能利用技术 …… 197
一、太阳能热水系统 …… 197
二、被动式太阳房 …… 200
三、太阳能光伏发电系统 …… 200
第二节　热泵技术 …… 201
一、空气源热泵 …… 202
二、土壤源热泵 …… 202
三、水源热泵 …… 202
第三节　沼气利用技术 …… 202
一、沼气池构造 …… 203
二、沼气池的设计 …… 203
三、沼气池运行维护 …… 204
四、沼气池的安全使用 …… 204
第四节　风力发电技术 …… 205
一、风力发电系统构成 …… 205
二、风力发电系统选址安装 …… 206
第五节　推荐技术 …… 207

第九章　历史文化与乡土特色建筑保护 …… 215

第一节　保护的原则和思路 …… 215
一、保护的原则 …… 215
二、具有历史文化与乡土特色建筑的保护思路 …… 216
第二节　几种典型的保护模式 …… 217
一、政府统建，居民自助模式 …… 218
二、民居认领模式 …… 218
三、“冻结式保存”模式 …… 219
四、异地搬迁模式 …… 219
五、居民自觉模式 …… 220
第三节　实用保护技术 …… 220

一、残损调查技术 …… 220
二、材料保护技术 …… 221
三、历史建筑结构保护技术 …… 230
第四节　推荐技术 …… 231

第十章　防灾减灾 …… 234

第一节　灾害种类及避灾 …… 234
一、火灾及其避灾方法 …… 234
二、洪灾及其避灾方法 …… 235
三、地质灾害及其避灾方法 …… 236
四、震灾及其避灾方法 …… 236
五、用电安全 …… 237
第二节　建筑与防灾 …… 237
一、建筑防震 …… 237
二、建筑防火 …… 241
第三节　建筑维修与加固 …… 246
一、砌体结构的加固方法 …… 247
二、混凝土结构的加固与维修方法 …… 247
第四节　推荐技术 …… 248

参考文献 …… 258

第一章　新农村建设

第一节　我国新农村建设的历史进程

长期以来，农业、农村和农民问题（即所谓“三农”问题）始终是影响中国改革开放和现代化进程的主要问题。以科学发展观为指导，树立自主创新的发展理念，从根本上改变农业生产方式和广大农民的生活方式，改善农民居住环境，对于新时期全面推进小康社会建设，加快建设节约型社会主义新农村，保障人民群众健康安全，推动农业和农村经济可持续发展，构建社会主义和谐社会意义重大。基于此，党的十六届五中全会指出，建设社会主义新农村是我国现代化进程中的重大历史任务，是新时期做好“三农”工作的行动纲领。

“社会主义新农村”是指在社会主义制度下，反映一定时期农村社会以经济发展为基础，以社会全面进步为标志的社会状态。主要包括以下几个方面：一是发展经济、增加收入。这是建设社会主义新农村的首要前提。要通过高产高效、优质特色、规模经营等产业化手段，提高农业生产效益。二是建设农村、改善环境。包括住房改造、垃圾处理、安全用水、道路整治、村屯绿化等内容。三是扩大公益、促进和谐。要办好义务教育，使适龄儿童都能入学并受到基本教育；要实施新型农村合作医疗，使农民享受基本的公共卫生服务；要加强农村养老和贫困户的社会保障；要统筹城乡就业，为农民进城提供方便。四是培育农民、提高素质。要加强精神文明建设，倡导健康文明的社会风尚；要发展农村文化设施，丰富农民精神文化生活；要加强村级自治组织建设，引导农民主动有序参与乡村建设事业。

具体而言，所谓“新农村”包括五个方面，即新房舍、新设施、新环境、新农民、新风尚。这五者缺一不可，共同构成“社会主义新农村”的范畴。通过改善住房条件、完善基础设施、整治环境，营造良好的生态环境、优美的生活环境，满足新时期我国建设资源节约型、环境友好型社会的要求。

回顾我国农村建设的发展，特别是改革开放以后三十多年的发展，农业生产条件大为改善；农村基础设施和社会事业发展明显加强；农民收入较快增长，农村居民生活水平和居住条件不断提高。我国的新农村建设可以划分为以下几个阶段：

一、建设“文明村（镇）”、“社会主义新农村”

20 世纪 70 年代末 80 年代初，中国的改革开放最早从农村开始，中国经济步入高速增长的轨道。“交足国家的，留足集体的，剩下都是自己的”，农民的生产积极性迸发出来，生产很快发展起来。1978 ~ 1990 年间，农业生产总值年均增长率高达 13%，国民生产总值年均增长率高达 8.8%，财政收入增长了 1.6 倍。农村经济社会全面发展的基础和条件越来越坚实。我们党顺应时代要求，在更高起点上提出了建设新农村的任务。《中共中央关于一九八四年农村工作的通知》，即1984年中共中央1号文件等，较全面地阐述了这个阶段新农村建设的主要思想。

改革开放初期，新农村建设的思路方针、目标和任务都有重大突破和创新。1983年10月，中央宣传部和中央书记处农村政策研究室联合召开全国农村文明村（镇）建设座谈会，提出建设文明村的目标。文明村建设的总体目标和要求是："在农村全面落实党的十二大提出的总任务，紧紧围绕经济建设这个中心，认真加强思想建设、文化建设、民主建设、道德风尚建设和村容村貌、公益事业建设，实行两个文明一起抓，逐步把广大农民培养成有理想、有道德、有文化、守纪律的一代新型农民，把农村建设成为高度文明、高度民主的社会主义现代化的新农村"。

开展文明村建设活动，是广大农民物质生活水平提高以后，迫切要求精神生活也丰富起来的必然产物；是亿万农民在党的领导下的又一伟大创造。开展文明村建设活动，对全面落实党的十二大提出的战略任务，贯彻党在农村的各项方针、政策，实现两个文明一起抓，进一步巩固和发展已经开创的农业新局面，具有十分重要的意义。

二、建设"富裕民主文明的社会主义新农村"、"有中国特色社会主义新农村"

20世纪90年代中后期，我国农业发展进入到了一个新的阶段。1998年10月14日中共十五届三中全会通过《中共中央关于农业和农村工作若干重大问题的决定》，适时总结了农村改革20年的基本经验，部署了农业和农村跨世纪发展的目标和方针，提出要"建成富裕民主文明的社会主义新农村"、"建设有中国特色社会主义新农村"。新农村建设的指导思想和内涵又有重大创新，集中体现在：一是农业政策目标由以保障粮食供给为主向稳定粮食供给与提高农民收入并重转变，促进农民增收成为了新农村建设的主要内容。二是加强对农业的保护和支持，建立国家对农业的支持保护体系成为建设新农村的一项重要内容。三是新农村建设的目标和要求更加丰富具体，内涵更加深刻。新农村建设既要不断解放和发展农村生产力，还要加强新型农民的培养，推进农村社会事业的进步。

2000年，农民收入问题在党的十五届五中全会上受到高度重视，会议期间，"千方百计增加农民收入"这句话被写进文件。此后，党的十六大第一次提出要统筹城乡经济社会发展。2003年中央农村工作会议要求对农业实行"多予、少取、放活"的方针；党的十六届四中全会，胡锦涛总书记提出"两个趋向"的重要论断，指出我国从总体上已经到了工业反哺农业、城市反哺农村的发展阶段。这些政策的提出，使我国农村建设步入了快速发展时期。

三、扎实稳步推进社会主义新农村建设

2005年10月，党的十六届五中全会通过的《中共中央关于制定国民经济和社会发展第十一个五年规划的建议》中指出，"建设社会主义新农村是我国现代化进程中的重大历史任务"。要按照"生产发展、生活宽裕、乡风文明、村容整洁、管理民主"的要求，坚持从各地实际出发，尊重农民意愿，扎实稳步推进新农村建设。

生产发展，是新农村建设的中心环节，是实现其他目标的物质基础；生活宽裕，是新农村建设的目的，也是衡量新农村建设工作的基本尺度；乡风文明，是农民素质的反映，

体现农村精神文明建设的要求；村容整洁，是展现农村新貌的窗口，是实现人与环境和谐发展的必然要求；管理民主，是新农村建设的政治保证，显示了对农民群众政治权利的尊重和维护。

中央提出建设社会主义新农村的重大历史任务，是要进一步提升“三农”工作在经济社会发展中的地位，加大各级政府和全社会解决“三农”问题的力度。同时，新农村建设作为“三农”工作的重要组成部分，是经济社会发展的需要，必将迎来一个新的发展阶段。

第二节　新农村建设的历史意义

建设社会主义新农村不是一个新概念，但在新的历史背景下，党的十六届五中全会提出的建设社会主义新农村具有更为深远的意义和更加全面的要求。新农村建设是在我国总体上进入以工促农、以城带乡的发展新阶段后面临的崭新课题，是时代发展和构建和谐社会的必然要求。当前我国全面建设小康社会的重点难点在农村，农业丰则基础强，农民富则国家盛，农村稳则社会安；没有农村的小康，就没有全社会的小康；没有农业的现代化，就没有国家的现代化。世界上许多国家在工业化有了一定发展基础之后都采取了工业支持农业、城市支持农村的发展战略。目前，我国国民经济的主导产业已由农业转变为非农产业，经济增长的动力主要来自非农产业，根据国际经验，我国现在已经跨入工业反哺农业的新阶段。因此，我国新农村建设重大战略性举措的实施正当其时。

一、建设社会主义新农村，是贯彻落实科学发展观的重大举措

科学发展观的一个重要内容，就是经济社会的全面协调可持续发展，城乡协调发展是其重要的组成部分。全面落实科学发展观，必须保证占人口大多数的农民参与发展进程、共享发展成果。如果农村的经济社会发展长期滞后，整个经济社会的发展就不可能是全面协调可持续的，科学发展观就无法落实。我们应当深刻认识建设社会主义新农村与落实科学发展观的内在联系，加强社会主义新农村建设，推进社会与经济又好又快发展，在科学发展的轨道上加快前进。

二、建设社会主义新农村，是构建社会主义和谐社会的重要基础

我国人口的主体在农村，因此，要建设和谐社会，首先应当考虑到建设和谐的农村社会，没有和谐的社会主义新农村，也就不可能有和谐的中国社会。通过推进社会主义新农村建设，加快农村经济社会发展，增加农民收入，改善农民生活，缩小城乡差距，有利于更好地维护农民群众的合法权益，缓解农村的社会矛盾，减少农村不稳定因素，对于构建社会主义和谐社会有着十分现实的意义。

三、建设社会主义新农村，是全面建设小康社会的重点任务

我们正在建设的小康社会，是惠及十几亿人口的更高水平的小康社会，其重点在农村，难点也在农村。按照党的十六届五中全会的部署，用新农村建设来统领农村工作，按照落实科学发展观和构建社会主义和谐社会的要求，坚持城乡统筹发展，进一步调整国民

收入分配格局，把农村基础设施建设纳入公共财政范围，逐步改变城乡二元结构，努力消除城乡协调发展的体制性障碍，促进资源在城乡之间合理配置，建立城乡社会事业和基础设施共同发展的运行机制，实现小康社会的目标。

四、建设社会主义新农村，是保持国民经济平稳较快发展的持久动力

扩大国内需求，是我国发展经济的长期战略方针和基本立足点。农村集中了我国数量最多、潜力最大的消费群体，是我国经济增长最可靠、最持久的动力源泉。通过推进社会主义新农村建设，扩大农村的投资，可以加快农村经济发展，增加农民收入，从而提高农村的购买力，拉动整个经济的持续增长。特别是通过加强农村道路、住房、能源、水利、通信等建设，既可以改善农民的生产生活条件和消费环境，又可以消化当前部分行业的过剩生产能力，促进相关产业的发展。

五、建设社会主义新农村，是促进城镇化健康发展的重要途径

城镇化是人类社会发展的必然过程，是人口和第二、三产业向城镇集聚的过程，是工业化发展的必然结果。但是，由于人口多特别是农民多的基本国情，又决定了我国必须走符合国情的城镇化路子，要坚持大中小城市和小城镇协调发展。农民不进城不行，都进城也不行。这就需要一方面引导一部分农业人口和农村劳动力向城镇有序转移，另一方面要加强传统农村的改造，加快新农村建设，改善农民的生产生活条件和居住环境，从而使一部分农民愿意留在农村，使我国城镇化过程健康有序地发展。

第三节　新农村建设的主要问题

国家的高度重视和扶持加上农民自身改造环境的需求，我国新农村建设的热潮已在全国各地蓬勃展开，取得非常显著的成效。新农村建设既是一个老话题，又是一个新事物。现在的新农村建设是在人均 GDP 超过 5000 美元的经济基础上和“以工补农、以城带乡”的政策环境下，采取以农民为主体、在政府辅导下、动员社会力量参与、充分运用市场经济机制的新的模式。但是由于在一些方面（比如管理、政策、技术等）准备不足，新农村建设中也存在着一些需要进一步解决的难点和问题。

一、农村建设规划缺乏地域特色和科学性

为促进新农村建设健康发展，周密而又科学合理的规划布局是前提。目前，各地在建设新农村规划中，出现了一些值得关注的问题：

首先，一些地区的新农村规划没有尊重村庄发展的历史和现状，没有从环境、经济以及文化等多角度综合思考，进行有鲜明特色的新农村规划设计，而是套用城市规划手段来规划农村，低估、破坏了民族固有的传统文化，新农村规划变成简单的兵营式住宅的组合，变成宽马路、大广场、小洋楼、人工河道等室外空间的单调与千篇一律，这种建筑空间的组织方式缺乏突出的地方特色。新农村建设规划应有不同于城市规划的特点，只有从各地实际出发，充分尊重其居住形态，发展延续其风貌和特色，才能使规划的实施收到良好的效果。

此外，农村建设规划缺乏科学性、合理性。在规划的实施中，不顾环境资源承载力和经济条件，盲目提高建设标准、扩大建设规模；不服从规划的严肃性、权威性，擅自变更规划，甚至无视规划进行建设活动；不遵守有关技术标准，不注重空间景观质量和建设工程设计方案水平。这些做法，在很大程度上会影响到新农村建设的整体效果。

因此，面对这样的问题，需要政府相关部门及广大规划工作者坚持以科学发展观统领农村社会发展全局的指导思想，结合各地的实际情况，因地制宜地建设，为村民提供良好的空间设施和环境，达到城乡的协调发展。

二、农村建设缺乏技术指导

农村建设在设计、施工等方面缺乏专业技术人员，尤其在农房建设方面，农民多采取自筹自建的方式，基本没有正规的设计图纸，多是简单模仿，且施工的盲目性和随意性大，施工过程不规范，导致其设计和施工质量低下，建筑质量安全隐患较多。此外，一些节能、节材的新工艺、新技术、新产品也没有得到很好的推广应用。

目前，在新农村建设全面展开的形势下，适用于农村建设的一些技术标准规范，与农村建设实际需要相比，尚不健全。适用于农村建设领域的标准规范亟须加快编制，农村建设标准规范体系也亟须建立。当然也并不是所有城市建设标准规范都不适用于农村建设，由于技术上的关联性，城市建设标准体系多年来积累的相关经验也应转化到农村建设标准体系上来，指导农村建设标准体系的科学建立。

三、农村建设技术适用性不足

近年来各地都在试点推广一些适用于农村的新技术，对于提高农村建设科技水平、改善农村环境起到了一定的示范作用，但是农村建设适用技术的研发和应用推广都相对落后，在总体上还没有形成一个配套的适用技术体系。

长期以来，由于农村经济基础薄弱，农民认识不足，制约了关键技术在农村的应用和推广，导致农村并没有完全享受到科技发展的成果；大量的农村建筑还没有解决结构安全性差、保温性能差等问题，没有为新农村建设和城镇化进程提供基础性的支撑和保障作用。

在我国面临日渐凸显的人口增长与能源、土地、水等资源环境约束和冲突的背景下，要加强农村建设适用技术的应用和推广，根据当地资源和经济状况优先选择技术可行、经济合理的先进技术。

四、农村建筑市场缺乏管理

近年来，随着党中央惠农政策的不断深入，加之政府实施移民搬迁工程和城镇化建设，农村建筑市场非常活跃。但由于监管不到位等诸多原因，目前农村建筑市场是一种粗放管理的状态，还存在着施工单位无资质、从业人员无资格、项目建设不规范、市场监管不到位等诸多问题，导致目前农村建筑市场运行混乱、工程质量良莠不齐，侵害了群众的切身利益，影响了农村建设的持续发展。

因此，加强农村建筑市场的管理，消除农村建筑市场隐患已刻不容缓。

第四节 相关法律法规的解读

为了新农村建设的需要，保护农民的利益，实现建设和谐社会的目标，改革开放以来，国家不断加强与农村建设相关的立法，使新农村的法制建设取得了长足的进步。

本节解读了与新农村建设密切相关的法律法规，旨在为新农村的建设工作提供科学依据。

一、相关法律

法律是特定范畴的基本法，以这些法律为依据，可以制定比较易于执行的行政法规、部门规章和地方性法规。与新农村建设相关的主要法律如下：

（一）中华人民共和国建筑法

我国建筑市场的形成、建立比较晚，市场发育不完善。建筑法律、法规不够健全，市场行为不尽规范。建筑市场隐蔽交易和竞争的无序性，直接导致大量违规违章行为和问题的出现。为了加强对建筑活动的监督管理，维护建筑市场秩序，保证建筑工程的质量和安全，促进建筑业健康发展，1997 年 11 月 1 日第八届全国人民代表大会常务委员会第二十八次会议通过了《中华人民共和国建筑法》（以下简称《建筑法》），自 1998 年 3 月 1 日起施行。

《建筑法》内容广泛，它以规范建筑市场行为为起点，以建设工程质量和安全为主线，主要规定了建筑许可、建筑工程发包与承包、建设工程监理、建设安全生产管理、建设工程质量管理等内容。近年来，以《建筑法》为核心，《建设工程质量管理条例》、《建设工程安全生产管理条例》、《建设工程勘察设计管理条例》等一批配套的法规相继出台，形成了建设工程法律体系的架构，对于规范和整顿建筑市场秩序发挥了不可替代的作用。

（二）中华人民共和国城乡规划法

原有的城乡规划法律制度是“一法一条例”的二元结构，即 1989 年 12 月七届全国人大常委会第十一次会议通过的《城市规划法》和 1993 年 5 月国务院颁布的《村庄和集镇规划建设管理条例》。实践证明，就城市论城市、就乡村论乡村的规划制定与实施模式，既不能遏止城市规模的盲目扩张也不能适应农村的特点和农民的需要。鉴于此，2007 年 10 月 28 日第十届全国人大常委会第三十次会议通过了《中华人民共和国城乡规划法》(以下简称《城乡规划法》),并自 2008 年 1 月 1 日施行,建立了“一法(《城乡规划法》)三条例(《村庄和集镇规划建设管理条例》、《历史文化名城名镇(村)保护条例》、《风景名胜区条例》)”的基本法律框架。

《城乡规划法》是一部关于城乡规划建设和管理的基本法律，它的颁布与实施，对于实现城乡规划一体化，加强城乡规划管理，协调城乡空间布局，改善人居环境，促进城乡经济社会全面协调可持续发展具有重大意义。

《城乡规划法》在总结《城市规划法》和《村庄集镇规划建设管理条例》实施经验的基础上，把《村庄和集镇规划建设管理条例》涉及规划的部分内容上升为法律，体现了对于农村问题的重视程度，有利于指导村庄和集镇的规划制定，规范农村地区的建设行为，为农村地区的规划建设依法管理提供了法律保障，将农村规划正式纳入法定规划体系。

（三）中华人民共和国土地管理法

1986年6月25日，六届全国人大常委会第十六次会议审议通过了《中华人民共和国土地管理法》（以下简称《土地管理法》），并于1987年1月1日起正式施行，这标志着我国的土地管理进入了法制化轨道。随着改革的深化和经济社会的不断发展，《土地管理法》在1988年、1998年和2004年先后进行了三次修改、补充和完善。

2004年8月28日全国人大常委会对《土地管理法》做了适宪性修改，就土地征收、征用进一步作出明确规定。同时，为贯彻实施《土地管理法》，国务院及其有关部门制定了《中华人民共和国土地管理法实施条例》、《基本农田保护条例》等一批行政法规和部门规章，就此适应社会主义市场经济发展要求的土地管理法律体系已基本形成。

《土地管理法》是新中国成立后，我国颁布的第一部关于土地资源管理、全面调整土地关系的法律。它的颁布是我国土地管理工作的重大转折和管理体制的根本性改革，标志着我国土地管理工作开始纳入依法管理和全国城乡土地统一管理的轨道，直到今天《土地管理法》作为我国土地管理的基本法，仍然为保护耕地特别是基本农田、推进土地节约利用、运用土地管理手段强化宏观调控、保护人民群众的土地权益等方面提供了政策保障，为我国经济社会全面、协调、可持续发展提供了重要的土地资源保障。

（四）中华人民共和国环境保护法

我国在20世纪初开始出现环境问题，经历了中华人民共和国建立初期的工业化阶段，环境问题开始严重起来，我国的环境立法也从这时开始。1979年9月13日我国颁布了《中华人民共和国环境保护法（试行）》。

在试行法颁布十年之后，在总结经验吸取教训的基础上，1989年重新修订并在12月26日施行了《中华人民共和国环境保护法》（以下简称《环境保护法》）。该法的颁布标志着我国环境保护事业走上了法制化的轨道，是中国环境保护事业的一座丰碑。

作为环境资源法体系中的基础性法律，《环境保护法》对环境保护的重要问题作了综合规定，既包括保护自然资源的基本要求和开发利用环境资源者的法律义务，也包括防治环境污染的基本要求和相应的义务。《环境保护法》对健全我国环境资源保护法律体系、保护和改善环境、促进经济、社会和环境的协调发展发挥了重要作用。

（五）中华人民共和国节约能源法

1997年11月1日，全国人民代表大会常务委员会通过了《中华人民共和国节约能源法》（以下简称《节约能源法》），于1998年1月1日起施行。该法对节能管理、合理使用能源、鼓励节能技术进步和相关法律责任，作出了具体规定。

随着近年来我国能源消费增长日益加快，能源短缺现象日益严重，能耗高、能效低的问题日益突出，节能工作形势十分严峻。新的《节约能源法》是在这种大氛围下修改完成的，由十届全国人大常委会第三十次会议2007年10月28日通过，自2008年4月1日起施行。新的《节约能源法》在法律调整范围和可操作性上有较大变化，进一步规范了工业领域的节能，并针对当前节能工作中一些较薄弱的环节，如建筑、交通运输和公共机构等领域新增了有关节能管理规定。

《节约能源法》是我国节能法律制度的基本法，它用法律形式将节能工作的一系列方针、政策，用法律的形式固定下来，明确了我国发展节能事业的方针和重要原则，确立了一系列节能管理法律制度，对节约能源起到了重要作用。

新的《节约能源法》规定，国家鼓励、支持在农村大力发展沼气，推广生物质能、太阳能和风能等可再生能源利用技术，按照科学规划、有序开发的原则发展小型水力发电，推广节能型的农村住宅和炉灶等，鼓励利用非耕地种植能源植物，大力发展薪炭林等能源林。新的《节约能源法》还规定，加强农业和农村节能工作，增加对农业和农村节能技术、节能产品推广应用的资金投入。这些规定为农村节能减排工作打下了良好的基础，为社会主义新农村建设注入了强劲动力。

（六）中华人民共和国可再生能源法

早在《中华人民共和国可再生能源法》（以下简称《可再生能源法》）颁布之前，为了推动可再生能源的发展，相关法律就已经做出了一些规定，相关行政机关也制定和实施了一系列规章和政策。由于没有完善的强制性法律机制，这些零散的立法和政策难以产生好的实施效果。《可再生能源法》正是为了弥补相关立法和政策的不足而制定的专项法律，该法于2005年2月28日通过，自2006年1月1日起施行。它明确了政府、企业和公众等各类法律主体在发展可再生能源中的法律关系，肩负着在社会主义市场经济和能源市场化改革的大背景下促进可再生能源开发利用的重任。

为了适应目前我国可再生能源发展形势以及应对气候变化的需要，十一届全国人大常委会第十二次会议2009年12月26日表决通过了《可再生能源法修正案》，该法将自2010年4月1日起施行。

《可再生能源法》的实施，是保障能源供应、调整能源结构、保护环境、消除贫困、促进可持续发展的重要措施。发展可再生能源，能够增加能源供应，优化能源结构，减轻生态压力，缓解温室效应，还有助于改善农村和偏远地区的基本电力供应，从而可以实现经济效益、社会效益和环境效益的统 ，促进国家的可持续发展，符合建设社会主义新农村的要求。

（七）中华人民共和国防震减灾法

1997年12月29日，第八届全国人民代表大会常务委员会第二十九次会议审议通过的《中华人民共和国防震减灾法》（以下简称《防震减灾法》）是我国第一部规范全社会防御与减轻地震灾害活动的重要法律，也是我国几十年防震减灾工作基本经验的总结，该法于1998年3月1日起施行。

颁布实施10年来，我国防震减灾工作有了许多新的发展经验，如地震应急救援队伍的建设，应急救援志愿者的成立，农村抗震民居工程的实施，应急避难场所建设等等，特别是四川省汶川大地震发生之后，又积累了地震应急与救援、地震灾后过渡性安置等方面的经验。为了使这些经验以法律形式固定下来，并逐步推广及完善，2008年12月27日，新修订的《防震减灾法》在十一届全国人大常委会第六次会议上获得通过，于2009年5月1日起施行。

该法的颁布实施，为保护人民生命财产安全、为保障经济建设的顺利进行、为促进防震减灾与经济建设的协调发展、为推进防震减灾工作的开展，发挥了重要的作用。

新《防震减灾法》加强了对农村村民住宅和乡村公共设施的抗震设防管理，为实施农村民居地震安全工程提供了法律依据，将农村民居地震安全工程纳入法制化管理的轨道，进一步提高了农村居民住房科学防震、主动减灾的针对性和有效性。

二、相关行政法规

行政法规是国务院为领导和管理国家各项行政工作，根据宪法和法律，并且按照《行政法规制定程序暂行条例》的规定而制定。为了适应我国农村经济和社会发展的需要，加强新农村建设管理，根据国家有关法律制定的相关行政法规如下：

（一）建设工程质量管理条例

国务院颁发的《建设工程质量管理条例》是《建筑法》的重要配套法规之一。2000年1月10日国务院以279号令发布了《建设工程质量管理条例》，这是国家在市场经济条件下就如何建立新的建设工程质量监督管理制度，就如何加强工程质量监督等系列重大问题作出了明确的规定。从此，工程质量监督管理模式从根本上进行转变，即从原来只局限于对工程实体质量的监督检查，转变到着重对参与工程建设责任主体各方的质量行为的监督和管理，更进步明确了工程质量监督工作职能、责任和方法，以及对工程质量监督工程师的要求。

（二）建设工程勘察设计管理条例

国务院根据《建筑法》第52条规定于2000年8月30日颁布了《建设工程勘察设计管理条例》，这个条例细致、详尽地在勘察设计这个具体领域作了有操作性的规定。《建设工程勘察设计管理条例》的颁布实施，对于进一步加强建设工程勘察设计管理，规范建设工程勘察设计行为，保证建设工程质量，提高投资效益、环境效益和社会效益，促进勘察设计事业的发展，具有十分重要的意义。

（三）建设工程安全生产管理条例

为进一步规范建筑市场，减少和遏制建设领域重特大安全生产事故的发生，提高建设行业施工安全部门的整体素质，做到依法监管、整治有序，国务院根据《中华人民共和国建筑法》和《中华人民共和国安全生产法》颁布了新中国成立以来制定的第一部有关建筑安全生产的法规——《建设工程安全生产管理条例》。2004年2月1日开始施行的《建设工程安全生产管理条例》不仅完善了建设工程安全生产的法规体系，而且还规范和提高了从事建筑活动主体的安全生产行为，更重要的是有关行政主管部门对建设工程安全生产的监督管理有了充分的法律依据。

（四）村庄和集镇规划建设管理条例

规划是农村建设管理的龙头，为了确保农村建设按规划进行，进一步加强规划管理，是制定《村庄和集镇规划建设管理条例》的主要目的之一。该条例于1993年5月7日通过，自1993年11月1日起施行。

该条例的实施，能够加快村庄和集镇规划的编制和调整，将规划与乡镇企业及农村第三产业发展、市场设施建设相结合，与农村剩余劳动力的转移、农民奔小康紧密结合，适应农村经济和社会发展，能够更好地指导新农村建设。

（五）历史文化名城名镇名村保护条例

城市和农村的特色，在趋同化中脱壳而去，传统文化、地域文化、民族文化不断削弱，有的正在消失。人们越来越认识到宝贵的历史文化和自然遗产，是构成城市和农村特色的基础，也是城市和农村经济社会发展的战略资源。鉴于此，自2008年7月1日起施行的《历史文化名城名镇名村保护条例》全面总结了我国历史文化名城名镇名村保护工作中深刻的经验教训，第一次在国家法规层面上提出了名城名镇名村的保护目的和保护责任，对历史文化名城名镇名村的申报、批准、保护规划和保护措施作出了强制规定。它的颁布施行，为社会主义新农村建设开辟了一条新的道路。

（六）基本农田保护条例

目前我国的基本国情是人口多，耕地少，总体质量差，后备资源严重不足。特别是1990年代以来，全国经济迅速发展，房地产势头最猛，大量占用耕地搞开发区、搞房地产，大片的农田变为非农田，土地资源遭到严重破坏。因此，如何合理有效地利用我国有限的耕地，是摆在我国可持续发展战略面前的一道难题。把耕地保护纳入法制轨道是我国解决上述难题的一项重要举措。在这种情况下，根据《中华人民共和国农业法》和《中华人民共和国土地管理法》，《基本农田保护条例》自1999年1月1日起施行，其目的就是对基本农田实行特殊保护，促进农业生产和国民经济的发展。

（七）民用建筑节能条例

自1980年代起因城市建设规模的壮大和更多人开始搬入新房，建筑节能也逐渐被重视起来。从1986年的第一部民用建筑节能设计标准《民用建筑节能设计标准》到2008年10月1日起实施的《民用建筑节能条例》，历经22年的时间终于将诸多标准融合成了一部条例，对建筑节能的重视上升到了国家层面。《民用建筑节能条例》就是要加强民用建筑节能管理，降低民用建筑使用过程中的能源消耗，提高能源利用效率。对落实科学发展观、实现经济社会可持续发展，对实现我国节能优先的发展战略和建设节约型社会具有重要意义。

第二章　新农村建设规划

"城乡建设，规划先行"。新农村建设规划是指导新农村建设和发展的基本依据，直接关系到县域经济、社会、人口、资源和环境的协调发展。

我国农村建设规划起步较晚，只是在经济较发达地区的近年才开始进行农村的规划编制。近几年，我国新农村建设工作在全国各地蓬勃开展，急需规划的指导。而我国绝大多数农村还没有规划或规划编制时间较早，技术含量低，已远远不能适应指导目前新农村建设的需要。规划滞后的问题已成为建设社会主义新农村的制约因素，新农村建设规划的编制也成为国家当前高度重视和亟待加强的工作。

第一节　新农村建设规划的必要性

一、实现新农村建设总体目标的要求

"生产发展、生活宽裕、乡风文明、村容整洁、管理民主"二十字方针是国家对扎实推进社会主义新农村建设的总体要求。二十字方针提出了在我国当前社会主义新农村建设时期，按照新时代的要求，对农村进行经济、政治、文化和社会等方面的建设，最终实现把农村建设成为经济繁荣、设施完善、环境优美、文明和谐的社会主义新农村的目标。

近年来，随着各地加快社会主义新农村建设，贯彻落实党中央、国务院提出的一系列解决"三农"问题的政策措施，农民收入实现了较快增长，农民的生活方式发生了变化。但与实现全面建设小康社会的总体目标相比，农村各项事业的发展还存在着较大差距。农民的生活质量不高，乡村各项设施建设依然落后。如何发展农村生产，提高农民生活水平，完善农村公共服务设施体系布局，快速改变农村现有脏乱差的村庄环境，提供新农村建设的政治保障，都应纳入到编制科学的新农村建设规划中来统筹安排。

二、推进新农村建设科学发展的要求

由于缺乏合理的规划引导，我国农村地区一直存在盲目建设、无序建设的现象，造成了土地资源、社会资源的巨大浪费。

新农村建设不同于城市建设，不能照搬照抄城市建设中的经验，把城市规划套用到新农村建设中来。盲目模仿城市的新农村建设，不能体现农村特点，难以满足农民生产和生活的需要，无法使新农村建设可持续发展。

科学的新农村建设需要新农村建设规划先行、全盘考虑、统筹协调。规划做好了，新农村建设的各项工作才能有章可循、有序展开，才有科学基础。

三、加强新农村建设实施管理的要求

如今，社会主义新农村建设正如火如荼地展开，而新农村建设的管理相对滞后。除了农村管理技术人员缺少，管理手段不足外，一个重要的原因是由于缺少科学合理的新农村建设规划。规划跟不上建设的进程，使新农村建设无章可循，建设管理无据可依。

规划是龙头、是基础，也是政府引导、调控和管理社会主义新农村建设的重要手段。通过有效的建设管理，可以对农村地区土地进行整合利用，推行集中统一建设方式，集中资金抓好农村基础设施和公共服务设施建设。通过合理的规划，可以协调乡村之间的基础设施共建共享，避免重复建设和资源、财力的浪费。对分散、零落的村庄可根据有利生产、方便生活、群众自愿的原则，结合拆旧建新工作进行迁并，引导群众向居住小区集中，有利于对村庄建设管理的加强。

四、健全新农村建设投入机制的要求

科学编制规划可以正确引导社会力量和农民群众参与新农村建设。

通过规划引导、政策扶持等方式，鼓励社会各界参与新农村建设，并逐步建立和完善政府、农民和社会各界相互协调、密切配合、共同参与的建设机制。

广大农民是新农村建设的主体。通过编制新农村建设规划，向广大农民展示新农村建设的美好蓝图，与农民群众共商建设大计，可以充分调动农民群众参与新农村建设的积极性，引导农民积极投身新农村建设，充分发挥自己的主体作用，以投工投劳开展建设，将新农村建设变为农民自身的一种主动要求。

第二节　新农村建设规划的主要内容

新农村建设规划从地域范围上可以分为村域规划和村庄规划两部分。村域包括了一个村委会管辖的全部行政范围，村庄则是村民聚居的居住点，一个村域内可能会有一个以上的居住点。

一、村域规划

（一）经济社会发展规划

综合分析村庄经济社会发展和自然环境状况，明确村庄产业发展方向，确定“一村一品”或“一村多品”的产业格局；提出村庄经济组织合作方式建议、经济社会发展目标和农民增收的措施；提出地方传统文化保护、义务素质教育、农民体育健身以及农村社会养老保险、最低生活保障和新型合作医疗组织建设的目标和措施。

预测农村富余劳动力转移趋势，确定村庄人口及建设用地规模，提出村域内村民居住点集中建设方案与措施。

划定村域范围内禁建、限建和适建区域。界定不同类型产业用地的范围，提出不同分区空间资源有效利用的限制和引导措施。

（二）基础设施规划

依据建制镇（乡）总体规划，在村域范围内确定道路、供水、排水、供电、电信、燃

气、供热、垃圾处理、能源供应、农田灌溉、雨水集蓄、防洪堤坝等基础设施的选址及规模。

（三）生态环境规划

农村生态系统，是农村居民生存和发展的物质基础，是新农村建设最为基础的空间载体。为保护好农村的生态环境，避免在新农村建设过程中对农村脆弱生态系统造成破坏，需要从更大的地域范围内进行生态环境规划。通过利用先进的分析手段对全区域的水、气、声、固废或环境卫生、生物等环境现状进行系统的调查与评价，进行环境功能区划分，明确环境保护目标，制定合理的整治方案及管理体系，有效地指导新农村建设。

二、村庄规划

村庄规划主要包括村庄用地布局、基础设施规划、公共建筑安排、景观风貌规划、农宅规划设计等五个方面。

（一）用地布局规划

确定住宅建筑、公共建筑、生产建筑、基础设施、绿化等的空间布局，提出各类建筑的形式、体量、风格、高度、色彩及其他环境要求，满足指导建设或工程设计的深度。

（二）公共建筑布置

村庄各类公共建筑包括基层组织活动、文化教育、医疗卫生、商业服务、集贸设施等，规划中确定这些设施的具体内容、规模、位置及空间组合形式。如小学、幼儿园、集贸市场等。在村民活动中心集中布置村委会、党员活动室、图书阅览室、老年活动室、卫生室、健身场所、信息服务站、露天剧场和农村超市等服务设施。

（三）基础设施规划

确定村庄内道路、给水排水管道、电力电信线路、供热燃气管道、有线广播电视、垃圾收集转运、公共厕所、锅炉房、燃气站、集中沼气池等设施的规模、位置和走向。

（四）景观风貌规划

与周边山地、农田、水系等自然要素有机融合，提出生态环境保护措施和建设控制要求；划定传统民居、文物古迹和革命纪念建筑等历史文化遗存的保护范围，提出保护利用措施。新建建筑、小品、照明、指示牌、广告牌等实体设施的选型设计应与历史文脉、地方民俗、乡村特色相结合，统一规划、突出特色。街道两侧建筑体量应与街道宽度相适应。

（五）农宅规划设计

对闲置宅基地提出整理方案，引导农民向居住小区集中。结合地方特色和农村生活特点，设计住宅组群空间布局，改善村民居住环境。按合理住宅建筑间距布置农村住宅组群，满足良好的采光、通风条件。提出建筑高度控制要求，减少邻里纠纷。

第三节　新农村建设规划的注意事项

一、符合村庄发展实际，充分了解村庄现状

科学合理的规划是建立在对现状基础资料的全面了解以及科学系统分析的基础上的。

规划基础资料可以由城镇建设管理部门提供和规划设计单位现场搜集整理，新技术的运用不仅可以大大提高基础资料获得的效率和准确性，而且在资料分析、统计数据、预测发展、辅助决策的科学性等方面有重要的支持作用。如城镇规划管理网络信息系统可以通过建立全面的数据库准确提供各项数据，城镇大比例尺数字正射影像图制作技术通过使用先进的 DTM 技术手段建立准确直观的地形数据库，基于 AutoCAD 平台开发的城镇控制性详细规划软件系统可以提高规划设计的自动化程度，这些技术的运用为设计出最佳的规划方案和提高城市规划管理的科学性提供了有力的支持。

农村的情况与城市有很大的区别，不能照搬照抄城市规划的模式。农村规划应根据当地农村经济社会发展水平，按照因地制宜、切实可行的原则，充分考虑农民的生产方式、生活方式和居住方式对规划的要求。应当以服务农业、农村和农民为基本目标，加快农业产业化发展，加强农村基础设施、生产生活服务设施建设以及公益事业建设与管理，从农村实际出发，尊重农民意愿，科学引导，体现地方和农村特色。

二、合理选择建设用地，符合安全卫生要求

村镇建设用地选址在新农村建设中尤其是针对新建村庄而言具有重要的意义。正确科学的选址能够有效地避免地质灾害和洪水淹没等危险，保障村民的生命财产安全。

在我国有很多村庄建设用地位于地震易发带、泥石流易发区、河流泄洪区等危险地带，存在着严重的安全隐患，一旦灾害发生势必会带来严重的后果。近年来发生的地震和洪涝灾害中，很多村庄就是由于建设选址不当遭受严重的损失。

在村庄内部建设用地总体布局中，对生产设施用地中有污染工业项目的选址需考虑与村民居住生活的隔离及风向的关系。为保证人畜健康，对农村集中养殖区的选址需满足相关卫生隔离间距的规定，与村民居住用地保持合理的相对区位关系。

三、配套公共服务设施，方便村民生产生活

村庄要合理安排公共服务设施，在保证可以满足村民各项需求的同时兼顾村镇居民使用的方便性。针对不同等级的村庄和城镇制定不同的公共服务设施配备，合理安排各类公共服务设施的服务半径。统一安排服务设施，根据各村庄不同的自身情况采用不同的设置要求，充分整合利用现有资源，实现资源的共享和综合利用。布置相对集中，避免重复设置，重点保障农民的公共利益。

我国农村地区公共服务设施的配套普遍缺失，出现儿童入学难，村民看病难等现象。有的村庄行政管理、商业中心等公共服务设施布置偏远，服务半径不合理，村民使用不方便。有一些学校布局不合理，存在交通安全隐患，给学生上学造成不便。有的医疗设施不能保证必要的防护距离，造成环境污染。这些问题都需要通过公共服务设施的合理布局来解决。

四、适度集聚紧凑发展，选择适宜住宅形式

广大农村地区在长期自发无序建设中形成了零星散点布局的居民点形态，人均占地面积大，土地利用效率低。在规划中一般采用远期改造集中的方式调整用地布局。但要注意到在农村建房是农民的头等大事，住宅中凝结着农民很大的心血和财富，规划应注重远期

的集中，在近期建设中只能采取适度集中、集聚发展，不搞大拆大建，不搞不适应的建设。可以在规划区内安排适当的新区用地，将旧村中的部分村民搬迁到新区按规划集中，再对搬迁空地按规划建设，扩大改造空间。

村庄建筑住宅设计是新农村建设规划中重要的一环，直接关系居民的日常生活的舒适和村镇面貌的改善更新。我国地域广阔，各地生活习惯和居住方式有着很大的差异，在建筑选材和施工技术上也不尽相同。在规划中对住宅的形式选择要考虑外形、层数、材料等要求，建设出节能节地节材的新农村住宅。

五、科学制定环境区划，保护农村生态环境

新农村建设要走可持续发展的道路，必须保护好广大农村地区脆弱的生态环境。新农村建设不仅仅是农村居住点内部的环境建设，对居民点所在的整体区域都要进行宏观的控制，划分不同的区域，确定相应的环境控制指标，指导新农村建设。科学地制定环境区划，需要采用先进的技术手段，如 3S（RS、GIS、GPS）技术、计算机技术及遥感技术等。

保护农村生态环境应作为新农村建设规划的一条重要原则。农村生态系统主要是以耕地为基本单元的土地系统、山林系统、水体系统等共同组成的复杂的自然环境系统。在规划中要充分考虑不同山地、丘陵、平原及水体等不同自然地理条件的要求，因地制宜，灵活布置，保持农村特有的田园风光，尽量做到不砍树、不推山、不填塘，合理安排村庄内不同功能用地，改善农村生产生活条件和人居环境。

六、高度重视公众参与，保障规划有效落实

农民是新农村建设的主力和直接受益者，所以，在新农村建设过程中，要充分调动农村居民积极性，尊重农村居民意愿，确立其在新农村建设中的主体地位，在广泛听取他们意见和建议的基础上，民主决策、科学决策，切实维护农村居民利益，增强农村居民对规划的认同度和实施规划的积极性。

新农村建设规划应严格执行公示及公众参与制度。为了保证规划的可操作性，规划编制人员在进行现状调查、取得相关基础资料后，采取座谈、走访等多种方式，征求村民的意见。村庄规划要进行多方案比较并向村民公示。村庄规划成果完成后，必须要经村民会议或者村民代表会议讨论同意后，方可由相关部门审批。

在新农村建设规划的工作中，让农民群众能够真正享有知情权、参与权、管理权、监督权，注重做好深入细致的政策宣讲和思想政治工作，为新农村建设造就思想基础、群众基础、社会基础，全力保障新农村建设工作的落实。

第四节　推荐技术

1. 小城镇生态环境规划技术

1）主要技术性能

该技术利用先进的分析手段对小城镇水、气、声、固废或环境卫生、生物等环境现状进行系统的调查与评价，对小城镇环境功能区进行划分，明确环境保护目标，合理预测并

构建适用不同时期的环境目标体系，制定合理的整治方案及管理体系，有效地指导环境管理行为。

2）主要技术指标

社会经济：人均GDP、经济增长率、人口密度、单位GDP能耗、单位GDP水耗、单位GDP二氧化碳排放量。

环境质量：水环境质量、空气质量、声环境质量。

环境和生态建设：自来水普及率、清洁能源普及率、生活污水收集处理率、生活垃圾清运率、生活垃圾无害化处置率、绿化覆盖率、人均公共绿地面积。

环境管理：河道水面保洁率、工业废水达标率、基本无燃煤区覆盖率、噪声达标区覆盖率、公众环保意识。

该技术采用3S（RS、GIS、GPS）相结合的技术进行环境规划的编制，充分利用计算机技术及遥感技术，采用多种软件（MAPINFO/VB/OFFICE/AutoCAD等）辅助完成。

3）适用范围及条件

适用于村镇环境工程规划、建设与管理。

4）技术推荐：环境保护部同济大学环境保护科学技术研究所

2. 控制性详细规划CAD系统

1）主要技术性能

该系统基于AutoCAD平台开发的城镇控制性详细规划软件系统，可应用于城市分区规划和控制性详细规划。

该系统自动化程度高，具有自动生成图纸、表格、计算多种统计指标及自动添加辅助数据；提供日照分析、土方计算和地形分析等功能。该系统生成内容紧密结合规划设计标准与规范。

2）适用范围及条件

适用于城镇控制性详细规划设计和管理。

3）技术推荐：长沙市勘测设计研究院

3. 城镇规划管理网络信息系统

1）主要技术性能

该系统采用组件化设计思想，系统结构灵活，数据格式开放，具备与流行平台的输入/输出接口；对系统架构的研究，增加系统跨平台能力；系统维护部分具备让使用部门自主调整局内机构、人员、审批流程、审批表格的能力，而不依赖于系统开发方通过传统的编程方式来实现；系统注重与Internet、GPS和遥感技术的接口。

2）适用范围及条件

适用于各类城市、乡镇和开发区的城乡规划管理单位。

3）技术推荐：北京建设电子信息工程有限责任公司

4. 城镇大比例尺数字正射影像图制作技术

1）主要技术性能

该技术利用数字地面模型（DTM）数据对航空遥感数字影像进行数字纠正，并在数字制图处理后生成城镇大比例尺数字正射影像图和伪彩色数字影像图，从而建立数字影像数据库，为城镇规划管理提供技术保障。该技术是在吸收现有研究成果的基础上，综合考虑了技术的先进性、实用性和经济性，研究开发并检验完善了一套适合中国国情，满足城镇规划管理对空间基础信息需要，具有大比例尺数字正射影像图制作技术工艺和质量控制方式的方法。

2）适用范围及条件

适用于城镇勘测、规划基础信息处理。

3）技术推荐：建设综合勘察研究设计院

5. 村镇建设用地选址技术

1）主要技术性能

村镇建设用地宜选在水源充足，水质良好，便于排水、通风和地质条件适宜的地段。应避开河洪、海潮、山洪、泥石流、滑坡、风暴、地震断裂等灾害影响以及生态敏感的地段和水源保护区、文物保护区、自然保护区和风景名胜区，还应避开有开采价值的地下资源和地下采空区以及文物埋藏区。

在不良地质地带严禁布置居住、教育、医疗及其他公众密集活动的建设项目、生命线工程设施。因特殊需要布置上述严禁建设以外的项目时，应避免改变原有地形、地貌和自然排水体系，并应制订整治方案和防止引发地质灾害的具体措施。

建筑基地应选择在地质灾害或洪水淹没等低频、低灾害或安全地段。在可能发生滑坡、崩塌、地陷、地裂、泥石流等的场地和地震断裂带上可能发生地表错位的部位，以及行洪河道等难以整治和防御的灾害高危害影响区，禁止进行农民住宅和公共建筑建设，既有建筑工程必须拆除迁建。基础设施现状工程无法避开时，应采取有效措施减轻场地破坏作用。对潜在危险性或其他限制使用条件尚未查明或难以查明的建设用地，应作为限制性用地。

2）适用范围及条件

用于各类建设用地的合理选址。

3）技术推荐：中国建筑设计研究院国家住宅与居住环境工程技术研究中心

6. 村镇公共服务设施规划技术

1）主要技术性能

镇、村庄的公共服务设施按使用性质可分为：行政管理、教育机构、文体科技、医疗保健、商业金融、物业维修等六类。

公共服务设施项目类别、规模按照镇和村庄的不同级别进行有区别的选择建设。各类公共服务设施的服务半径以方便镇、村庄居民的使用，保证使用安全为主要出发点，布局结合镇、村庄的主要道路交通系统来考虑。如：行政管理、主要商业中心用地以方便服务全镇、村庄居民为主，宜布置在主要生活性道路的两侧，学校的布置宜避免学生穿越主干道及对外交通道路，并保持一定的距离。

医疗保健用地在镇村内的布置应利于居民到达，交通便利，满足卫生要求，不对周边环境造成污染，与居住用地和其他公共服务设施保持一定的防护距离（一般为30m），镇医疗保健中心必须具备安全的医疗废弃物处置系统。

2）适用范围及条件

适用于镇、村庄公共设施的规划。

3）技术推荐：中国建筑设计研究院城镇规划设计研究院

重点推荐技术及相关资料详见附送光盘。

第三章　房屋设计与施工

我国农村住宅建设多由农民自建，缺乏政府监督和专业知识的指导，处于一种粗放式的发展状态，存在一定的随意性。农村自建房普遍存在的问题包括以下几个方面：首先，农村住宅建设缺乏规划和科学指导，住宅布局不尽合理，建筑分布散乱、居住分散；其次，住宅建筑的品质普遍不高，缺乏人文内涵，攀比风严重，地方特色明显缺失；第三，农村住宅建设配套设施不完善，影响居住的质量和环境卫生。因此，在新农村住宅建设中，迫切需要科学的、规范的住宅建筑设计，优化乡村的人居环境。

随着农村社会经济的发展和农民生活水平的提高，人们对“住”的要求愈来愈高，这体现在人们对住宅质量和功能的要求上，同时又尽可能地缩短工期和节约投资，而实现这一目标的重要因素就是必须依靠切实可靠的设计和施工技术。

设计和施工是住宅建设的重要环节，是决定住宅能否顺利完工的重要保证。它对于住宅的质量、安全、环境、使用功能及生活舒适度等有着相当程度的影响。因此选择切实可行的设计和施工技术是至关重要的。当前，农村住宅建设不注重设计理念，忽视施工中的关键问题及使用落后、淘汰的技术、材料、产品的情况较普遍。我国近年来制订并发布了许多有关住宅设计和施工的强制性技术标准、规范，而且伴随着科技工作的进展，产生了许多新的技术和施工方法，为农村住宅建设提供有效指导。

第一节　庭院与住宅

一、庭院设计

庭院是农村住宅中的重要组成部分。从我国农村生活生产方式来看，庭院既是农民日常居家生活必要的外部空间，又是进行家庭副业生产的主要基地。农村住宅庭院的合理布置，既有利于生产，方便生活，又可美化环境，创造良好的居住条件。

（一）庭院布局

庭院一般包括前院、后院，前院即住宅前的晒场（也有称之前场），白天常是农业活动空间，在夏天晚间也是生活空间；后院即主屋后的服务空间，又分为生活院和服务院两个内容，主要以服务院居多，间有菜圃、花圃的布置。

总体来看，庭院的布局根据主体建筑与附属房舍的位置关系大体可归纳为：前院式（附属房舍布置在前院）、侧院式（附属房舍布置在主屋左右的侧院内）、后院式（附属房舍布置在后院）、前侧院式（附属房舍在前院、侧院都有布置）、前后院式（附属房舍在前院、后院都有布置）、后侧院式（附属房舍在后院，侧院都有布置）、前后院贯通式（附属房舍可分布在前院、侧院和后院，前院和后院由侧院连通）。

附属房舍，特别是畜舍的位置，一般布置在前院、后院或侧院。从单体位置来看，附房设在后院比较好，但从总体布局来看，前宅的畜舍刚好处在后宅主房的前面，这又恰恰是不利的。因此，根据环境卫生和防止污染的要求，畜舍与主屋要保持一定的距离。从实例调查来看，前院的畜舍与主屋的距离至少应在7m以上，可以减少空气污染的程度，还应注意牲畜、家禽饲养区不要设在住宅的上风向。另外，可利用前后宅之间的空地作为庭院场地，既方便农民的业余生产活动，又大大改善环境卫生。也可在前后宅布置中把前后宅的畜舍相对集中，加大后宅与畜舍的间距，以解决畜舍对主体建筑的影响。这样处理也为将来人口增加扩建新住宅留了余地。

1. 前院布置

前院的布置大体有：生活院（种植花、草，有部分硬地的庭园）或有农具件、果园、葡萄架等进行家庭副业的院落；生活和副业杂物混合的服务院。一般说来畜舍布置在前院，从环境上对主屋会产生空气污染，特别是在南方地区。因此畜舍布置时与主屋要保持一定距离，厨房与畜舍要分离以减少污染（图3-1）。

2. 侧院布置

当宅地较大时，可把附属房舍设于侧院。侧院布置的方式，从使用上来看较为方便，也符合人畜分居的卫生要求，没有前院布置中存在的矛盾问题。从交通路线来看，厨畜间的线路最短最方便。但这种布局方式中，附属房舍与住宅主体建筑并排布置，使得院落开间方向占用土地面积较大。

3. 后院布置

把附属房舍设在后院，主要是因为厨房设在背阴面，家务活动时，准备饲料、取柴草等都比较方便。而后院的畜舍布置与前院一样，有厨房畜舍相连、厨房畜舍相隔以及厨房畜舍分离等不同形式。这种布置不同的是附属房舍没有占去主屋房间的好朝向。在设计畜舍时须注意人畜分居，畜舍设在屋后者，必须使畜舍与住房有一定的间隔，保证牲畜有足够的日照，以利生长（图3-2）。由于目前农村住宅中每户的宅基地都有一定的规定标准和使用要求，因此农村住宅的庭院设计，既要结合住宅平面设计，取得合理的布局方式，又要尽可能地节省宅基地面积。当前国内庭院研究表明，缩小住宅面宽，加大进深，使瓜、菜、禽、畜用地占宅基地面积的40%左右，经济效益最为显著。在农村应广泛提倡实行“三位一体”① 的建设模式，在设置沼气池时应使其在庭院中的位置要尽量与畜舍、厕所靠近或集中布置，并且沼气池和猪圈要能得到太阳的直射，不能长期处于阴影中。在满足住区的整体环境布局以及市政设施布置的同时，还要尊重当地村民的民族文化和习俗，创造富有特色、整洁优美的农村庭院空间环境。

（二）庭院绿化

农村绿化是改善农村人居环境，加快城乡一体化进程的一项民生工程，是新农村建设的重要组成部分。作为新农村（镇）绿化的一部分，庭院绿化要体现出既要生态，又要经济的效果。庭院绿化应立体绿化与平面绿化相结合，盆景与露天植物相结合，经济树种（如柿子、柑橘、梨、枣等）与绿化树种相结合。植物栽植数量视庭院面积大小而定。

---

① 《农村沼气“一池三改”技术规范》NY/T1639-2008 P1。

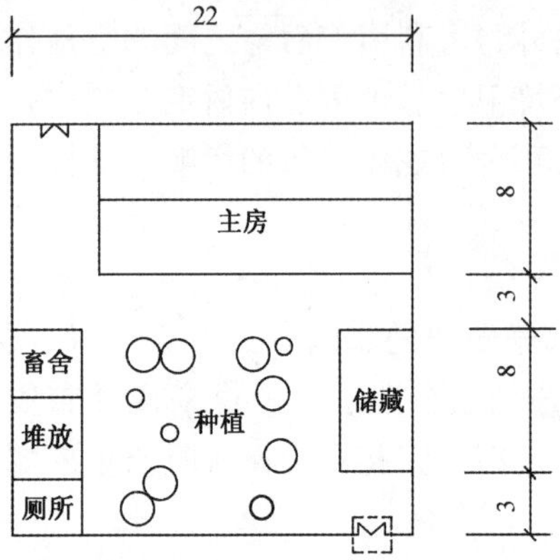

图 3-1　前院布置示意图（单位：m）

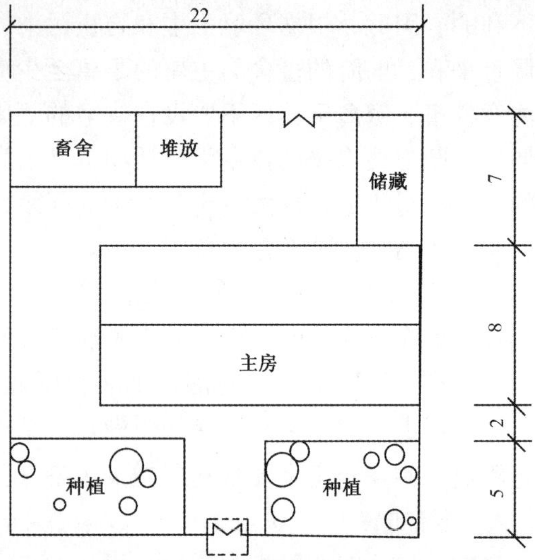

图 3-2　后院布置示意图（单位：m）

1. 庭院绿化的基本原则

农村庭院绿化在充分考虑自身经济基础的前提下，要坚持因地制宜、实用与经济的原则。农村庭院绿化充分考虑当地的自然条件和地方习俗，适时考虑经济作物的栽植，既美化环境，又给农民带来可观的经济收入。农村庭院绿化要充分体现乡土环境特色，促进村民家居环境、村庄环境、自然环境的和谐优美。

2. 庭院绿化树种的选择

为防止外来有害物种入侵，降低绿化成本和保证植物生长正常，绿化应尽量选用乡土植物或实践已证明引种成功的植物。选用经济价值高的植物为栽植主体，观赏性植物为点缀；乔灌草相结合，以栽植管护成本低的乔灌木为主；落叶乔（灌）木与常绿乔（灌）搭配种植，形成“三季有花、四季常绿”的绿化格局。

二、住宅设计

目前，我国农村住宅建设正在蓬勃发展，新型的农村住宅建筑不同于传统的民居，有着鲜明的时代特点。第一，体现农村住户根据从事产业的性质以及其他住宅功能变化的趋势，选定多层次、多元化的住宅类型与标准，以满足不同层次的居民家居生活行为的需求。第二，突破传统格局，生产与生活空间分离，提高居住纯度，提倡建设楼房，科学合理地确定住宅的层数与层高，以求节约土地和节省建房资金；同时，要改进和突破农村传统落后的建造技术，选择坚固耐用、施工简便的新型住宅结构。第三，注重住宅的室内外环境质量的适居性、安全性和舒适性，住宅的朝向、间距要满足日照、通风、防灾、卫生等要求；而且，为保证住宅建筑主体与设备产品之间有机配合，必须采用国家制定的统一模数及各项标准化措施。第四，创造与环境相协调，并充分体现不同地区、不同民族、不同用材以及不同的建造方式所形成的具有鲜明地方特色的建筑形式；同时，还要注意村镇风貌的整体性和住宅群体形态的识别性。

农村生产生活的行为模式决定了农村住宅的功能组成和空间形态。因此，在农村住宅设计时要根据各地生活行为习惯、生产活动方式等，合理安排空间组合及平、立、剖面设计。

（一）住宅的平面设计

农村传统的“生存型”住宅已经不能满足日益发展的新农村住宅建设需要，而现代的“文明型”住宅建设体现了以人为本的设计思想，满足住宅的舒适性、安全性、耐久性和空间专用性，以及审美个性、经济性的需要，大大改善了农村住宅的视觉环境和卫生环境。农村住宅除了要满足居住的功能外，还要满足一定的生产要求。

1. 住宅空间组成的内容与要点

新农村住宅建设中，功能空间的组合应根据各功能空间在居家生活、生产中所起的作用及相互间的关系进行合理组合，并尽可能使关系密切的功能空间有着最为直接的联系，避免出现无用空间或消极空间。

1）住宅空间的组成内容

农村家庭的大多数饮食、起居、休息，以及家庭手工业、服务业活动，部分农产品的种植、加工、储藏等都发生在住宅中。因此，农村住宅设计，对家庭空间功能的多样性要给予足够重视。住宅空间根据功能不同可以细分为不同层次的空间：生活起居空间、生产空间、仓储空间和交通空间。

①生活起居空间

生活起居空间由卧室、客厅、厨房等空间组成。

②生产空间

生产空间是农户在家中从事其他活动的空间，多为家庭手工业、服务业等，一般和客厅或卧室结合起来；有条件的农户也有专门的房间作为生产空间。多数农户生产用房可独立对外，用于家庭生产，或农具、粮食的存放。

③仓储空间

由于生活需要和生活习惯，农村住宅中有大量的仓储空间。仓储空间有的在正房中，也有将大量的生产生活物品堆放在庭院中。

④交通空间

北方农村住宅多为平房，交通通过院落解决；在南方农村中，垂直交通为楼梯，多为室外或半室外楼梯。

2）住宅空间组成的要点

（1）内外有别

住宅中应根据私密性要求的不同来安排各空间之间的位置关系（图3-3）。

私密性最弱的空间（即公开性最强的空间），一般放在住宅的入口处，它主要包括入口过渡空间和起居厅（或客厅）。入口的门是住户与外界之间的一道界限，入门后宜设置门斗或门厅，它是室内外的过渡空间，起着阻挡冷空气侵入、放置雨具、换鞋换衣之用。经过这个过渡空间就应是起居室。私密性居中的空间是工作间、活动室等；私密性最强的空间是主人的卧室和卫生间。在新农村住宅建设中，应明确卧室的功能，卧室的面积大小和平面位置应根据一般卧室、主卧室、老年人卧室等不同的要求分别设置。卧室应布置在

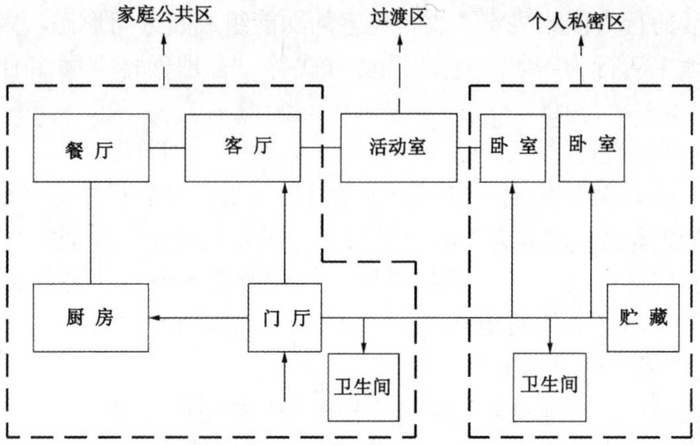

图 3-3　住宅内外分区示意图

朝向最好、视野最佳的位置。

（2）动静分离

动静分离就是为了满足不同功能活动的必要的功能分区。卧室必须与起居空间、活动空间分离，通过有效的划分使动静区域不互相干扰，充分尊重农村的民风民情，使得家人、客人各有相对完整的活动空间，又照顾了家庭生活的私密性。

（3）食寝分离

把用餐功能从“传统型”住宅中的卧室分离出来。在农村大部分地区由于燃料和厨房设备的原因，现在还不具备在厨房中安排就餐空间的条件，但可以利用小的方厅、过厅空间来安排餐桌。

（4）就寝分离

就寝分离指的是生理分室，是根据家庭成员的年龄、性别和人数的不同而合理安排居室。由于一般农村家庭对子女的独立性格培养和个性保护意识不强，再加上住房条件达不到分室的要求，往往对此不够重视，使得生理分室标准很难实现。在新农村住宅建设中，应争取满足生理分室的条件。

（5）洁污分离

农村住宅中的洁污分离，主要体现在厨房与其他空间的分区。由于厨房主要是炊事活动的场所，是放置采暖设施和堆放燃料的地方。因此应该把厨房和与之相关的储藏空间集中布置，与其他空间适当分区。

厨房的布置要按照储、洗、切、烧的基本流程，还要满足设备安装、管线布置和机械排风的要求。排油烟机、电冰箱应逐步走进农村家庭的厨房，并为微波炉、电饭煲、洗碗机等进入厨房预留空间。厨房中的三个主要设备水池、炉灶和冰箱之间的距离要适宜。

2. 住宅平面设计要点

从组成平面各部分的使用性质来分析，农村住宅的各功能空间由使用部分和交通联系部分组成。使用部分是指住宅建筑中的主要使用房间和辅助使用房间。住宅中的主要使用房间是住宅建筑中的核心，包括住宅中的客厅、卧室、餐厅等；辅助使用房间属于次要部分，包括住宅中的厨房、厕所等。交通联系部分是住宅建筑中房间之间、楼层之间和室内与室外之间联系的空间，包括门厅、走道、楼梯间、电梯间等。

1）居住空间设计

居住空间是一套住宅的主体空间，主要包括睡眠、起居、工作、学习、进餐等功能空间。居住空间应宽敞、明亮，并保证良好的采光和自然通风，以及较好的视野。

（1）客厅

客厅是家庭对外和家庭成员的活动中心，兼会客、就餐、生产、家庭聚会为一体，甚至是家庭举行婚丧喜庆活动的重要场所。起居室的使用面积不应小于 $12m^2$（图 3-4）。

（2）卧室

卧室是住宅内部最重要的功能空间，按照面积的大小和平面位置分为主卧室、一般卧室和老年人卧室等。卧室之间不宜相互串通。主卧室的净宽度不宜小于 3.3m，面积在 12 ~ 18 m^2 之间较为合适，并不得小于 10 m^2。单人卧室面积不宜小于 $6m^2$；兼起居的卧室 $12m^2$（图 3-5）。

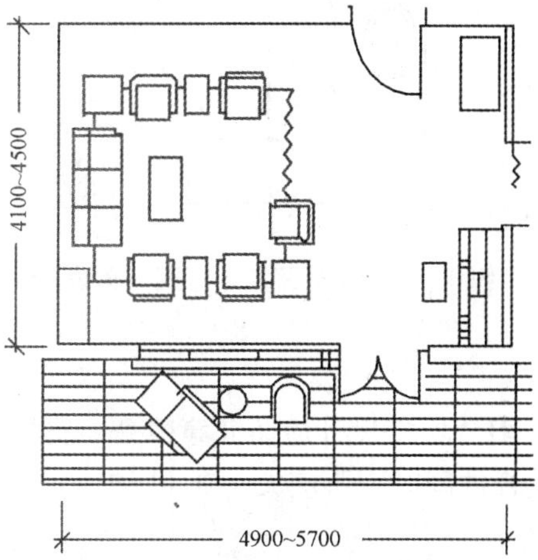

图 3-4　客厅平面示意图（单位：mm）

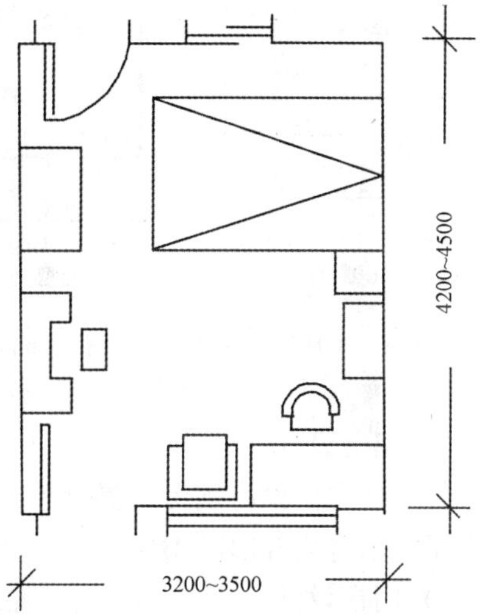

图 3-5　卧室平面示意图（单位：mm）

（3）餐厅

餐厅也是住宅中十分必要的功能空间。农村生活中餐厅不仅是家人日常共同进餐的场所，更是亲朋好友交流和休闲的场所。餐厅的面积大小要适宜，可以设置成独立的餐厅，也可以考虑与厨房相结合，还可以与客厅相结合。

2）厨房设计

厨房的形式根据气候差别和生活习惯的不同可分为封闭式、开放式和半封闭式。无论采用何种形式的厨房应有合理的布局，厨具的摆放形式要符合厨房储、洗、切、烧的基本流程。厨房的使用面积不应小于 $4m^2$，以 6 ~ 10 m^2 为宜，并有良好的采光和通风条件。厨房应设置洗涤池、案台、炉灶及排油烟机等设施或预留位置。厨房的墙面、地面应考虑防水、便于清洁（图3-6）。

3）卫生间设计

卫生间尽可能做到自然通风，面积宜采用4 ~ 8m^2。卫生间应设有便器、洗浴器（浴缸或喷淋）、洗面器等卫生洁具。卫生间布置主要遵循位置隐蔽、使用方便、隔绝气味的原则。应有防水、隔声和便于检修的措施（图3-7）。

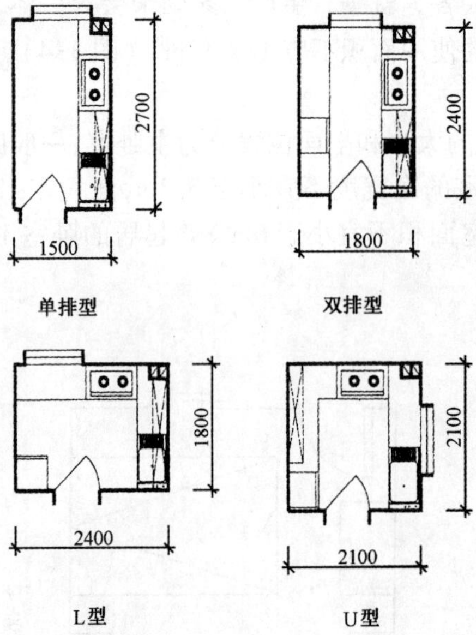

图3-6 厨房平面示意图（单位：mm）

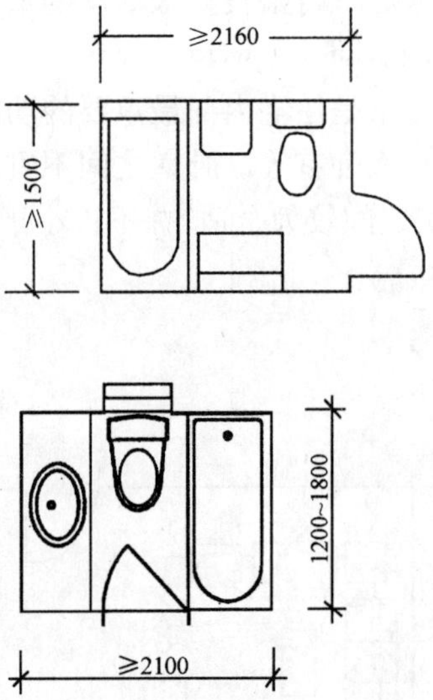

图3-7 卫生间平面示意图（单位：mm）

4）阳台设计

每套住宅应设有阳台，提供晾晒衣物等的空间。阳台栏杆设计应防儿童攀登，农村居住房屋的阳台栏杆净高不应低于1.05m；栏杆的垂直杆件间净距不应大于0.11m。

5）门窗设计

居住建筑中，涉及的门有住户的公用外门（单元门）、户（套）门、起居室（厅）门、卧室门、厨房门、卫生间门、阳台门，其中户门应采用安全门。其门洞的最小尺寸如表3-1所示。

为了使房间具有足够的日照和满足自然通风的要求，房间必须开窗，窗口面积大小主要根据房间面积及当地日照情况等因素来考虑。南方气候炎热，可适当增大窗口面积来争取通风量，寒冷地区为防止冬季热量从窗口过多散失，可适当减小窗口面积。

房间门窗的位置直接影响到家具布置、人流交通、采光、通风、安全疏散等。因此，门窗位置应尽量使墙面完整，便于家具设备布置和合理地组织人行交通，以及考虑有利于采光、通风的需要。

6）楼梯设计

楼梯是一栋房屋中楼层之间交通联系部分。楼梯由连续梯级的梯段、平台（休息平台）和围护构件等组成。

门洞最小尺寸① **表 3-1**

类　别	洞口宽度（m）	洞口高度（m）
公用外门	1.20	2.00
户（套）门	0.90	2.00
起居室（厅）门	0.90	2.00
卧　室　门	0.90	2.00
厨　房　门	0.80	2.00
卫生间门	0.70	2.00
阳台门（单扇）	0.70	2.00

楼梯梯段净宽不应小于1.10m。六层及六层以下住宅，一边设有栏杆的梯段净宽不应小于1m。楼梯踏步宽度不应小于0.26m，踏步高度不应大于0.175m。扶手高度不应小于0.90m。楼梯水平段栏杆长度大于0.50m时，其扶手高度不应小于1.05m。楼梯栏杆垂直杆件间净空不应大于0.11m。

楼梯平台净宽不应小于楼梯梯段净宽，且不得小于1.20m。楼梯平台的结构下缘至人行通道的垂直高度不应低于2m。入口处地坪与室外地面应有高差，并不应小于0.10m。楼梯井净宽大于0.11m时，必须采取防止儿童攀滑的措施。

（二）住宅的立面设计

住宅的立面造型设计是农村外在形象的具体表现，往往给人留下深刻、直观的第一印象。我国目前农村住宅以农民自建为主，多数是以建房者的审美喜好和当地的传统做法作为建房的标准。住宅的外观造型缺少整体的设计和控制，缺少对建筑空间、造型元素、地方材料和自然环境的充分考虑，使得农村住宅的居住品质和外观效果受到很大影响。立面造型设计是住宅建设过程中必不可少的一个重要环节，其风格、色彩等应当与当地的住宅总体风格协调一致，并与当地自然环境相融合，体现当地历史和地域文化，以达到文化、艺术和自然的和谐。

1. 住宅立面设计的要求和影响因素

1）立面设计的要求

农村住宅的立面设计要反映住宅建筑的功能要求和特征，并结合建筑的体形、立面比例和所用材料、选用的结构以及施工技术、构造措施等，充分结合各地的自然条件和经济条件，进行整体外形、比例以及屋顶形式等方面的设计。

2）立面设计的影响因素

住宅的使用功能、施工技术条件，以及当地自然环境都会对住宅的外部形象带来极大的影响。住宅的立面设计应综合考虑建筑立面的高度与宽度、比例关系、建筑外形特征的水平及垂直划分、轴线、开口部位、凸出物、细部设计、材料、色彩及材料质感等；屋顶的大小、型式及坡度，屋顶的开口如天窗、阁楼等，屋面材料、色彩及细部设计；建筑材

① 《住宅设计规范》GB50096—1999。

料的质感、纹理和色彩等。

2. 住宅立面设计的要点

1）合理反映住宅内部空间

立面造型设计基本取决于内部空间功能的布局与设计，而最终会反映在外形上。住宅内部有着同样的功能空间，但由于布局的变化以及门窗位置和大小的不同，因而在建筑外形上所反映的体量、高度及立面也不相同。

2）立面造型组成元素及细部处理

立面造型的组成元素很多，住宅的个性表现也取决于这些地方。许多平面相同的住宅，由于立面造型设计、细部处理手法不同，比如不同的开窗方法，不同的入口设计，甚至小到不同的窗扇划分，都会影响住宅的立面造型。所以要使住宅的立面造型具有独特的风格就必须充分考虑立面造型元素及细部处理，充分利用屋顶形式、底层、顶层、尽端转角、楼梯间、阳台露台、外廊和出入口以及门窗洞口等特殊部位的特点，丰富住宅的立面造型。

3）立面与自然环境的关系

在农村住宅的建筑设计中，自然环境的影响比城市中更为明显，因此农村住宅的立面设计要适应当地的环境景观、自然特征。如在建筑的材料、色彩、建筑轮廓线等方面，要严格控制和选择，避免出现破坏环境的现象发生。

4）立面造型中地方材料的运用

农村住宅建筑的建筑材料多种多样，木、竹、砖、石、混凝土等各种材料在我国各地农村住宅中都有所体现。这些地方材料赋予了建筑立面造型浓郁的乡土气息和地域性特征。在住宅立面造型的设计中，应尽可能挖掘和使用地方材料，逐步探索出适合地方材料的建筑造型的表现途径，以形成独特的、具有地域特色的新农村住宅风貌。

（三）住宅的剖面设计

1. 住宅剖面设计的原则

剖面设计是表示建筑物在垂直方向房屋各部分的组合关系。剖面设计主要是确定建筑物各部分高度，建筑层数，建筑空间的组合与利用以及建筑剖面中的结构、构造关系等。剖面设计与平面设计是从两个不同的方面来反映建筑物内部空间的关系，前者主要研究竖向空间的处理，而后者着重解决内部空间的水平方向上的问题。

剖面设计首先满足建筑的使用要求，房间的剖面形状要考虑建筑的使用要求，选用简洁、规整、便于竖向空间组合的形式和结构类型；其次，剖面设计还要满足建筑采光、通风的要求。

2. 住宅剖面设计要点

1）房屋各部分高度的确定

（1）房间的净高与层高

房间净高是指楼地面到结构层（梁、板）底面或顶棚下表面之间的垂直距离。层高是指该层楼地面到上一层楼面之间的距离。房间净高与楼板结构构造厚度之和就是层高。房间的高度恰当与否，直接影响到房间的使用、经济以及室内的空间效果。

根据《住宅设计规范》GB 50096—1999（2003 年版）的规定，住宅层高宜为 2.80m，住宅卧室、客厅的室内净高不应低于 2.40m，局部净高不应低于 2.10m；住宅的厨房、卫生间的室内净高不应低于2.20m。当房间进深大，或要求光线照射深度远的房间，层高应大些。

（2）室内窗台高度

窗台的高度主要根据室内的使用要求、人体尺度和家具或设备的高度来确定。一般住宅窗台的高度常采用900mm左右。浴室、厕所的窗台高度可以高些，以利于遮挡人们的视线。

（3）雨篷高度

雨篷的高度要考虑到与门的关系，过高则遮雨效果不好，过低有压抑感而且不便于安装门灯。雨篷宜高出门洞200mm左右。

（4）地面高差

同层各个房间的地面高度要一致，利于行走。但对于浴室、厕所、厨房、阳台等需要经常冲洗的房间，它们的地面高度应比其他房间的约低20~50mm，防止积水外流，对其他房间造成影响。

（5）室内外地面的高差

为了防止室外雨水流入室内，室内外地面应有一定高差。对居住房屋而言，室内外高差的取值一般为300~600mm。

2）建筑层数

影响建筑层数确定的因素很多，主要包括建筑的使用、结构和材料、城市规划、建筑防火以及经济条件等要求。一般情况下，农村房屋多以6层以下为主。

（四）住宅结构体系

结构体系是指住宅的承重骨架。依据结构构件所用材料的不同，住宅结构体系可分为土坯墙结构、木结构、砌体结构、钢筋混凝土结构和钢结构。

1. 土坯墙结构

1）普通土坯墙结构

土坯是将麦秸、稻草等农作物秸秆铡切成一定长度，与土混合，在一定的规制模框内，由人工制成坯块的砌墙材料，一般经过风干而成。普通土坯墙结构主要由该种材料筑建墙体，采用木制屋架或柁檩作为屋盖结构。

土坯房建造成本低，结构工艺简单、施工便捷。在农村经济条件落后的时期，普通土坯墙结构应用比较广泛，目前已经很少新建这种传统的土坯房。

2）现浇石膏土坯房

现浇石膏土坯房以土坯、石膏、农作物秸秆为墙体主要材料，将石膏浆作为粘合剂，在墙体的土坯间放入农作物秸秆，利用模板把石膏浆灌注于土坯的墙内、外侧、土坯缝隙中，经过一昼夜的固化，将土坯、石膏、秸秆紧密地粘合在一起，使墙体具有保温、隔热的特点，并具有一定的柔韧性，能够有效地抵抗地震。房屋顶棚也可用浇筑法建设。

该种结构工艺简单、施工便捷，所建的房屋冬暖夏凉，节能实用。

2. 木结构

木结构是指全部或大部分用木材制成的结构。它具有制作简单、施工方便，能够就地取材等优点，因此过去在住宅中应用广泛。但由于近年来保护生态环境、节约资源的需要，在工程中已经很少采用木结构，仅仅在林区和农村住宅中有所应用。

木结构具有易腐、易燃及变形过大的缺点。木结构一般不宜用于潮湿性和火灾危险性大的环境中。

3. 砌体结构

砌体结构是指用砖、砌块、石材等块材通过砂浆砌筑而形成的结构。砖包括普通黏土砖、承重黏土空心砖、硅酸盐砖，砌块包括混凝土中小型砌块、粉煤灰中小型砌块，石材包括料石、毛石等。

砌体结构可以就地取材，因此对降低房屋造价有利。由于具有较好的耐火性能以及施工方便等优点而获得了广泛的应用。

4. 钢筋混凝土结构

钢筋混凝土结构由钢筋和混凝土两种材料组成，是在混凝土中配置了钢筋的一种结构。它具有承载力高、耐久性好、便于就地取材、可模性好、耐火性好和抗震性能好等优点。常用的以普通框架结构为主，但近年来也出现了密肋壁板轻框架结构等新技术。

普通框架结构是由梁和柱构成承重体系的结构，即由梁和柱组成框架共同抵抗使用过程中出现的荷载。房屋墙体不承重，仅起到围护和分隔作用。它空间分隔灵活，自重轻，有利于抗震。

密肋壁板轻框架结构主要由框架梁柱、密肋复合墙板和楼板构成。其中密肋复合墙板是在以截面较小、配筋量较少的钢筋混凝土框格内填充以炉渣、粉煤灰等工业废料为主要原料制成的加气硅酸盐砌块预制而成的墙体构件，墙板四周利用钢筋混凝土框格伸出的钢筋与框架梁柱连接，增强了结构的抗震能力。

5. 钢结构

钢结构是指用钢构件制成的结构，钢构件是其结构的承重构件。它具有强度高、自重轻、材质均匀以及施工速度快等优点。钢结构的主要缺点是耐火性能差，工程造价和维修费用高，而且容易发生锈蚀。钢结构是一种新型的住宅结构体系，近年来发展较快，形成了包括多层钢结构住宅、轻型钢结构 ASA 板镶嵌式集成节能住宅及钢网构架混凝土多层住宅等新技术。

第二节　供热与通风

农村住宅中改善室内热环境问题，是提高农村住宅室内环境品质和改善室内居住条件的重要内容我们把室内热环境问题归结为供热和通风两个方面。

一、供热

（一）传统供热

传统火炕是北方农村民居中普遍使用的采暖设施，“一把火”既解决了做饭热源又解决了取暖热源，而且火炕对于人体健康也非常有益。然而传统火炕也存在一定的问题。首先，传统火炕由于构造措施不完善，使得灶内通风效果不好，燃料不能充分燃烧，增大了散热损失。此外，传统火炕只有两个散热方向面向室内空间，热损失较大，房间局部经常出现结露、结霜现象。其次，采用传统火炕采暖的住宅室内温度分布不均衡，在距离火炕较远的北侧墙体附近温度很低，远未达到卫生和舒适标准。第三，火炕采暖的温度不容易控制，住宅室内在一天之内的温差波动也非常大。最后，寒冷地区农村大部分农户使用作物秸秆和草木料等作为取暖和炊事用能，即使排风得当，做饭时室内也会有浓烟消散不去的现象，使得室内卫生条件较差。

（二）改善供热的主要措施

1. 火炕、火墙

火炕按形式不同分为落地炕和吊炕（架空炕）两类，吊炕（图3-8）热性能优于落地炕，是国家推广类型。吊炕由炕下支柱、炕底板、炕墙、炕内支柱、炕梢阻烟墙、炕内冷墙保温层、炕梢烟插板、炕面板、炕面泥、炕檐以及炕墙瓷砖等组成。相对于传统火炕，吊炕具有如下优点：第一，底部架空，取消底部垫土，增加散热面积。第二，采用较大面积的炕板，只有少数几个支撑点，有效降低烟气流速，增加换热时间，保证炕体受热均匀。第三，取消炕体人为设置的炕洞阻隔，使换热过程在整个炕体内而不是在各个局部炕洞内进行，消除了炕洞之间温度不均匀性。第四，吊炕由于取消了前分烟及各种阻挡形成的烟气涡流，仅在炕梢排烟口处设置后阻烟墙，保证了烟气充满整个炕体，使得炕面温度更趋均匀。第五，在排烟口处安装烟插板，在灶门处安装铁灶门，停火后关闭烟插板和铁灶门，使整个炕体形成了一个封闭的热力系统，延长保温时间；夏季则不关闭，使火炕快速散热。

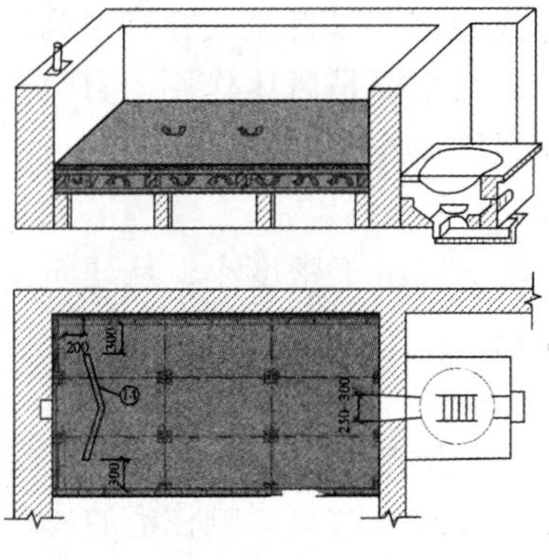
图3-8　吊炕平、剖面图

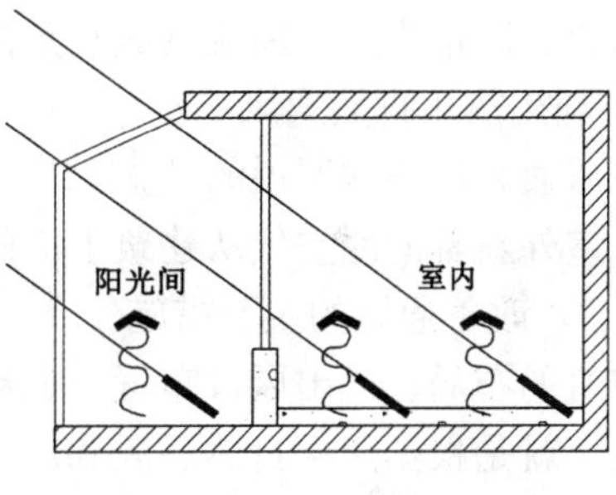

图3-9　附加阳光间采暖

2. 自制土暖气

自制土暖气也是北方农村新建住宅中常见的采暖方式。通过加热炉灶的小型锅炉使热水在室内循环，从而达到提高室温的目的。这也是火炕、火墙局部采暖的初步改进形式。家庭用土暖气一般安装在单户单层建筑中，大多采用重力循环式供暖系统，其作用原理是依靠供水管与回水管中水温的不同所引起的水密度不相等而形成的水柱重力差（即循环动力）来推动热水循环流动。循环动力与冷、热水的密度差和加热、冷却设备中心的高度差成正比，因此应尽量采用高度较小的散热器，这样可以增加散热器距地面的高度，加大系统的循环动力。另外，由于重力循环式供暖系统的循环动力都不大，应选用较大管径的管道组成循环管路以达到良好运行效果。

3. 附加阳光间

在北方地区附加阳光间对于建筑节能的作用比较大。附加阳光间（图3-9），就是在建筑物南侧增加一个有大面积玻璃围护结构的空间。这个空间在冬季白天能得到大量的太阳辐射热，并加热室内空气，使得室内温度提高。在冬季夜晚，虽然此空间散热较大，但由于此空间并非居住空间，因此不会影响室内温度。在夏季，阳光间内的空气温度高，通过阳光间上方的通风口，拉动整个房屋的空气流动，形成良好通风环境。

二、通风

住宅的通风对人们的健康和室内的舒适性起着非常重要的作用。通风带入室内新鲜空气，除去室内的污染物，增强人们的舒适感，在炎热季节还可以有效地降低室内温度。

（一）住宅通风的主要方式

住宅的通风方式包括自然通风和机械通风。现阶段，我国广大农村住宅建筑实现通风的方式主要是自然通风。自然通风没有借助机械设备提供动力把室外的新鲜空气带入室内，是改善室内热环境和空气质量的有效方法。由于建筑物的开口处（如门、窗等）存在压力差而产生空气流动，从而形成自然通风。因此，按照压力产生的不同与原因，自然通风可分为利用风压通风和利用热压通风。

1. 利用风压自然通风

当风吹向建筑时，建筑的迎风面由于阻挡风的去向，建筑表面与建筑各侧面及背面会存在压差。风压通风就是利用建筑迎风面和背风面的压差形成的，穿堂风就是利用风压通风原理形成的。以一户为单元，就组织室内的通风方式而言，以直流式穿堂风为最佳，其次为转角式穿堂风，单面通风则最差，由于穿堂风的动力主要是风压作用，直流式穿堂风流线畅通，转角式穿堂风流线成直角曲折，而单面通风则流线闭塞。

2. 利用热压自然通风

热压通风即平常所说的“烟囱效应”。其原理是热空气由于密度小，从建筑上部风口排出，室外新鲜的冷空气从建筑下面的风口被吸入室内。

（二）改善通风的主要措施

建筑的布局、进出风口布置、进出风口尺寸大小都是影响自然通风的因素，改善住宅的通风，就是根据热压自然通风和风压自然通风的不同原理来改善影响住宅通风的因素。

1. 风压通风的方法

1）优化建筑布局与体形

合理的建筑布局有利于室内通风。在夏季，室内通风效果好，室内凉爽；在冬季，能阻止室外的冷空气进入室内，减少热量损耗。住宅中主要使用的房间尽量布置在夏季迎风方向，一般是朝南布置；辅助房间布置在背风面。这样，在冬季既能充分吸收太阳热，又能减少进入主要房间的室外冷风量，减少北向外墙的散热量；在夏季又可形成穿堂风，实现最有效的自然通风。

除了合理的建筑布局，室内家具的布置也应尽量考虑穿堂风的形成来摆放，家具的设置应避开穿堂风经过的路线，使用可开启的窗户，根据需要调节风速和风量的大小。另外，尽量将居室的穿堂风与辅助房间（包括卫生间和厨房）的通风分开，使室内环境保持清新。

2）合理布置进出风口位置

住宅的进出风口主要是窗户、门。进出风口的位置会直接影响室内的风速和风量，开口面积和位置设置适当，可保证室内风速达到一定速度，且分布均匀。

室内进风口位置的布置要注意：

①室内进风口不宜和出风口直接相对，除非进风口面积很大，否则容易形成气流直通，使房间内远离风口的地方很难受到风的影响。住宅的南北向窗户应该错开，增加气流在室内经过的路线，扩大影响区域，提高通风效果。

②窗口不宜只开在一面墙上。相邻墙面开窗时，进风口易垂直于夏季主导风向，使室内通风效果更为理想。而对于室内只有迎风面一面墙开窗的情况下，窗户非对称布置方式要比对称开窗方式通风效果更好。

③进风口不要设置过高，否则气流就会贴临顶棚流动，无法对活动在室内的人产生作用。

④室内的自然通风还与窗户的可开启面积有密切的关系，窗户的可开启面积过小会影响室内的自然通风效果。夏热冬冷地区可开启的外窗面积不宜小于房间地面面积的8%。

3）合理的进出风口大小

进风口的面积适当，可使室内通风效果更好。进风口宽度控制在开间宽度的1/3～2/3，开口大小为地面面积的15%～25%，将获得更为理想的通风效果。

2. 热压通风的方法

1）合理布置进出风口

进出风口中心高度差越大，自然通风量就越大，进出风温差就越小，室内的温度越均匀；进出风口中心高度差变小，室内的自然通风量将会减少，房间上部温度就越高。因此，住宅中北向窗户的高度适当提高，南向窗户的高度适当减低，同时北向的窗户面积尽量要小，这样既有利于夏季通风又能减少冬季进入室内的冷风量。

另外，在夏热冬暖地区的住宅，房间的高度适当增加，有利于室内自然通风的进一步提高。

2）通风墙

通风墙体是将需要隔热的外墙做成带有空气间层的空心夹层墙，并在下部和上部分别开有进风口和出风口。通风间层的厚度一般为30～100mm。夹层内的空气受热后上升，在内部形成压力差，带动内部气流运动，从而可以带走室内的热量和潮气。外墙加通风间层后，其内表面温度可大幅度降低，而且日照越大，通风空期间层的隔热效果越显著。

3）屋顶通风井

可在住宅建筑上部设置通风井，通风井吸收太阳热后温度升高，内部空气上升并从上部开口排出，在井内形成负压，迫使室内的空气流向通风井，形成自然通风，同时带走室内的热量。

3. 利用机械通风的方法

机械通风是依靠风机提供的动力强制性地进行室内、外空气交换的通风方式。与自然通风相比，机械通风的作用范围大，可采用风道把新鲜空气送到需要的地点或把室内指定地点被污染的空气排到室外，机械通风的通风量和通风效果可人为地加以控制，不受自然条件的影响。但是，机械通风需要配置风机、风道、阀门以及各种空气净化处理设备，需要消耗能量，结构也较复杂，初投资和运行费用较大。

第三节　采光与照明

住宅的室内光环境主要包括天然采光和人工照明两个部分。

一、天然采光与遮阳

（一）天然采光

在新农村住宅设计中，尽量争取利用天然采光，冬季充分利用太阳直射光线使室内温暖、光线好，并改善室内的卫生条件。这样既起到节约资源和保护环境的作用，同时还可以创造出舒适的光照环境，有益于身心健康。

住宅建筑中，立面墙体上开设侧窗是主要的开窗形式。它的优点是构造简单、布置方便、造价低廉，光线具有明确的方向性，有利于形成阴影，对观看立体物件特别适宜，并可通过它看到外界景物，扩大视野。它的缺点是室内照度不均匀，近窗处容易形成眩光。

在房屋进深不大或内走廊建筑，仅有一面外墙的房间，一般都是利用单侧窗采光。这种采光方法的特点是窗户构造简单、布置方便、造价较低、采光的光线的方向性强，照射立体物件或人貌时可获得良好的光影造型效果。单侧窗采光的主要问题是采光的纵向均匀度较差，进深大，离窗远的区域往往达不到采光标准的要求。通常高而窄的采光窗比低而宽的采光窗的纵向均匀度好，高侧窗的纵向采光均匀度明显优于低侧窗的采光均匀度。为了使单侧采光具有良好的采光均匀性，房间进深一般不宜超过窗的上框高度的2~2.5倍。

改善单侧窗采光纵向均匀度的方法有：利用透光材料本身的反射、扩散和折射性能，将光线通过顶棚反射到进深大的工作区；在窗上设置水平搁板式遮阳板，降低近窗工作区的照度，同时利用遮阳板的上表面及房间顶棚面将光线反射到进深大的工作区。

（二）遮阳方式与要点

1. 简易遮阳

在窗前植树或种植攀缘植物，窗口悬挂窗帘、设置百叶窗、挂苇席帘、支撑遮阳篷布等措施。还可利用雨篷、挑檐、阳台、外廊及墙面花格进行遮阳。

2. 窗户遮阳板

在窗前设置遮阳板进行遮阳。农村常用的窗户遮阳板按其形状和位置可分为水平遮阳、垂直遮阳、混合遮阳三种基本形式（图3-10）。

①水平遮阳

在窗口上方设置一定宽度的水平方向的遮阳板，能够遮挡从窗口上方照射下来的阳光，适用于南向及偏南向的窗口，和北回归线以南的低纬度地区的北向及偏北向的窗口。水平遮阳板可做成实心板也可做成网格板或百叶板。

图3-10　遮阳板示意图

②垂直遮阳

在窗口两侧设置垂直方向的遮阳板，能够遮挡从窗口两侧斜射过来的阳光。根据阳光的来向可采取不同的做法，如垂直遮阳板可垂直墙面，也可以与墙面形成一定的垂直夹角，垂直遮阳适用于偏东、偏西的南向或北向窗口。

③混合遮阳

混合遮阳是水平遮阳和垂直遮阳的综合形式，能够遮挡从窗口两侧及窗口上方射进的阳光，遮阳效果比较均匀，混合遮阳适用于南向、东南向及西南向的窗口。

以上三种基本形式可以组合成为各种各样的遮阳形式，设计时应根据不同的纬度地区、不同的窗口朝向，不同房间的使用要求和建筑立面造型来选用各种不同的遮阳形式。

3. 遮阳板的构造处理

1）水平遮阳板由于阳光照射后将产生大量辐射热会影响室内温度，为此可将水平遮阳板做在距窗口上方200mm高处，这样可以减少遮阳板上的热空气被风吹入室内。

2）为减轻水平遮阳板的重量和使热量能随气流上升散发，可将水平遮阳板做成空格式百叶板。百叶板格片与太阳光线垂直。

3）当设置多层悬挑式水平遮阳板时，应留出窗扇开启时所占用空间，避免窗户的开启使用。

二、人工照明

近年来，我国乡村居民的生活质量和生活环境正逐步改善，乡村文化生活日益丰富，对人工照明的需求也逐步提高。因此，合理选择、安装和布置灯具、插座，推广环保照明技术，成为农村人工照明工程的重要内容。住宅中用电安全、电气照明系统的稳定和可靠性以及运行状态的质量至关重要。在新建农村住宅中，照明设备的使用既要注重实用方便、经济美观，也要注意其安全性。

（一）光源的选择

在农村住宅中，空间场所没有特殊的局部要求，主要采用一般照明的方式。这时光源均匀布置在被照场所上空，在工作面上形成均匀的照度。农村住宅中主要的照明光源有白炽灯、荧光灯等。白炽灯的优点在于它体积小结构简单，使用方便灯丝集中，易于控光没有频闪现象等优点。但是存在着红光较多；灯丝亮度高（500sb）；散热量大；寿命短（1000h）；玻璃壳温度高（可达250℃以上）；受电压变化和机械振动影响大等缺点。特别是发光效率很低，浪费能源。所以，农村中应鼓励使用荧光灯作为主要的照明光源。由于发光原理不同，荧光灯与白炽灯有很大区别，其特点主要有发光效率较高；发光表面亮度低，光线柔和，可避免出现强烈的眩光；光色好且品种多；寿命较长；灯管表面温度低。

农村住宅中还应大力推广节能灯的使用。节能灯，又称为省电灯泡、电子灯泡、稀土三基色紧凑型荧光灯及一体式荧光灯，是指将荧光灯与镇流器（安定器）组合成一个整体的照明设备。节能灯的尺寸与白炽灯相近，与灯座的接口也和白炽灯相同，所以可以直接替换白炽灯。这种光源在达到同样光能输出的前提下，只需耗费普通白炽灯用电量的1/5至1/4，从而可以节约大量的照明电能和费用。此外，节能灯还具有寿命长、体积小、低压快启、无频闪、照明物体鲜艳清新等特点。

（二）照明设计要点

在新农村住宅建设中，室内人工照明设计与使用者的心理和生理活动密切相关，照明设计要适应居住空间中多种功能的使用要求。

①照明设计中的灯具的布置和安装，应从满足照度的均匀性、亮度的合理分布以及眩光的限制等，去考虑布置方式和安装高度等要求，如表3-2所示。

照明灯具距地面最低悬挂高度① **表3-2**

种　类	灯具形式	光源功率（W）	最低悬挂高度（m）
白炽灯	有反射罩	≤60	2.0
		100～150	2.5
		200～300	3.5
		≥500	4.0
	有乳白玻璃漫反射罩	≤100	2.0
		150～200	2.5
		300～500	3.0
荧光灯	无反射罩	≤40	2.0
		>40	3.0
	有反射罩	≥40	2.0

②客厅多是用于接待、休憩和家庭交流的主要活动空间，同时也常常兼做餐厅使用。在灯具的选择和布置上可考虑活泼一些，通常可根据房间的净高确定布灯形式。一般农村住宅中，可考虑使用吸顶灯或吊灯，但吊灯底部距地高度不宜低于2.3m。

③卧室主要用于休息的空间，故卧室的一般照明宜设置在床具靠近脚部的边沿上方，宜选用深照型灯具以控制眩光的产生。可设置床头壁灯或台灯来解决床上阅读的问题。

④卫生间布灯位置应避免安装在便器的上方或其背后，并应距淋浴喷头1.2m或距浴缸边口0.6m范围以外设置。当以镜面灯作为一般照明时，镜面灯宜设置在镜面的上部壁装或顶部安装。

⑤照明灯具的开关一般为单级开关。照明灯具控制开关的位置，应考虑使用灵活方便，一般应装在房门的近旁（不要被门扇挡住），一只开关不宜控制过多的灯具，否则，不仅易损坏，也不利节约用电。

第四节　房屋施工技术

一、地基处理与基础施工

（一）地基处理

目前，农村住宅建设常用的地基处理方法有：置换法、夯实法等。

1. 置换法

① 《建筑照明设计标准》GB 50034—2004。

1）换填法

将表层不良地基土挖除，然后回填有较好压密特性的土进行压实或夯实，形成良好的持力层。从而改变地基的承载力特性，提高抗变形和稳定能力。

施工要点：将要转换的土层挖尽、注意坑边稳定；保证填料的质量；填料应分层夯实。

2）夯（挤）置换法

利用沉管或夯锤的办法将管（锤）置入土中，使土体向侧边挤开，并在管内（或夯坑）放入碎石或砂等填料。该桩体与原地基土组成复合地基，由于挤、夯使土体侧向挤压，土体强度有相应的提高。

2．夯实法

1）夯实法

用人工夯、低能夯实机械、碾压或振动碾压机械对比较疏松的表层土进行压实。也可对分层填筑土进行压实。当表层土含水量较高时或填筑土层含水量较高时可分层铺垫石灰、水泥进行压实，使土体得到加固。

重锤夯实就是利用重锤自由下落所产生的较大夯击能来夯实浅层地基，使其表面形成一层较为均匀的硬壳层，获得一定厚度的持力层。

施工要点：施工前应试夯，确定有关技术参数，如夯锤的重量、底面直径及落距、最后下沉量及相应的夯击遍数和总下沉量；夯实前槽、坑底面的标高应高出设计标高；夯实时地基土的含水量应控制在最优含水量范围内；大面积夯时应按顺序；基底标高不同时应先深后浅；冬期施工时，对已冻结的土，应将冻土层挖去或通过烧热法将土层融解；结束后，应及时将夯松的表土清除或将浮土在接近1m的落距夯实至设计标高。

2）强夯法

强夯是强力夯实的简称。将很重的锤从高处自由下落，对地基施加很高的冲击能，反复多次夯击地面，地基土中的颗粒结构发生调整，土体变为密实，从而能较大限度提高地基承载力和降低压缩性。

其施工工艺流程：平整场地→铺级配碎石垫层→强夯置换设置碎石墩→平整并填级配碎石垫层→满夯一遍→找平，并铺土工布→回填风化石渣垫层，用振动碾碾压。

（二）基础施工技术

农村建房时，常用的基础材料有毛石、钢筋混凝土等。

1．毛石基础施工

毛石基础有矩形、阶梯形和梯形三种截面形式，如图3-11所示。

1）施工流程

毛石基础施工流程主要为：抄平放线→盘角摞底→毛石砌筑。

（1）抄平放线

毛石基础施工前应清理垫层，并洒水湿润。放基础轴线、边线，抄平，立皮数杆，划出分层砌石高度，并标出台阶收分尺寸。

（2）盘角摞底

砌筑基础时应先在墙角处盘角。毛石基础应两面挂线。先砌筑转角和交接处，砌四个大角和墙头，再由两端向中间砌筑。缝隙和上部凹坑用小石块或碎石和砂浆填塞平稳

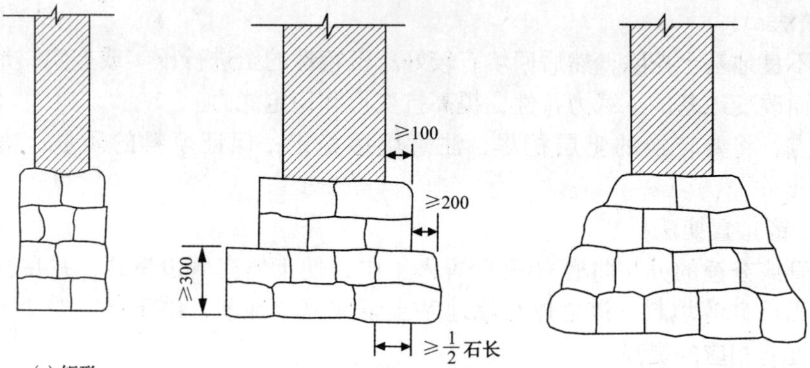

(a) 矩形　(b) 阶梯形　(c) 梯形

图 3-11　毛石基础（单位：mm）

严实。

（3）毛石砌筑

选用较大的平毛石作为第一皮石料进行坐浆砌筑。基础最上一皮、转角处、交接处和洞口处应选用较大的平毛石砌筑。砌筑时，先砌里、外石，后砌中间石，并应分皮卧砌，并应上下错缝，内外搭砌，不得采用先砌外面石块后中间填心的砌筑方法。石块间较大的空隙应先填塞砂浆后用碎石嵌实，不得采用先摆碎石后塞砂浆或干填碎石的方法。毛石砌体的灰缝厚度宜为 20～30mm。

2）技术要点

（1）毛石基础一般砌到室内地坪以下 50mm，基础的顶面宽度不应小于 400mm，应比墙厚大 200mm，即每边宽出 100mm。对于阶梯形基础，每阶高度一般为 300～400mm，并至少砌两皮毛石。

（2）毛石基础每 0.7m^2 且每皮毛石内间距不大于 2m 设置一块拉结石，上下两皮拉结石的位置应错开，立面砌成梅花形。拉结石宽度，如基础宽度等于或小于 400mm，拉结石宽度应与基础宽度相等。如基础大于 400mm，可用两块拉结石内外搭接，搭接长度不应小于 150mm，且其中一块长度不应小于基础宽度的 2/3。

（3）有高低台的毛石基础，应从低处砌筑，并由高台向低台搭接，搭接长度不小于基础高度；内外墙基础应同时砌筑，否则应留置斜槎。

（4）基础砌筑至底层室内地面 -0.06m 处，进行防潮层施工。

（5）基础砌筑每天砌筑高度不应超过 1.2m。

2. 钢筋混凝土基础施工

农村中，常用的钢筋混凝土基础主要有墙下钢筋混凝土条形基础（如图 3-12）和柱下钢筋混凝土独立基础（如图 3-13）。

1）施工流程

钢筋混凝土基础的施工流程：垫层浇筑→钢筋绑扎→模板支设→混凝土浇筑→模板拆除。

（1）清理及垫层浇筑

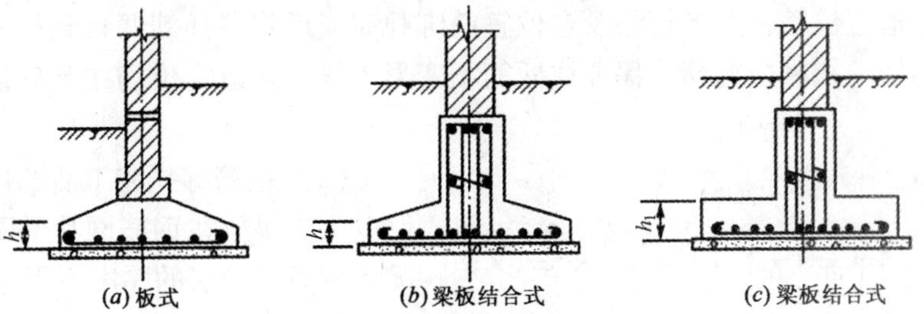

图 3-12　墙下钢筋混凝土条形基础

图 3-13　柱下钢筋混凝土独立基础

地基验槽完成后，清除表层浮土及扰动土，不留积水，立即进行垫层混凝土施工，垫层混凝土必须振捣密实，表面平整，严禁晾晒基土。

（2）钢筋绑扎

垫层强度达到一定程度后，在其上弹出钢筋网片的边线，墙、柱的插筋位置线，铺放钢筋网片、绑立插筋。

（3）模板支设

钢筋绑扎及相关专业施工完成后立即进行模板安装，模板采用小钢摸或木模。

（4）混凝土浇筑

在浇筑混凝土前，对模板浇水湿润，模板缝隙应堵严。混凝土浇筑时应分层进行，并有效振捣。浇筑完毕后，外露部分应覆盖或浇水养护或采用养护液养护。

（5）模板拆除

侧面模板在混凝土强度能保证其棱角不因拆模板而受损坏时方可拆模，拆模前应检查混凝土强度，拆除时采用撬棍从一侧顺序拆除，不得采用大锤砸或撬棍乱撬，以免造成混凝土棱角破坏。

2）技术要点

（1）铺放钢筋网片时，先铺短向钢筋，再铺长向钢筋。钢筋弯钩应朝上，若为双层钢筋网，上层钢筋的弯钩应朝下。四周两根钢筋交叉点应每点绑扎，中间部分每隔一根呈梅花式绑扎；现浇柱与基础连接用的插筋下端用90°弯钩与基础钢筋进行绑扎。双向受力钢筋网则应全点绑扎，绑扣呈八字形。当网片面积较大时，应在已绑扎完毕的网片上斜向布置固定筋，如图 3-14 所示。

柱插筋弯钩部分必须与底板筋成45°绑扎，连接点处必须全部绑扎，距底板 5cm 处绑扎第一个箍筋，距基础顶 5cm 处绑扎最后一道箍筋，作为标高控制筋及定位筋，柱插筋最上部再绑扎一道定位筋，上下箍筋及定位箍筋绑扎完成后将柱插筋调整到位并用井字木架临时固定，然后绑扎剩余箍筋，保证柱插筋不变形走样，两道定位筋在基础浇混凝土前必须进行更换。

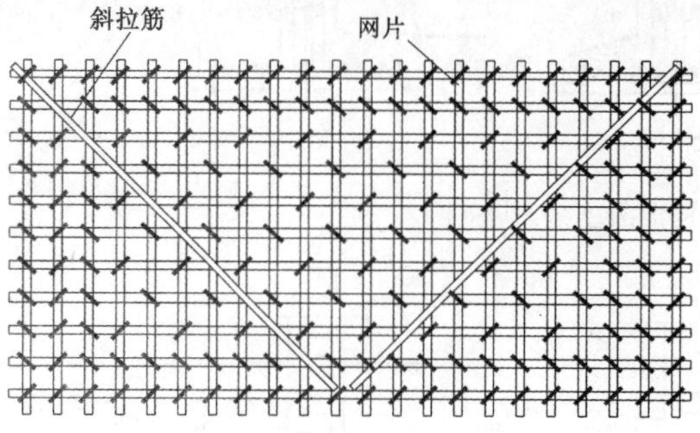

图 3-14　钢筋混凝土基础钢筋绑扎示意图

（2）钢筋绑扎完工后，应将水泥砂浆保护层垫块放在钢筋网片的下边，一般情况下钢筋保护层的厚度不得小于 30mm。

（3）锥形基础坡度小于 30°时，采用斜模板支护，利用螺栓与底板钢筋拉紧，防止上浮，模板上部设透气及振捣孔，坡度大于 30°时，利用钢丝网（间距 30cm）防止混凝土下坠，上口设井字木控制钢筋位置。不得用重物冲击模板，不准在吊帮的模板上搭设脚手架，保证模板的牢固和严密。

（4）混凝土宜分段分层连续浇筑。各层各段之间应相互衔接，每段长 3m 左右，使逐段逐层呈阶梯推进。浇筑时先灌注模板的内边角，再浇筑中间部位。

浇筑现浇柱下条形基础时，必须挂线浇筑，随时复量柱子的插筋位置。对于上部带有坡度的翼板，应注意保持斜面坡度的正确，斜面部分模板应随混凝土分段支设并预压紧，以防模板上浮变形。

浇筑阶梯形基础时，每浇筑一个台阶，间歇 30～60 分钟，待混凝土初凝后，再浇筑上一台阶。

混凝土不能连续施工时，则必须留置施工缝。但施工缝应留置在外墙或纵墙的窗口或门口下或横墙和山墙的跨度中部。必须避免留在内外墙丁字交接处和外墙大角附近。

二、墙体施工技术

（一）砖砌体砌筑

1. 施工流程

砌砖施工流程通常为：抄平、放线→摆砖样→立皮数杆→盘角、挂线→砌砖→勾缝。

1）抄平、放线

在防潮层或楼面上用水泥砂浆或 C10 细石混凝土按标高垫平。然后按龙门板、外引桩或墙上标志，在基础或砌体表面弹墙轴线、边线、门窗洞口线。

2）摆砖样

摆砖样是指在墙基面上，按墙身长度和组砌方式先用砖块试摆，以期达到灰缝均匀，门窗两侧的墙面保持对称，并应减少砍砖的次数，提高工效和施工质量，在砌清水墙时尤其重要。

3）立皮数杆

皮数杆是一种方木标志杆。立皮数杆的目的是用于控制每皮砖砌筑时的竖向尺寸，并使铺灰、砌砖的厚度均匀，保证砖缝水平。皮数杆上除划有每皮砖和灰缝的厚度外，还画出了门窗洞、过梁、楼板等的位置和标高，用于控制墙体各部位构件的标高，如图 3-15

所示。

4）盘角、挂线

砌砖时，先挂上通线，按所排的干砖位置把第一皮砖砌好，然后盘角。盘角又称立头角，指在砌墙时先砌墙角（一般不超过五皮），然后从墙角处拉准线，再按准线砌中间的墙。砌筑过程中应三皮一吊、五皮一靠，保证墙面垂直平整。

5）砌砖

根据墙体厚度，按照一定的组砌方式，砌筑砖砌体。设置钢筋混凝土构造柱的砌体，构造柱与墙体的连接处应砌成马牙槎。填充墙应采取措施与周边构件可靠连接。

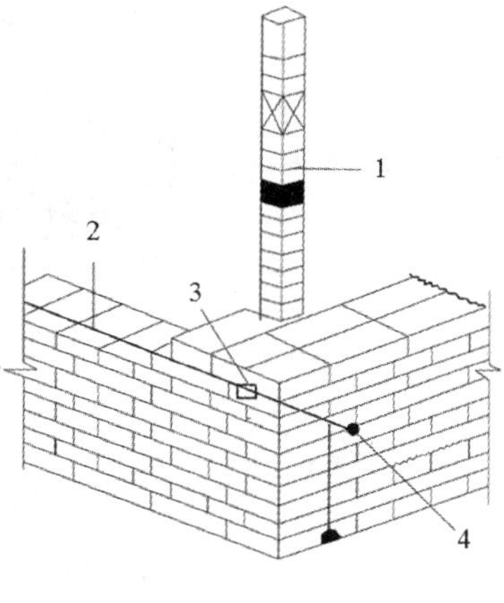

图 3-15　皮数杆示意图

1—皮数杆；2—准线；3—竹片；4—圆铁钉

6）勾缝

清水墙砌筑应随砌随勾缝，一般深度以 6～8mm 为宜，缝深浅应一致，清扫干净。砌混水墙应随砌随将溢出砖墙面的灰浆刮除。

2. 技术要点

1）施工前的准备

常温施工时，烧结普通砖含水率宜为 10%～15%，灰砂砖、粉煤灰砖含水率宜为 5%～8%。

2）墙体的组砌方式

为提高墙体的整体性、稳定性和强度，满足上下错缝、内外搭砌的要求，砖砌体组砌时应采用科学的砌砖方法，以达到提高砌筑功效、节省材料、提高砌体整体性的目的。常用的组砌方式有：一顺一丁、三顺一丁、梅花丁、两平一侧等，如图 3-16 所示。

砖砌的灰缝应横平竖直，厚薄均匀。水平灰缝厚度宜为 10mm，但不应小于 8mm，也不应大于 12mm。砌体水平灰缝的砂浆饱满度不得小于 80%。上下两皮砖的竖缝应当错开，以避免上下通缝（当上下二皮砖搭接长度小于 25mm 时，即为通缝）。

3）构造柱的设置

钢筋混凝土构造柱应与圈梁紧密连接，使建筑物形成一个空间骨架，从而提高结构的整体稳定性，增强建筑物的抗震能力。设有构造柱的砖混结构，应先绑扎构造柱钢筋，然后砌砖墙，最后浇筑混凝土。墙与柱之间应沿高度方向每隔 500mm 设置一道 2 根直径为 6mm 的拉结筋，每边伸入墙内的长度不小于 1m；构造柱应与圈梁、地梁连接；与柱连接处的砖墙应砌成马牙槎，每一个马牙槎沿高度方向的尺寸不应超过 300mm，并且马牙槎上口的砖应砍成斜面。马牙槎从每层柱脚开始应先进后退，进退相差 1/4 砖，拉结筋的设置如图 3-17 所示。

（二）砌块砌筑

1. 施工流程

砌块施工的主要工序是：绘制排列图→立皮数杆→铺灰→吊砌块就位→校正→灌缝等。

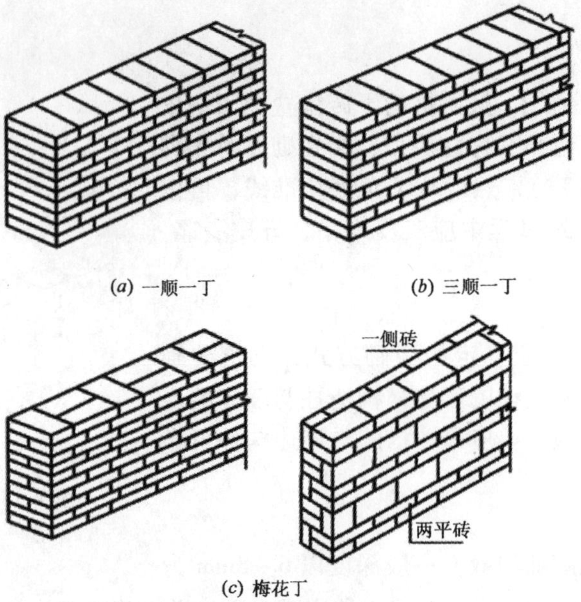

图 3-16　墙体的组砌方式

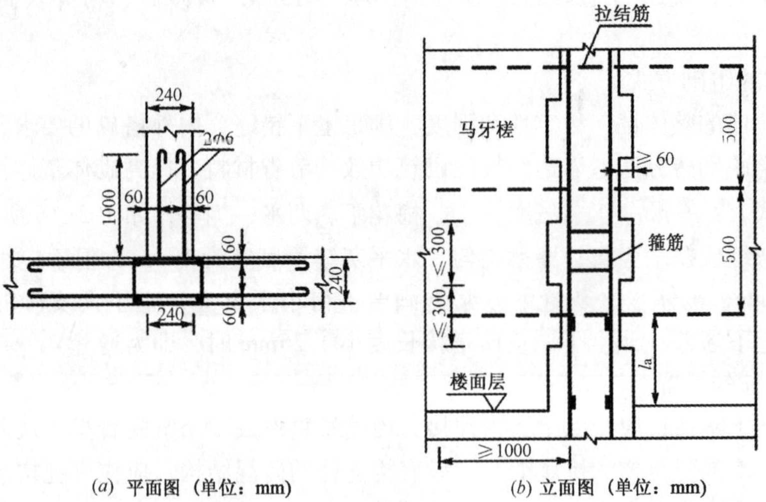

图 3-17　拉结筋的设置

1）绘制排列图

砌筑前根据平面图、立面图及门窗洞口尺寸大小、楼层标高、构造要求等条件，预先选用几种规格的小型砌块，尽量用主规格砌块；其他各种型号砌块为辅，排列组砌成符合各墙面所需尺寸的砌块位置分布图。

2）立皮数杆

砌筑前应根据砌块尺寸和灰缝厚度制作皮数杆；找平放线后将皮数杆立于其间距

≤15m 的墙转角处和交接处。

3）铺灰

砌块墙体所采用的砂浆，应具有较好的和易性。铺灰应均匀平整，长度一般以不超过5m 为宜，炎热的夏季或寒冷季节应按设计要求适当缩短。

4）吊砌块就位

吊砌块一般用摩擦式夹具，夹砌块时应避免偏心。砌块就位时，应使夹具中心尽可能与墙身中心线在同一垂直线上，对准位置徐徐下落于砂浆层上，待砌块安放稳当后，方可松开夹具。

5）校正

用垂球或托线板检查垂直度，用拉准线的方法检查水平度。校正时可用人力轻微推动砌块或用撬杠轻轻撬动砌块。

6）灌缝

竖缝可用夹板在墙体内外夹住，然后灌砂浆，用竹片插或铁棒捣，使其密实。当砂浆吸水后用刮缝板把竖缝和水平缝刮齐。此后，砌块一般不准撬动，以防止破坏砂浆的粘结力。

2. 技术要点

1）孔洞的灌实

在墙体的下列部位，应采用 C20 混凝土灌实砌体的孔洞：底层室内地面以下或防潮层以下的砌体；无圈梁的檩条和钢筋混凝土楼板支撑面下的第一皮砌体；未设置混凝土垫块的屋架、梁等构件支撑处，灌实宽度不应小于 600mm；挑梁支撑面下，其支撑部位的内外墙交接处，纵横各浇灌 3 个孔洞，灌实高度不小于三皮砌块。

2）芯柱（构造柱）的留置

对于一般的小型砌块房屋，宜在外墙转角、楼梯间四角的纵、横墙交接处的三个孔洞中设混凝土芯柱；五层及五层以上的房屋，应在上述部位设钢筋混凝土芯柱。钢筋混凝土芯柱截面不宜小于 120mm × 120mm，其混凝土强度不低于 C15。砌块孔内插筋不应少于 1ϕ10，底部应伸入室内地坪下 500mm 或与基础圈梁锚固，顶部应与屋盖圈梁锚固。芯柱应沿房屋全高贯通，并与各层圈梁整体现浇。在钢筋混凝土芯柱处，沿墙高每隔 600mm 应设 ϕ4 钢筋网片拉结，每边伸入墙体内不应小于 600mm（详见图 3-18）。

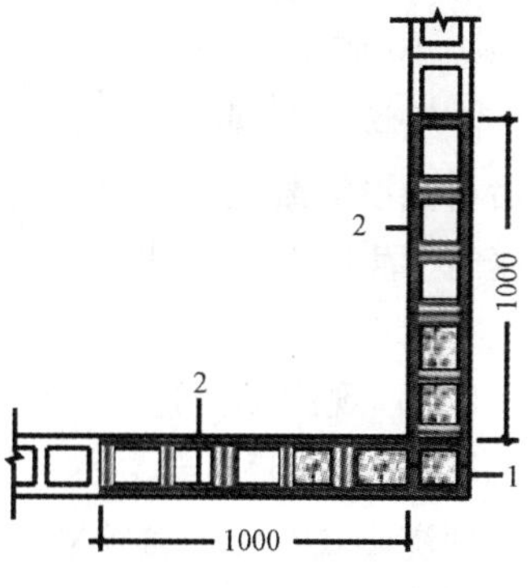

图 3-18　空心砌块墙芯柱构造

1—芯柱≮1ϕ10 钢筋 C15 混凝土；

2—ϕ4 钢筋网沿墙高 600mm

（单位：mm）

（三）墙体保温

农村住宅建筑的外墙保温，应充分利用保温性能好的材料，达到既省钱又保温节能得目的。

1. 外墙外保温

外墙外保温，是指在垂直外墙的外表面上建造保温层，该外墙可以是用砖石、砌块或混凝土建造的外墙。外保温可用于新建墙体，也可以用于既有建筑外墙的改造。由于是从外侧保温，其构造必须能满足水密性、抗风以及温湿度变化的要求，不致产生裂缝，并能抵抗外界可能产生的碰撞。可采用的保温材料有：膨胀型聚苯乙烯（EPS）板、挤塑型聚苯乙烯（XPS）板、岩棉板、玻璃棉毡以及胶粉聚苯颗粒等。

主要做法是在外墙外表面粘贴或钉固聚苯乙烯板，或将聚苯板浇筑在混凝土墙外表面，或抹上保温浆料，外贴加强网布并用聚合物浆料抹面，可以做出质量良好的保温墙体。如果在装修改造的同时在外墙上做外保温，所增加的造价较少。

2. 夹心墙体保温

夹心墙是集承重、保温、围护和装饰为一体的新型复合墙体，具有良好的受力性能、耐久性和保温隔热性能。

夹心墙体由内外层墙体和夹心保温层组成，夹心层的保温材料可选用聚苯乙烯泡沫板、玻璃棉，农村地区也可选用枯草、粉碎的农作物秸秆、小麦糠、干花生壳、锯末等材料作为夹心墙体的填充材料。需要注意的是，当选用这些农作物作保温材料时，一定要作好农作物的防腐、防虫、防潮以及防火措施。

三、楼（屋）面施工技术

（一）现浇楼板施工

1. 施工流程

现浇钢筋混凝土楼板施工的流程：梁和楼板的模板支设→钢筋的绑扎→混凝土的浇筑与养护。

2. 技术要求

1）钢筋的绑扎

绑扎的钢筋网与模板间必须放置相应的钢筋保护层垫块，梁垫块 30mm 厚，板垫块不小于 20mm 厚。

2）混凝土的浇筑

梁和板应同时浇筑混凝土。不能连续浇筑时，需在以下位置留置施工缝：

①混凝土沿次梁浇筑时，施工缝留在次梁跨度的中间 1/3 范围内；

②混凝土沿主梁浇筑时，施工缝留在主梁的同时，亦应在板跨度的中间 2/4 范围内，如图 3-19 所示。

在继续浇筑混凝土时，应先用水泥素浆或与所用混凝土相同的水泥砂浆作为结合层，然后再铺设混凝土。混凝土应分层浇筑，并采用振动棒振捣密实，其分层厚度为 100mm。当浇筑卫生间时，应比正常房间地面低 20mm。混凝土经养护，强度达到 $1.2N/mm^2$ 后方可上人。

（二）现浇楼梯施工

1. 模板安装形式

现浇梁式与板式楼梯支模的方法基本相同，其模板的构造如图 3-20。

采用组合钢模板作为楼梯模板时，楼梯底模用钢模平铺于斜木楞上，楼梯外侧模可以用钢模侧放的方式，支撑方式如图 3-21 所示。

2. 施工流程

现浇楼梯施工的程序与现浇楼板的施工程序基本相同：放样→支模→绑筋→浇混凝土

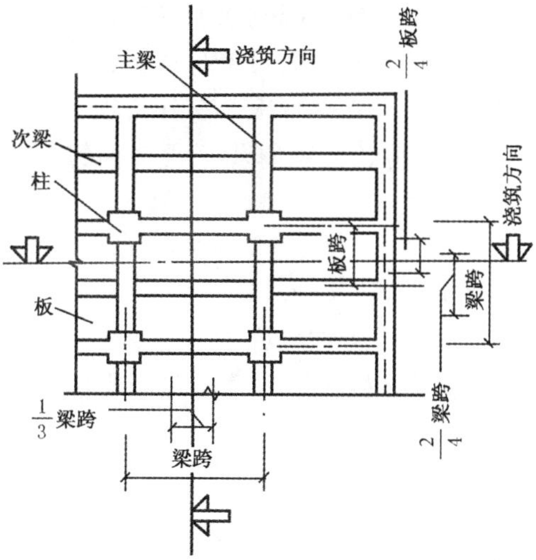

图 3-19　混凝土浇筑示意图

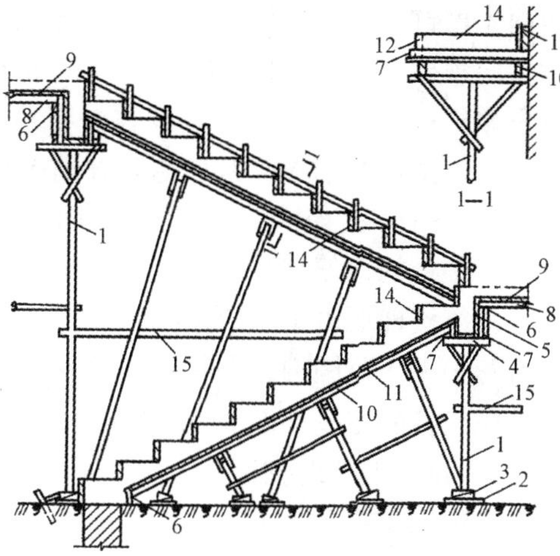

图 3-20　楼梯模板安装

1—顶撑；2—垫板；3—木模；4—梁底板；5—侧板；6—托板；7—夹板；8—平台木楞；9—平台底板；10—斜木楞；11—踏步底板；12—帮板；13—吊档；14—踏步侧板；15—牵杠

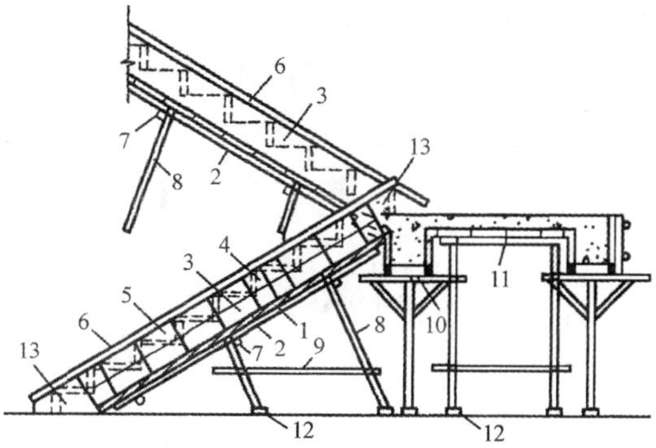

图 3-21　组合钢模的安装

1—钢模；2—钢管斜楞；3—侧模；4—踏步模；5—三角支撑；6—反扶梯基；7—钢管横梁；8—斜撑；9—水平撑；10—梯梁模；11—平台钢模；12—垫木；13—木模镶补三角侧模

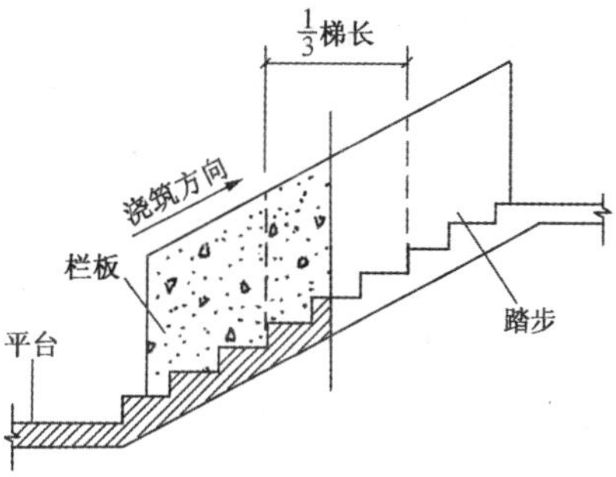

图 3-22　楼梯板施工缝留置示意图

→饰面→安扶手。

1）放样

在楼梯间的墙面上，按图纸 1∶1 放出大样，并配制模板。以起步标高为准，弹出水平基线以及休息平台、楼面台口梁面的标高；量出基础梁、平台梁、台口梁的位置，弹出梁的断面和平台板断面线；弹出斜线与底板线；制作踏步三角，使三角板斜线面与楼梯斜线面相吻合，逐一划出踏步。

2）支模

在平台梁下立顶撑，并安放垫板及木模；铺平台梁底板，立侧板、夹板和托板；在贴近墙体处立顶撑，顶撑上架木楞，铺设平台底板；在底层楼梯基础侧板上钉托板，将楼梯斜面木楞钉牢在此托板和平台梁侧板外的托板上；在斜面木楞上面钉踏步底板，在下面支放斜向顶撑，下加垫板；在踏步底模板上弹出楼梯段边线，立外帮板。在外帮板上钉踏步三角木板；贴墙体钉反三角板与外帮板上的三角木相对应，并在每步三角侧面钉踏步侧板；反三角板的下端应钉牢在基础侧板和平台梁的侧板上。

3）楼梯板的钢筋绑扎、混凝土浇筑

楼梯板的钢筋绑扎、混凝土浇筑与钢筋混凝土楼板相同。

浇筑楼梯混凝土时应连续浇筑，多层楼梯的施工缝应留置在楼梯段1/3的部位或休息平台跨中1/3范围内，并注意1/2梁及梁端应采用泡沫塑料嵌填，以便控制支座接头宽度；施工缝的留置如图3-22所示。

4）饰面及安装扶手

饰面工作主要是进行水泥砂浆找平、抹面灰、勾滴水，最后进行扶手和栏杆的安装。

四、防水施工技术

基于农村房屋的特点，主要介绍屋面防水、楼面防水的施工。其中屋面防水以卷材防水和刚性防水为例。

（一）卷材屋面防水施工

卷材屋面防水是用胶黏剂将卷材逐层粘贴在结构基层上。卷材防水屋面分保温卷材屋面和不保温卷材屋面，一般由结构层、隔气层、保温层、找平层、防水层和保护层等组成（其中是否设保温层、隔气层，要根据气温条件和使用要求而定），其构造层次如图3-23所示。

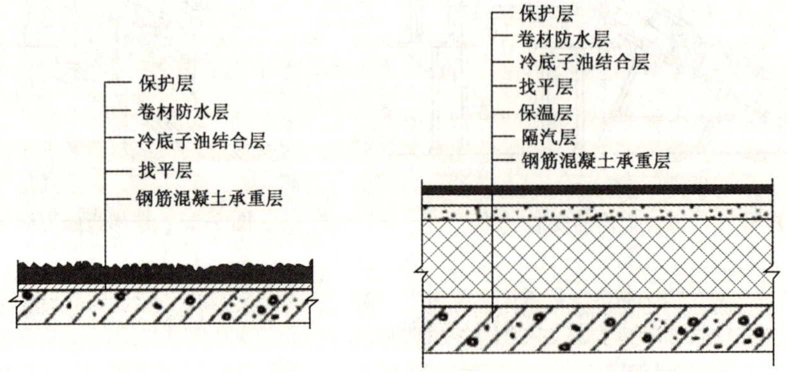

(*a*) 不保温卷材屋面　　(*b*) 保温卷材屋面

图3-23　卷材屋面构造层次图

1. 施工流程

卷材防水层的施工流程：基层表面清理、修整→喷、涂基层处理剂→节点附加层处理→定位、弹线、试铺→铺贴卷材→收头处理、节点密封→保护层施工。

1）基层处理

一般采用水泥砂浆（体积配合比为1∶3）或沥青砂浆（质量配合比为1∶8）找平层作

为基层，厚为15～20mm。找平层应留设分格缝，缝宽20mm，其留设位置应在预制板支承端的拼缝处。其纵横向最大间距，当找平层为水泥砂浆时，不宜大于6m；为沥青砂浆时，则不宜大于4m。并于缝口上加铺200～300mm宽的油毡条，用沥青胶单边点贴，以防结构变形将防水层拉裂。在与突出屋面结构的连接处以及基层转角处，均应做成边长为100mm的钝角或半径为100～150mm的圆弧。

2）卷材的铺贴

（1）沥青防水卷材的铺贴

卷材铺贴前应先准备好黏结剂、熬制好沥青胶和清除卷材表面的撒料。沥青胶中的沥青成分应与卷材中的沥青成分相同。卷材铺贴层数一般为2～3层，沥青胶铺贴厚度一般在1～1.5mm之间，最厚不得超过2mm。

（2）高聚物改性沥青防水卷材的铺贴

高聚物改性沥青防水卷材的铺贴方法可采用冷粘法、热熔法和自粘法。冷粘法是指用冷胶黏剂将高聚物改性沥青防水卷材粘贴在涂刷有基层处理剂的屋面找平层上，而不需要加热施工的方法；热熔法是采用火焰加热器熔化热熔型防水卷材底部的热熔胶进行粘贴的施工方法，施工时用火焰枪将热熔胶加热熔化后作为胶黏剂，立即将卷材滚铺在屋面找平层上；自黏法是采用带有自黏结胶的防水材料，不用热施工，也不需要再涂胶结材料而进行粘贴的施工方法。

2. 技术要点

1）卷材铺设方向

卷材铺设方向应符合下列规定：屋面坡度小于3%时，卷材宜平行屋脊铺贴；屋面坡度在3%～15%之间时，卷材可平行或垂直屋脊铺贴；屋面坡度大于15%或屋面受震动时，沥青防水卷材应垂直屋脊铺贴；高聚物改性沥青防水卷材和合成高分子防水卷材可平行或垂直屋脊铺贴；卷材上下层不得相互垂直铺贴。

2）卷材的搭接

为防止卷材接缝处漏水，卷材间应具有一定的搭接宽度，如图3-24所示。长边不应小于70mm；短边搭接不应小于100mm（坡屋面150mm）；当第一层卷材采用条铺、花铺或空铺时，长边搭接不应小于100mm，短边不应小于150mm，相邻两幅卷材短边搭接缝应错开且不小于500mm；上下两层卷材应错开1/3或1/2幅卷材宽。搭接缝处必须用沥青胶仔细封严。

铺贴卷材采用搭接法搭接时，上下层及相邻两幅卷材的搭接缝应错开。平行于屋脊的搭接缝应顺流水方向；垂直于屋脊铺贴时，由屋脊开始向檐口进行。长边搭接应顺主导方向，短边接头应顺流水方向。同时在屋脊处不能留设搭接缝，必须使卷材相互越过屋脊交错搭接，以增强屋脊的防水和耐久性。

3）保护层

绿豆砂应清洁、预热100℃左右、铺撒均匀，并使其与沥青胶粘接牢固，不得残留未粘接的绿豆砂；用云母和蛭石作保护层时，不得含有粉料，撒铺均匀，不得露底；用水泥砂浆作保护层时，表面应抹平压光，并应按每格$1m^2$设表面分格缝；用细石混凝土作保护层时，混凝土应振捣密实，表面抹平压光，并留设分格缝，分格面积不宜大于$36m^2$；用块状材料作保护层时，宜留设分格缝。分格面积不大于100m²，分格线宽不应小于20mm；浅色涂料保护层应与卷材粘接牢固，厚薄均匀，不得漏涂；刚性保护层与女儿墙之间应留宽度为30mm的空隙，并填嵌密封材料。

4）胶黏剂

粘贴沥青防水卷材，可选用沥青玛𤨟脂；粘贴高聚物改性沥青防水卷材时，可选用橡胶或再生橡胶改性沥青的汽油溶液或水乳液作胶黏剂；粘贴合成高分子防水卷材时，可选用以氯丁橡胶和丁酚醛树脂为主要成分的胶黏剂，或以氯丁橡胶乳液制成的胶黏剂。

（二）刚性屋面防水施工

刚性屋面防水是指用细石混凝土作屋面的防水层，其构造层次如图3-25所示。刚性防水屋面的主要优点是构造简单、施工方便、造价较低，适合农村使用。

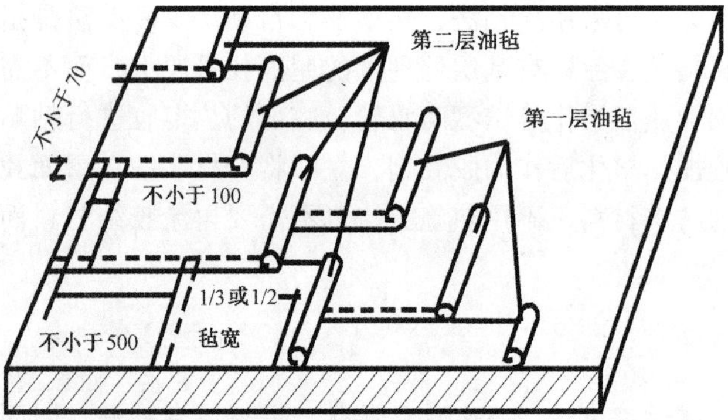

图3-24　卷材搭接尺寸示意图（单位：mm）

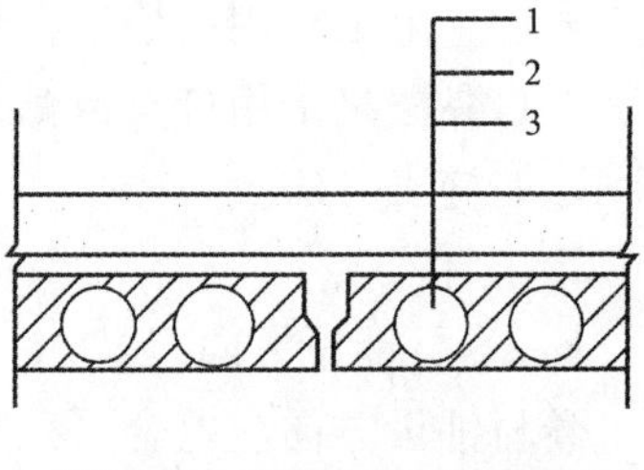

图3-25　刚性防水屋面的构造

1—防水层；2—隔离层；3—结构层

1. 施工流程

1）分格缝设置

分格缝是一种设置在刚性防水层中的变形缝，一方面可减少其变形，有效地防止和限制裂缝的产生，二是可有效地防止混凝土防水层开裂。

设置分格时，应设置在结构屋面板的支撑端、屋面转折处、刚性防水层与立墙的交接处，并应与板缝对齐。分格缝间距不宜大于6m。在横墙承重的民用建筑中，屋脊是屋面转折处，故设有一纵向分格缝；横向分格缝每开间设一条，并与装配式屋面板的板缝对齐；刚性防水层与女儿墙之间应做柔性封缝处理，以防女儿墙或刚性防水层开裂引起渗漏。其他突出屋面的结构物四周都应设置分格缝，分格缝的构造可按图3-26所示。

2）防水层施工

在浇筑防水层混凝土之前，为减少结构变形对防水层的影响，宜在防水层与基层间设置隔离层。隔离层可采用纸筋灰或麻刀灰、低强度砂浆、干铺卷材等。在隔离层做好后，便在其上定好分格缝位置，再用分格木条隔开作为分格缝，一个分格缝内的混凝土必须一次浇完，不得留施工缝。浇筑混凝土时应保证双向钢筋网片设置在防水层中部，防水层混凝土应采用机械振捣密实，表面泛浆后抹平，收水后再次压光。待混凝土初凝后，将分格木条取出，分格缝处必须有防水措施，通常采用油膏嵌缝，缝口上还做覆盖保护层。

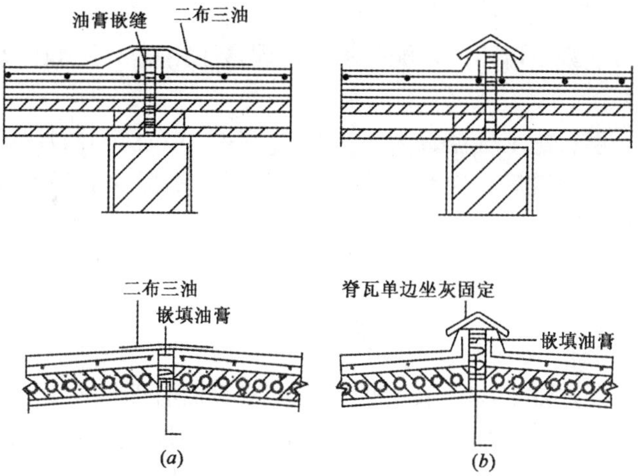

图 3-26　分格缝设置图

2. 技术要点

1）细部要求

（1）泛水构造

泛水应有足够的高度，一般不小于250mm；泛水应嵌入立墙上的凹槽内并用压条及水泥钉固定。不同的地方是：刚性防水层与屋面突出的女儿墙、烟囱等须留分格缝，另铺贴附加卷材盖缝形成泛水。

（2）檐口构造

自由落水挑檐口，应根据挑檐挑出的长度，直接利用混凝土防水层悬挑和在增设的现浇或预制钢筋混凝土挑檐板上做防水层等做法。

外排水檐口檐沟构件一般采用现浇或预制的钢筋混凝土槽形天沟板，在沟底用低强度等级的混凝土或水泥炉渣等材料垫置成纵向排水坡度，铺好隔离层后再浇筑防水层，防水层应挑出屋面并做好滴水槽或滴水线。

当有女儿墙外排水檐口时，通常是在檐口处做成三角形断面天沟，其构造处理与女儿墙泛水做法基本相同，天沟内需设有纵向排水坡度，如图 3-27 所示。

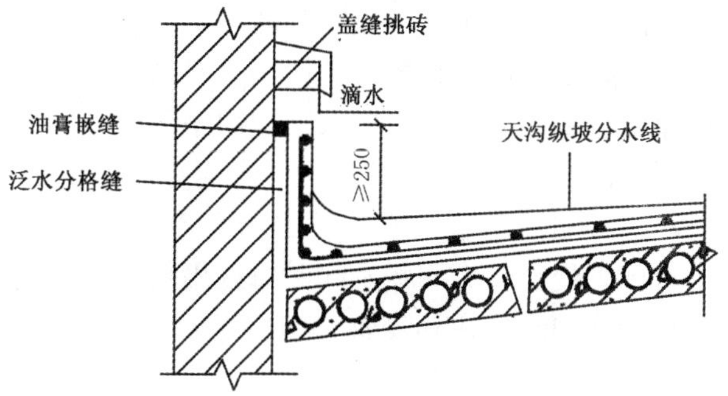

图 3-27　檐口构造（单位：mm）

2）细石混凝土要求

（1）防水层细石混凝土所用的水泥品种、水泥最小用量、水灰比以及粗细骨料规格和级配应符合规范要求。

（2）混凝土防水层，施工气温宜为5～35℃，不得在负温和烈日暴晒下施工。

（3）防水层混凝土浇筑后，应及时养护，养护时间不得少于14天。

（三）楼面防水层施工

楼面防水，主要是厕浴间的地面防水施工。

1. 施工流程

1）基层处理

在涂刷防水层前，应将基层表面清理干净。当表面有凹陷时，应用1:3水泥砂浆找平，最后基层要用干净的湿布擦拭一遍。地面四周与墙体连接处以及管根处应向上翻边250mm高。地漏口周边平面涂膜防水层宽度和进入地漏下口下返40mm。当用聚合物水泥防水涂料时，还应对地漏、阴阳角、管根部进行密封和加强处理避免开裂、鼓泡和下塌现象，加强层宽度不小于300mm，搭接宽度不小于100mm。

2）涂膜施工

（1）聚氨酯防水涂料的施工

施工第一遍聚氨酯防水涂料膜层时，用塑料或橡胶刮板在基层表面均匀涂刮，厚度保证一致，不得有漏涂、鼓泡等缺陷，刮涂量以0.7kg/m^2为宜；经24小时实干后可刮涂第二遍，其方向垂直于第一遍；涂膜固化后，按第一遍涂层方向涂刷第三遍。三遍刮涂后的厚度不得小于1.5mm。在第三遍涂膜没有固化前，在其表面均匀地撒上少量干净的粗砂层，以增加与上表层的粘接力度。

（2）聚合物水泥涂料的施工

采用聚合物水泥涂料涂刷底层时，应用滚刷或漆刷蘸所配的底层涂料，均匀地涂刷基层，不得有漏底现象。涂料用量为0.3～0.4kg/m^2，待涂层不粘脚时方可涂下道。

根据要求的涂层厚度，将配制好的复合防水涂料，垂直上道涂层均匀地涂刷在已固化的涂层上，每遍涂刷量以0.8～1.0kg/m^2为好。当涂刷厚度达不到要求时，则可增加涂刷的遍数。

（3）抗渗堵漏材料的施工

基层表面清理结束后，首先应对地漏、阴阳角、管根处做附加层。附加层应用无机抗渗堵漏材料嵌填、压实、刮平，阴阳角处应涂刷2遍。

做刚性防水层时，按照防渗堵漏材料的产品使用说明书的规定比例配制成均匀无团块的浆料，用刮板均匀地涂刷在基层表面上，要求往返顺序刮涂，不得有气孔和砂眼。用料为1.2～1.5kg/m^2。每遍施工结束后，手指轻压无手印时洒水养护，不得使涂层失水干燥。

施工柔性防水层时，应待刚性防水层表干后进行。然后按照附加层的施工方法对地漏、管根、阴阳角处进行施工处理。大面积刮涂时每遍用料为0.8kg/m^2，刮涂3遍。最后一遍涂层未固化前，将粗砂均匀地撒在其表面。

2. 技术要点

1）施工前要求

防水层施工前所有穿越厕浴间楼板结构层的立管应安装完毕，管四周缝隙用1:3水泥防水砂浆或细石混凝土堵塞严密，靠墙的管根部应抹出5%的坡度，避免积水。楼板上坡向地漏、排水口排水坡度符合要求（一般为2%）。厕浴间的基层应坚实平整，且基本干燥。

2）蓄水试验

对于有淋浴设施的厕浴间，室内墙体满高和顶棚均应按涂膜施工的方法做防水层，以防渗漏。待防水层施工结束48小时后，应做蓄水试验。

蓄水高度为40mm左右，蓄水24小时后不见渗漏即为符合要求。并且待地面的饰面层施工完毕后，还应再做一次蓄水试验，不渗不漏者为合格。

五、门窗的安装技术

按门窗材质分一般常用的包括木门窗、铝合金门窗、塑料门窗等。木门窗及铝合金门窗的安装比较简单，应用较多。这里仅以塑料门窗为对象进行阐述。

（一）窗框与墙体的连接方法

1. 假框法

将预先做好的木框、铁框或钢框安装在门窗洞口上。待抹灰装修完毕后，再用自攻螺钉将塑料门窗安装在假框上。

2. 固定件法

在门窗框上安装固定铁件，采用胀管螺钉将铁件与墙体固定，也可以在墙体内预埋木砖，用木螺钉将固定铁件与木砖固定。

3. 直接固定法

在墙体内预埋木砖，将塑钢门窗框送入窗洞口定位后，用木螺钉直接穿过门窗型材与木砖连接。

（二）施工流程

1. 洞口留置

门窗洞口多采用塞口法。同一类型的门窗及其相邻的上、下、左、右洞口应保持通线，洞口应横平竖直。多层建筑，可从高层开始，经一次垂吊，标志出各门窗口中线。对于高级装饰工程及放置过梁的洞口，应做洞口样板，洞口宽度与高度尺寸的允许偏差应符合规定。

2. 固定片的安装

检查和确认窗框上下边的位置及其内外朝向，无误后安装固定片。安装时应采用$\phi 3.2$钻头钻眼，再将十字槽盘头自攻螺钉M4×20拧入。固定片之间的间距应小于或等于600mm，不得将固定片直接装在中横框、中竖框的挡头上。

3. 临时定位

将窗框装进洞口，其上下框中线应与洞口中线对齐。窗的上下框四角和中横框的对称位置，应用木楔或垫块塞紧作临时定位固定。当下框长度大于0.9m时，其中央也应用木楔或垫块塞紧，临时固定。最后确定窗框在洞口墙体厚度方向的安装位置，并调整窗框的垂直度、水平度及角度。

4. 伸缩缝与缝隙的处理

窗框与洞口之间的伸缩缝隙应采用闭孔泡沫塑料、发泡聚苯乙烯等弹性材料分层填塞；填塞不宜过紧。对于保温、隔声等级要求较高的工程，应采用相应的隔热、隔声材料填塞。

5. 玻璃的安装

安装的玻璃不得与玻璃槽直接接触，应在玻璃四边垫上不同厚度的玻璃垫块，其垫块位置应按图3-28所示。边框上的垫块，应采用聚氯乙烯胶加以固定。

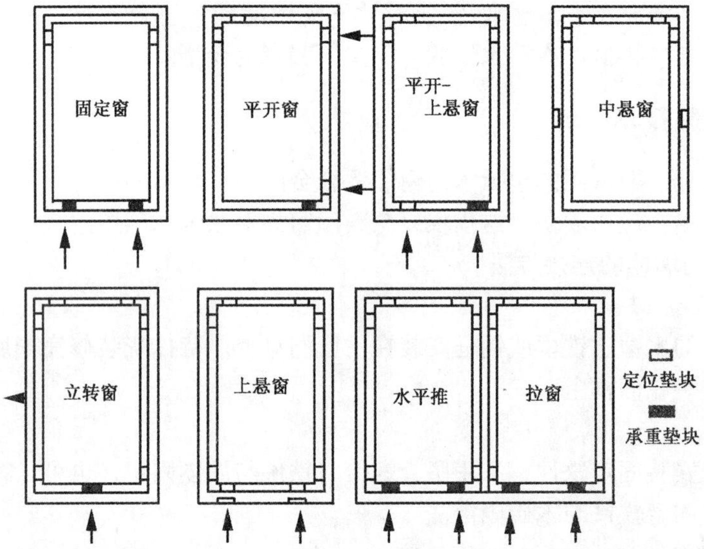

图3-28　玻璃垫块示意图

第五节　厨房、卫生间设施与部品

厨房和卫生间是住宅中使用功能较为集中的场所，也是村镇住宅建设中实现提高和改善居住质量的重点部位。厨房和卫生间应重点注意在设备布置、通风排烟、热水供应及管线综合布设等方面的合理性。

一、厨房设备布置

厨房设备包括厨房家具和厨房家电。

为满足厨房洗、切、烧的炊事流程，并保证有足够的操作空间，如规定灶具与水槽的距离不小于400mm。一般来讲，在厨房进行炊事操作时，应保证一个人在操作时，还应留有供其他人通过的空间。

（一）厨房布置原则

一般来说，厨房设计时要遵循以下原则：

①操作流程原则。我们通用的厨房设计流程按照切—洗—炒，按照厨房布置应便于食品原料的储存、准备、洗涤、烹调等操作过程。一般储存、洗涤、烹调这三大功能区应设计成带拐角的三角区，按照人体工程学的原理和操作者在厨房工作要“顺手、省力、省

时”的原则进行合理布置，操作者在厨房的三个点—水池、炉灶和冰箱之间来往最多，三者之间的连线围成工作三角区，这三个功能通常要相互配合，所以要安置在最合适的距离以节省人力、时间。这三边之和宜在3.6～6.7m之间，过长或过短都将降低厨房的作业效率；总长在4.5～6.0m之间的效率最高，其中水池和炉灶间距离在1.2～1.8m较为合理，冰箱和炉灶间距离在1.2～2.7m较为恰当。

②能源照明原则。利用充足的照明增进效率。灯光应从前方投射，以免产生阴影妨碍工作。除利用可调式的吸顶灯作为普遍式照明外，在橱柜与工作台上方装设集中式光源，可以让切菜与找物更为方便安全。在一些玻璃储藏柜内可加装投射灯，特别是内部储放一些有色彩的餐具时，能达到很好的装饰效果。

③采光通风原则。厨房的采光主要是避免阳光的直射，防止室内贮藏的粮食、干货、调味品因受光热而变质。另外，必须通风。但在灶台上方切不可有窗，否则燃气灶具的火焰受风影响不能稳定，甚至会被大风吹灭酿成大祸。

④高效排污原则。由于我国传统烹饪方式的特点，煎炒烹炸等操作方法均能产生大量油烟，使得厨房成为住宅环境的主要污染源。而且，人们在厨房中从事炊事活动产生的大量废气、油烟中含有多种对人体有害的化学元素及致癌物，对人体的健康造成严重危害。目前灶具上方普遍安装抽油烟机，建议使用厨房集中排气道，使通道内不会产生倒灌或回流。

（二）厨房设备布置

操作台面高度（包括灶台表面和洗涤台）宜为750mm、800mm、850mm、900mm，推荐尺寸为850mm。

操作台面宽度宜为600mm、900mm、1200mm，推荐尺寸为600mm。

操作台面深度宜为550mm、600mm、650mm、700mm，推荐尺寸为600mm、650mm；操作台底座高度宜为100mm。

辅助台面高度的高度宜为800mm、850mm、900mm，深度不宜小于300mm，且宜与操作台顶面高度一致。

高柜顶面标高应与吊柜顶面标高协调，宜为2200mm。地面至吊柜底部净空距离不宜小于1500mm。高柜与吊柜顶部高度亦可至天棚底，但需留出安装空间。

吊柜的深度不宜大于350mm，高柜与地柜的深度宜为500mm或550mm，当高柜或地柜与操作台在同一方向布置时，宜与操作台的深度协调一致。

排油烟机应正对灶台，排油烟机底面距灶面高度应为650～750mm。

高柜与地柜的宽度宜与操作台、灶台和洗涤台的宽度相对应。

确定厨房门、窗位置时，应考虑操作台高度、宽度的要求以及满足保证安装作业尺寸。

灶具柜设计要使灶具外缘与燃气主管水平距离不少于300mm。

灶具的左右两侧面与墙面之间的距离≥150mm，当距离小于150mm时，应采取隔热措施。

灶具柜两侧宜有存放调料的空间及放置锅等容器的台位。

安置消毒柜、微波炉、排油烟机等的背后不允许有明管线。

厨柜内的水、气管道及阀门设置要考虑装拆和维修方便。

厨房操作台的必要宽度见图 3-29 所示。

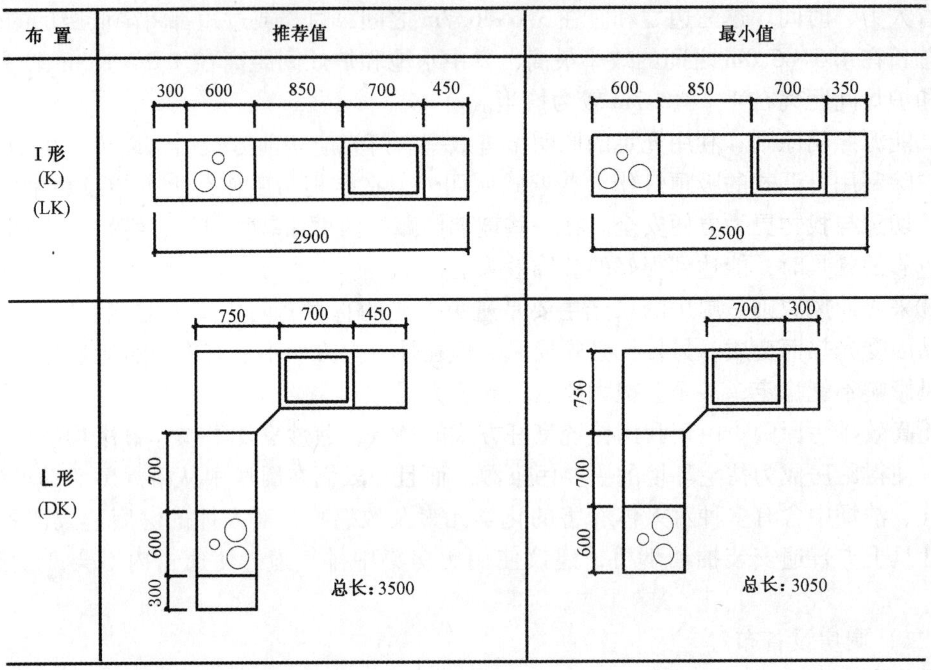

图 3-29　厨房操作台的必要宽度　（单位：mm）

二、厨房、卫生间排气系统及其主要设备

厨房、卫生间应设置各自独立的排气系统设施。虽然其系统各自独立，但其设施的工作原理是相同的。

排气系统一般由以下部分组成：排气道（或称排风管道）、排气动力设备（厨房为排油烟机，卫生间为通风器或称排气扇）、阀门、风帽。

（一）排气道

排气道是排气系统中最重要的部分，它的设计和制作的好坏，直接关系到住户的排气效果，并直接影响家庭的居住生活质量。

排气道一般有砖砌和预制薄壁式两种工艺成型。砖砌排气道在砌筑过程中砂浆经常向风道内面挤出，阻碍气流通行，排气效果非常差，已被淘汰。

目前常用预制薄壁式排气道。其几种典型结构的共用排气道组成的排气系统如图 3-30 所示。

其各自的特点如下：

1. 单风道式排气道

一般单风道式排气道由于各层排气相互影响，排气不畅。

2. 主支式排气道

主支式排气道由双孔矩形风道构成，垂直穿越各楼层楼板。支风道在住宅每层设一进

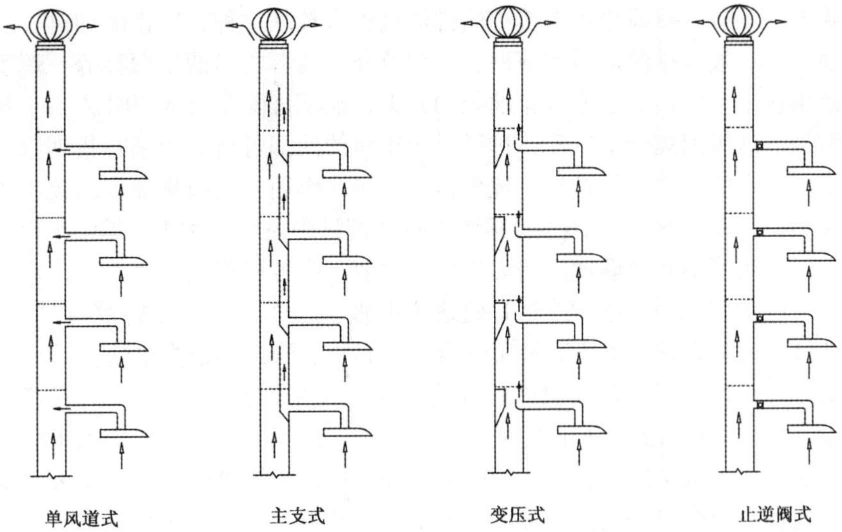

图 3-30　典型结构的共用排气道组成的排气系统

风口与排气动力设备相连，在距进风口一定距离处支风道与主风道相汇，避免支风道进风口与主风道直接接触，减少串气。由于这种形式房间通过支风道与主风道和大气连通，当排气动力设备不工作时，房间可利用该排气道进行正常的自然通风。

3. 变压式排气道

变压式排气道也由主、支风道构成。在支风道与主风道交汇处加装一个向主风道倾斜的导流板。通过在导流板处减少主风道截面面积，使空气在主风道中向上流动时加快流速，在支风道中产生一定的负压抽力，引导支风道中气体向主风道中流动。变压式排气道通过改变风道截面的方式，以利于污染气体的排除和最大程度防止串气。并且这种形式的系统与主支式系统一样，当排气动力设备不工作时，房间可利用该排气道进行正常的自然通风。

4. 止逆阀式排气道

止逆阀式排气道是在单管风道上的各层进风口处，加装一个防气流逆行的止逆阀，迫使烟气向风道内单向运动，从而解决烟气互串的问题。这种风道截面尺寸最小。用于厨房排气系统时，由于油烟的粘附使得止逆阀开启困难。在长期使用中更会出现止逆阀无法开启，或开启后由于油污使得止逆阀无法关闭，出现严重串烟现象，应注意定期清洗。而且这种形式的排风道当排气动力设备关闭时，由于止逆阀的阻断，房间无法利用该排气道进行正常的自然通风。

（二）排油烟机

排油烟机也称抽油烟机，是厨房设施的重要组成部分。

油烟中含有 300 多种有害物质及高致癌物，是住宅的主要污染源。选择性能良好的抽油烟机是控制住宅内的空气污染重要一步。

排油烟机种类很多，目前常用的按照工作方式及安装位置可以分为顶吸式、侧吸式

（也可称上排式、侧排式）。

顶吸式排油烟机。目前市场上传统的排油烟机多数是这种，即排油烟机安装在灶台上方，吸排油烟。顶吸式排油烟机有薄型、深型及介于两者之间的半深型等。薄型的排油烟机因集烟罩很浅，不能达到迅速抽排油烟的效果，油烟排除率仅为40%左右，现在基本被淘汰；深型抽油烟机因集烟罩较深，排风时未排净的油烟可暂时容纳在集烟罩内，这样避免了一时未能排走的部分油烟扩散的现象，起到缓冲作用，其吸排油烟的效果优于薄型排油烟机，油烟排除率在50%～60%。顶吸式排油烟机中还有一种柜式抽油烟机，是在排油烟机加上一个金属框架和玻璃做成的集烟柜，类似一个容积很大的集烟罩，烹饪时能将油烟拢在半封闭的集烟罩中抽排，能更有效地防止油烟扩散，其油烟排除率在90%左右。但顶吸式抽油烟机安装在炉灶上方，炒菜时会带来碰头、滴油等诸多不便。

侧吸式排油烟机。侧吸式（也称近吸式）排油烟机是近几年开发的产品，改变了传统排油烟机设计和抽油烟方式。烹饪时从侧面将产生的油烟吸走，基本达到了清除油烟的效果。而侧吸式排油烟机中的专利产品——油烟分离板，能解决中式烹调猛火炒菜油烟难清除的难题。这种排油烟机采用侧面进风及油烟分离的技术，使得油烟排除率高达99%，油烟净化率高达90%左右，成为真正符合中国家庭烹饪习惯的排油烟机。但是带油烟分离板的侧吸式排油烟机噪音大，而且目前还未形成排油烟机市场的主流产品，可供消费者选择的品种款式还不够丰富。

在选择排油烟机的同时，还应特别注意其排出口与排气道尺寸的配合。

（三）卫生间通风器

卫生间通风器一般为暗装在吊顶内或侧墙上。其进气口一般应设有装饰性风口，有金属材料和塑料两类。金属喷塑的较为耐用。但影响到使用效果而更为重要的是风量、风压和噪声这些性能指标。应选择风量大、风压高和噪声低的通风器为好。

（四）阀门

此处指排气道阀门。常用的类型有止逆阀（也称单向阀或止回阀）、防火阀，其作用是防止污染气体在管道中倒流或防止火灾通过排气道蔓延。有金属材料和工程塑料两类。从防火角度出发，应选用金属材料为好。

（五）风帽

风帽设于排气道出口，防止雨雪倒灌，并可以借助于风力产生负压效应，能起到一定的“引风机”作用。

三、厨房炊事灶具

（一）燃气灶

现代燃气灶是指用本身带的支架支撑烹调器皿，并用火直接加热烹饪器皿的燃气燃烧器具。根据使用燃气种类的不同，可分为沼气灶、天然气灶和液化气灶等气源燃气灶。此处重点介绍沼气灶具。

沼气灶具是专门用来燃烧沼气的灶具。沼气灶具由以下部件构成：灶架本体、火盘、进气三通管、沼气阀体总成、电子打火器等。

沼气灶具的特点是阀体总成中的阀体开关选用陶瓷材料制成。用陶瓷制成的开关，能抗拒沼气中的腐蚀气体的侵蚀，延长了沼气灶的寿命。

沼气灶具适于广大农村、城镇沼气用户使用。常见的沼气灶具故障与排除方法如下：

常见的沼气灶具故障与排除方法　　表 3-3

序号	常见故障	产生原因	排除方法
1	灶具正常使用一段时间后，燃料器回火	灶具分火器杂质太多，致使气流不通	关闭沼气灶具，并清洁灶具火盖上的杂质
2	脉冲沼气灶具脉冲盒或电线被烧坏（这种现象多发生在夏季）	由于夏季沼气灶具前压力太大，远超沼气灶具正常燃烧气压，燃烧火焰太高。此外，火门调节不当，进风量偏小使火焰太高	将沼气灶具开关调小些，使火焰在安全状态下燃烧；调节沼气灶具风门增大进风量，使火焰正常燃烧
3	使用过的沼气灶具久置后重新启用，旋钮开关扭不动	开关内杂质干涩，锈住沼气灶具的开关旋钮	对沼气灶具开关进行拆解清洗、涂油，重新装回即可
4	着火后，灶具脉冲仍发出“吱……”声音或引射架上仍喷着火	沼气灶具点火开关弹簧未回位，导致沼气灶具点火开关未完全关闭	将沼气灶具旋钮开关提起复位
5	使用沼气灶具一段时间后，脉冲变慢，火花变小	沼气灶具电池电压不够	为沼气灶具更换新电池
6	沼气灶具电子枪打火打不着	电子枪后部供气孔被铁屑堵塞，虽有火星但不能将沼气点燃造成的	把沼气灶具这部分拆下来，用细铁丝疏通供气孔，吹除铁屑杂物即可正常燃烧

（二）电灶

电灶是一种利用电热元件加热食物的厨房电器。目前较为主流的电灶主要有两种，分别是电热灶和电磁灶。

电热灶工作原理是电流通过电阻很大的电阻丝时散发出来的热量加热食物。

电磁灶工作原理是通过电子线路板组成部分产生交变磁场，当用含铁质锅具底部放置炉面时，锅具即切割交变磁力线而在锅具底部金属部分产生交变的电流（即涡流），涡流使锅具铁分子高速无规则运动，分子互相碰撞、摩擦而产生热能使器具本身自行高速发热，用来加热和烹饪食物，从而达到煮食的目的。

目前国内市场上的电灶以电磁灶为绝对主流。

（三）电磁灶与燃气灶的对比

总体来讲，电磁灶使用电能，具有使用安全、无废气排放、安装简便、容易清洁、操作智能化等优势。燃气灶则操作简便、功率大、可使用各种锅具、可长时间大功率工作，使用明火加热，符合中国人传统“旺火爆炒”的烹饪习惯。

燃气灶和电磁灶性能对比见表 3-4。

四、卫生间器具

（一）卫生间洁具

卫生间应设置洗面器（洗脸盆）、坐便器或蹲便器、洗浴器（淋浴器或浴缸）。

燃气灶和电磁灶性能对比 **表 3-4**

	燃 气 灶	电 磁 灶
节能性	嵌入式燃气灶一般在50%～55%	热效率高达到83%～90%
安全性	仍有燃气管路慢性微量泄漏造成爆炸的潜在危险	整体安全性有优势
功能性	功能较简单，一般可调火力大小	可进行炒、炸、蒸、煮、炖等加工，可控制火力，操作十分方便
清洁环保	孔缝较多，面板整体不平整，较难清洁	没有排放烟气，锅底清洁，相对更加清洁卫生，环保性好
可获取性	无论是液化气、天然气、沼气，城市农村都可方便地获得；但使用瓶装液化气用完后需要更换，气瓶、压力表等需要定期检定，管道气需要安装专用管道	买来后插上电就可以使用；功率较大，老小区或电线强度不够的用户家无法正常使用
使用感受	使用时有明火，可以直观的调节火力大小，符合传统烹饪习惯；能够长时间连续大火力燃烧，可使用各种锅具	使用时无明火，相对来说，不能给用户带来传统烹饪感受；出于安全考虑，很多程序设置间歇性加热；旺火烹饪感受差；需要使用底部相对较平整的锅，而且只能使用铁质锅具

从节水的角度考虑，要采用节水型器具，如双冲水坐便器水箱、虹吸式陶瓷坐便器、节能水箱。

（二）卫生间热水器

目前我国适用于家用的热水器有太阳能式、燃气式、电热式等三大类。

太阳能热水器

有带辅助电加热和不带辅助电加热装置的两种类型。带辅助电加热的太阳能热水器可保证冬季使用的可靠性，但会增加耗电费用。

燃气热水器

又可根据使用的燃料不同而细分为液化石油气型、人工煤气型和天然气型。此类热水器必须解决燃气热水器的燃烧废气通风及新风补充等问题。目前我国已全面禁止生产浴用直排式燃气热水器。与直排式相比，强排式具有安全性能好、热水产出率大等特点，不需要不断调节温度，能够实现电子自动控制，使用起来十分方便。

电热式热水器

有储水式和即热式之分。储水式电热水器供热水稳定，但体积大、价格贵；即热式电热水器则相反。

从节能的角度考虑，洗浴的热水供应热源应优先采用太阳能热水器。

（三）用于卫生间的两款新型器具：

1. 冷凝式燃气热水器

冷凝式燃气热水器与普通型燃气热水器结构差别主要是换热器。为充分吸收高温烟气的热量，冷凝式燃气热水器采用二次换热方式。高温烟气依次进入显热换热器和冷凝换热器，换热器吸收显热和潜热后烟气温度降至常温左右，由烟道排出。为安全可靠地排出低温烟气，冷凝式燃气热水器采用强制排烟方式排除烟气。冷凝式燃气热水器一般比普通燃气热水器节能 10% 以上。

冷凝式燃气热水器的特点：

燃烧功率大，燃烧所需空气较少；燃烧充分，燃烧效率高，比普通燃气热水器提高了 20 个百分点左右。全铜热交换水路系统，利用铜的杀菌作用，对卫生水起到一定的杀毒灭菌效果。废气排放量极低，尤其是氮氧化合物的排放，真正实现低氮燃烧。

2. 双向集热卫浴间

双向集热卫浴间指利用温差能源的属性，将特殊的换热技术与热水设备对接后，实现从上吸收热水设备热量、从下吸收洗浴废水热量的双向集热循环系统，实现对能源的循环使用，达到高效节能的效果，并按产品模数和建筑模数统一协调设计的卫浴空间。可以与太阳能式、燃气式、电热式等各类热水器为热源配合使用。

五、厨房、卫生间管线布置与安装

厨房和卫生间内的各种管线众多，应合理布设与正确安装，方能达到既适用，又不杂乱的效果。厨房卫生间的给水管、排水管、燃气管等竖管宜在管线区内集中设置，各类管线应合理定位、定尺设计、施工精度误差为 ±5mm。

（一）给水管线

给水系统采用的管材和管件，应符合现行产品标准的要求。管道和管件的工作压力不得大于产品标准标称的允许工作压力。

给水管道上使用的各类阀门的材质，应耐腐蚀和耐压。根据管径大小和所承受压力的等级及使用温度，可使用全铜、全不锈钢、铁锹同芯和全塑阀门等。

室内给水管与排水管平行铺设时，两管间的最小水平净距为 500mm。交叉铺设时，垂直净距 150mm，给水管应铺设在排水管上方，如给水管必须铺设在排水管下方时应加套管，套管长度不应小于排水管径的 3 倍。

厨房内给水接口水平距排水管接口 300 ~ 400mm；给水接口高度距地面 500 ~ 600mm；排水管距地面 100 ~ 200mm 较宜。

穿墙面的给水管口接头宜不低于台面 100mm。

厨房、卫生间内的阀门宜装设在便于检修和便于操作的位置。

厨房、卫生间的水表宜相对集中读数，且宜设置于户外；对设在厨房、卫生间内的水表，宜采用远传水表等智能化水表。

水表口径的确定应符合以下规定：

①水表口径宜与给水管道接口管径一致；

②用水量均匀的生活给水系统的水表应以给水设计流量选定水表的常用流量；

③用水量不均匀的生活给水系统的水表应以设计流量选定水表的过载流量。

水表应安装设在观察方便、不冻结、不被人和液体及杂质淹没和不易受损坏的地方。

给水管道不宜穿越橱柜，不得穿过大便槽和小便槽，且立管离大、小便槽端部不得小于0.5m。

塑料给水管道在厨房、卫生间内宜暗设；明设时立管布置在不易受撞击处，如不能避免时，应在管外加保护措施。

塑料给水管道不得布置在灶台上边缘；明设的塑料给水立管距灶台边缘不得小于0.4m，距燃气热水器边缘不宜小于0.2m，达不到此要求时，应有保护措施。塑料给水管道不得与水加热器或热水炉直接连接，应有不小于0.4m的金属管段过渡。

在室外明设的给水管道，应避免受阳光直接照射，塑料给水管还应有有效保护措施；在结冻地区应做保温层，保温层的外壳，应密封防渗。住宅室内直饮水水质应符合有关标准的规定，直饮水接口位置应设置在水槽下部，直饮水管可暗埋，也可明装。

（二）排水管线

排水系统采用的管材和管件，应符合现行产品标准的要求。管道和管件的工作压力不得大于产品标准标称的允许工作压力。

排水横支管的位置及走向，应视洗涤池、洗碗机、洗衣机和排水立管的相对位置而定，可以沿墙敷设在地板上。

排水管线和水槽与厨房家具的结合应严密，不渗漏水。

卫生器具的材质和技术要求，均应符合现行的有关产品标准的规定。

构造内无存水弯的卫生器具与生活污水管道连接时，必须在排水口以下设存水弯，存水弯的水封深度不得小于50mm。

卫生洁具应采用节水型。

卫生器具的安装高度可按表3-5确定。

卫生器具的安装高度表（单位：mm） **表3-5**

序号	卫生器具名称		卫生器具边缘离地高度
1	洗涤池（至上边缘）		800
2	洗手盆（至上边缘）		800
3	盥洗槽（至上边缘）		800
4	浴盆（至上边缘）		480
5	按摩浴盆（至上边缘）		450
6	淋浴盆（至上边缘）		100
7	坐式大便器(至水箱底)	外露排除管式虹	510
		虹吸喷射式	470
		冲落式	510
		漩涡连体式	250

续表

序　号	卫生器具名称		卫生器具边缘离地高度
8	坐式大便器（至上边缘）	外露排出管式	400
		虹吸喷射式	380
		冲落式	380
		漩涡连体式	360
9	净身器（至上边缘）		360
10	饮水器（至上边缘）		1000

卫生间内排水立管宜靠近坐便器；排水管道不宜穿越橱柜，不得穿越生活饮用水池部位的上方。

塑料排水立管应避免布置在热源附近，如不能避免，并导致管道表面受热温度大于60℃时，应采取隔热措施。塑料排水立管与灶具边净距不得小于0.4m。

厨房、卫生间内管道连接应符合下列规定：

①卫生器具排水管与排水横管垂直连接，应采用90°斜三通。

②排水管道的横管与立管连接，宜采用45°斜三通或45°斜四通和顺水三通或顺水四通。

③排水立管与排出管端部的连接，宜采用两个45°弯头或弯曲半径不小于4倍管径的90°弯头。

④排水管应避免在轴线偏置，当受条件限制时，宜用乙字头或两个45°弯头连接。

大便器排水管最小管径不得小于100mm。

排水接口应综合考虑水槽、洗碗机的排水。应采取有效综合措施解决管道系统的漏、臭及噪声等问题。

（三）燃气与排烟管线

1. 燃气管道

燃气接口应设置两个。燃气开关距离地面应在650mm范围内。

排油烟机与共用排风管道的接口，应保证气密性，且应通风换气。

室内燃气管道应以明敷为主。燃气管道应沿非燃材料墙面敷设，当与其他管道相遇时，应符合下列要求：

①水平平行敷设时，净距不宜小于150mm；

②竖向平行敷设时，净距不宜小于100mm，并应位于其他管道的外侧；

③交叉敷设时，净距不宜小于50mm。

燃气管道与电线、电气设备的间距，应符合《城镇燃气室内工程施工及验收规范》CJJ 94—2003的规定。

特殊情况室内燃气管道必需穿越浴室、厕所、吊平顶（垂直穿）和客厅时，管道应无接口。

室内燃气管不宜穿越水池下方。当必需穿越时，应加设套管，套管管径应比燃气管管径大二号，燃气管与套管均应无接口，管套两端应伸出水池侧边20mm。燃气管道安装完成后应作严密性试验，试验压力为300mm水柱，3分钟内压力不下降为合格。

2. 燃具安装

燃具与电表、电器设备应错位设置，其水平净距不得小于500mm。

当无法错位时，应有隔热防护措施。燃具设置部位的墙面，为木质或其他易燃材料时，必须采取防火措施。各类燃具的侧边应与墙、水池、门框等相隔的距离及燃具与燃具间的距离均不得小于200mm。

燃具靠窗口设置时，燃具面应低于窗口，且不小于200mm。

燃气快速热水器应设置在通风良好的房间或过道里。房间的高度应大于2.5m并满足下列要求：

①直接排气式燃气热水器严禁安装在浴室或卫生间内；烟道式（强制式）和平衡式热水器可安装在浴室内，但安装烟道式热水器的浴室，其容积不应小于热水器小时额定耗气量的3.5倍。

②燃气热水器应设置在操作、检修方便又不易被碰撞的部位。热水器前的空间宽度宜大于800mm，侧边离墙的距离应大于100mm。

③燃气热水器应安装在坚固耐火的墙面上，当设置在非耐火墙面时，应在热水器的后背衬垫隔热耐火材料，其厚度不小于10mm，每边超出热水器的外壳在100mm以上。热水器的供气管道宜采用金属管道（包括金属软管）连接。热水器的上部不得有明敷电线、电器设备。

④燃气热水器的其他侧边与电器设备的水平净距应大于300mm。当无法做到时，应采取隔热措施。热水器与木质门、窗等可燃物的间距应大于200mm。当无法做到时，应采取隔热阻燃措施。

⑤燃气热水器的安装高度，宜满足观火孔离地1500mm的要求。

3. 燃气热水器排烟

应根据燃气热水器的排烟特性正确选用排烟与通风方式。

①装有燃气热水器的房间，上部应有用于通风的可开启面积不小于该房间地面面积1/10的外窗或排气窗，门下部应有不小于0.02m^2的有效进风面积。

②平衡式燃气热水器的进、排风口应完全露出墙外。穿越墙壁时，在进、排气口的外壁与墙的间隙用非燃材料填塞。

（四）新型管材、管件

采用新型管材、管件是改变传统配管方式的技术进步。目前，硬质聚氯乙烯管、发泡聚氯乙烯管、铝塑复合管、交联聚乙烯管、交联聚丁烯管和聚乙烯燃气管等管材已形成不同规模的生产能力。新型管材占用空间小，水流条件好，使用寿命长，接头少，连接方便。设计时可结合当地供应情况，用作厨房、卫生间配管。此外，在给水系统中，可选用分水器，作为入户管与各给水支管的连接件，保持水量与水压平衡，确保各用水器具供水均匀，又因减少管接头，使管道局部阻力减小，水压稳定，降低给水噪声。

第六节 推荐技术

1. 村镇住宅设计技术

1）主要技术性能

镇村住宅因为生活生产习惯不同、使用的建筑材料和工艺不同，其建筑形式、层数、层高、套内空间、室内环境、室外庭院，均带有明显的乡土特征，需要结合镇村的具体情况和建设条件，分别进行设计，避免简单地套用统一模式。配合镇村建设规划，合理确定住宅建筑形式和居住面积标准，保障镇村住户的基本生活条件和环境，安全、经济、合理、有效地使用土地和空间。在设计时，需要考虑以下共性原则：

（1）符合镇村重建规划要求，选址时应考虑工程地质灾害、水文地质灾害、有害物质、电磁辐射和噪声等的不利影响，布局时节约使用宅基地，选择好朝向和出入口；

（2）住宅设计使用年限按临时性住宅建筑5年、易于替换结构构件的住宅建筑25年、普通住宅建筑50年考虑；

（3）住宅应具备在紧急事态时人员从建筑中安全撤出的功能；

（4）既有住宅遭遇重大灾害后，需要继续使用时，应委托具有相应资质的机构鉴定，并根据鉴定结论进行处理。既有住宅进行改造、改建时，应综合考虑节能、防火、抗震的要求；

（5）住宅应根据岩土工程勘察文件，综合考虑主体结构类型、地域特点、抗震设防烈度和施工条件等因素，进行地基基础设计；

（6）合理利用地方材料，采用满足抗震设防要求的建筑体系和建筑构造；

（7）住宅应避免因局部破坏而导致整个结构丧失承载能力和稳定性。抗震设防地区的住宅不应采用严重不规则的设计方案；

（8）住宅的围护结构和非结构构件，应具有可靠的措施与主体结构连接或锚固；

（9）在经济可行的情况下，通过改善围护结构的保温隔热性能，改善自然通风和采光条件，提高室内热舒适度。

2）适用范围及条件

适用于村镇住宅设计。

3）技术推荐：中国建筑设计研究院国家住宅与居住环境工程技术研究中心

2. 钢网构架混凝土多层住宅体系

1）主要技术性能

该体系是由开孔冷弯薄壁型钢制作的墙体钢骨架、楼板钢骨架、钢板网等构成钢网构架，在其间直接浇筑自密实混凝土而形成的新型复合结构体系。该体系采用的钢网构架可工厂预制、施工现场拼装，其钢网可替代传统模板，并具有免拆除和防止混凝土表面裂缝开展等特点。当用于外墙时，可在钢网构架一侧设置保温材料，以提高建筑保温性能。

该体系采用预制钢网构架与现浇混凝土相结合的方式，可充分发挥各自的优点。其中，冷弯薄壁型钢与钢网构件易于切割和拼接，生产、加工方便，可根据施工要求在工厂进行部分组装，减少施工现场拼装工作量，提高施工效率；对现场拼装后的钢网构架采用自密实混凝土进行整体浇筑，可提高建筑物的整体性，与砌体结构相比，具有承载力高、抗震性好等特点。

2）适用范围及条件

适用于抗震设防烈度7度及以下地区的多层住宅体系。

3）技术要点

（1）根据模网构件排块图在工厂或施工现场车间内加工钢网构架；

（2）根据模网构件排块图，在基础圈梁或楼板上标出各钢网构架墙体构件的安装位置；

（3）钢网构架分单元组装，将各钢网构架墙体构件支立入位；

（4）固定模网墙体的水平支撑和安装支撑，调整墙体垂直度；

（5）按照设计图纸的要求，放置钢网构架楼（屋）面构件，并与墙体构件临时连接；

（6）采用模网角件封堵节点的开敞部分；

（7）按照设计图纸的要求，预留孔洞和预埋管线并固定；

（8）对钢网构架安装工程进行验收；

（9）浇筑钢网构架墙体和楼（屋）面混凝土。

4）技术推荐：清华大学建筑设计研究院

3. 多层钢结构住宅体系

1）主要技术性能

该体系由钢结构主体、节能轻型墙体和屋面系统及节能门窗构成。其中，主体结构为轻型钢结构框架，屋顶为轻型钢结构有檩体系，楼板为装配整体式，基础采用钢筋混凝土独立基础。屋面系统采用新型耐久的沥青波纹瓦，防水等级3级；隔热层为矿棉隔热材料，吊顶为无机不燃板。外墙板采用EPS板作为保温材料，以玻纤网格布加强，批刮弹性腻子，外刷防水抗裂砂浆。内隔墙以轻钢为骨架，以无机不燃板为面层，并根据隔声需要填充矿棉。分户墙及楼梯间墙以钢丝网加强，填充矿棉满足隔声及保温要求。楼板为预应力混凝土叠合板加整浇层，门窗选用节能隔音塑钢门窗。

2）适用范围及条件

适用于抗震设防烈度8度及以下地区的多层住宅建筑。

3）技术推荐：无锡富博建筑科技有限公司

4. 密肋壁板轻框架结构体系

1）主要技术性能

该体系主要由框架梁柱、密肋复合墙板和楼板构成。其中密肋复合墙板是在以截面较小、配筋量较少的钢筋混凝土框格内填充以炉渣、粉煤灰等工业废料为主要原料制成的加气硅酸盐砌块预制而成的墙体构件。墙板四周利用钢筋混凝土框格伸出的钢筋与框架梁柱连接，在水平荷载作用下与框架共同工作。两者形成约束与反约束作用，共同受力，充分发挥各自性能。该体系的三部分构件：砌块、框格及框架，能够分阶段释放地震能量，增强结构的抗震能力。

2）适用范围及条件

适用于8层以下建筑。

3）技术推荐：西安建筑科技大学

5. 板式结构住宅体系

1）主要技术性能

该住宅体系是以具有承重、保温隔热、隔声多功能为一体的墙板、预应力叠合楼板（或钢筋混凝土现浇楼板）、屋面板为主要承重构件，以构造柱和圈梁为主要节点构造连接方法，结合成“装配整体式”的空间盒式结构房屋。板构件根据其使用功能，采用镀锌钢丝以合理的结构布置和专有的焊接技术（焊点强度1200N以上），在工厂制成三维空间网架，中间填充阻燃型EPS（或岩棉）芯板构成一个空间结构夹芯板。根据设计需要在板中配置普通钢筋或预应力钢筋，运往工地安装后在屋面板上现浇细石混凝土、板下喷（抹）抗裂砂浆面层构成承重保温隔声一体化屋面。保温板以大模内置或机械固定型式与基墙固定，板面喷射（抹）抗裂水泥砂浆（M18）或细石混凝土（C20以上）形成与结构一体化的复合墙体。

2）适用范围及条件

适用于抗震设防烈度8度及以下地区的多层住宅建筑。

技术要点

（1）基础施工；

（2）安装承重墙板；

（3）敷设安装水电等专业管道、部件；

（4）预设门窗安装连接件；

（5）喷射细石混凝土墙板面层，墙面收光；

（6）安装楼面板；

（7）整体浇筑楼面板混凝土面层；

（8）多层建筑重复(2)～(7)步骤；

（9）安装屋面板和板下简易支顶；

（10）浇筑板上细石混凝土、喷射板下水泥砂浆面层；

（11）后续装修。

3）技术推荐：华声（天津）国际企业有限公司

6. 轻型钢结构ASA板镶嵌式集成节能住宅建筑体系

1）主要技术性能

该体系采用由方形、矩形钢管或薄壁H形钢焊接成型的钢框架；内、外墙板采用机制增强水泥圆孔隔墙板、复合保温板和实心板，楼（屋面）采用钢筋机制增强水泥圆孔楼板。内、外墙板利用高弹性树脂粘结剂和粘结石膏镶嵌粘结在钢框架内；楼板之间、楼板与钢梁之间采用高弹性树脂粘结剂粘结，楼板上铺直径3mm、间距50mm钢丝网片，浇筑50mm厚膨胀珍珠岩水泥砂浆叠合层，使楼面成为一个整体，有利于结构抗震。该体系具有质量轻、环保、保温隔热性能好、工业化程度高、施工便捷、抗震能力强等特点。

主要性能指标如下：

（1）单层隔墙板的耐火极限为125分钟，双层隔墙板的耐火极限为245分钟；

（2）机制轻质增强水泥隔墙板（2540mm×600mm×90mm），面密度为38kg/m²，抗弯荷载为2410N，单点吊挂力为1300N，含水率为3%，燃烧性能为A级，隔声量为41dB；

（3）机制增强水泥聚苯保温板（2530mm×600mm×60mm），面密度为24kg/m²，抗弯曲荷载为1720N，含水率为1%，燃烧性能为B1级。

2）适用范围及条件

适用于低层住宅建筑。

3）技术推荐：北京华丽联合高科技有限公司

7. 保温砌模现浇钢筋混凝土网格剪力墙承重体系

1）主要技术性能

该体系是集结构、保温、隔热、隔声和防火于一体的新型建筑结构体系。该体系采用由聚苯颗粒混凝土（简称EPS混凝土）制成的轻质混凝土保温空心砌块做砌模，砌模分外墙砌模和梁、柱模，保温砌模具有优良的保温隔热性能和一定的力学性能。施工时将砌模对孔错缝砌筑，构成现浇墙体的模板，在模内形成竖向和横向的网格状空腔，横、竖网格空腔中心距为200mm，外墙竖向空腔截面为130mm×150mm（150mm为厚度），内墙竖向空腔为130mm×120mm（120mm为厚度），上下两层保温砌模之间形成的水平空腔高80㎜。砌筑保温砌模时，在每层砌模水平槽内配置水平钢筋网片，在竖向空腔内从上部插入竖向钢筋网片，通过底层砌模预留的清扫口将竖向网片和结构预埋的钢筋绑扎在一起，竖向钢筋网片上端与圈梁钢筋固定。沿墙模上部空腔灌注自密实混凝土，形成由竖肢（宽130mm）和横肢（高80mm）组成的网格状混凝土墙，即网格剪力墙。沿内外墙上部设置封闭式圈梁，楼板和屋盖采用现浇或整体装配式结构。在外墙与内墙、内墙与内墙交接处设置组合柱，或承重梁下设置加强柱，构成完整的现浇承重体系。

2）适用范围及条件

适用于抗震设防烈度8度及以下地区的多层建筑。

3）技术要点

（1）加工基础锚固钢筋网片、墙体横向和竖向钢筋网片，保温砌模生产及特殊模块加工；

（2）绑扎基础圈梁钢筋，按模数绑扎锚固筋；

（3）检查、修整基础（圈梁）和组合柱钢筋质量；

（4）砌筑面清理抄平、放线；

（5）砌筑首层清扫口砌模；

（6）放置水平钢筋网片及绑扎洞口箍筋；

（7）搭外脚手架；

（8）砌筑砌模，要求对孔错缝，且每砌一层安放一层水平钢筋网片；

（9）支门、窗洞口模板；

（10）砌筑完成后插竖向钢筋网片，上下绑扎；

（11）组合柱支模板，清扫口处支模板加密封条；

（12）支楼梯休息平台模板；

（13）墙体开设观察孔并塞堵块，埋设预埋件、锚栓；

（14）墙体现浇自密实混凝土（分工作段浇灌）；

（15）墙体混凝土养护，绑扎圈梁钢筋，加保温层，支模板，绑扎楼板钢筋；

（16）现浇楼板普通混凝土，楼板混凝土养护；

（17）开槽，安装线盒、管线。

重复上述步骤，直到主体结构完成，内外作饰面。

4）技术推荐：北京市大兴宏光新型保温建筑材料厂

8. 现浇石膏土坯房

1）主要技术性能

现浇石膏土坯房以土坯、石膏、农作物秸秆为墙体主要材料，将石膏浆作为黏合剂，在墙体的土坯间放入农作物秸秆，利用模板把石膏浆灌注于土坯的墙内、外侧、土坯缝隙中，经过一昼夜的固化，将土坯、石膏、秸秆紧密地粘合在一起，使墙体具有保温、隔热的特点，并具有一定的柔韧性。屋顶棚也可用浇筑法形成。该房屋建造费用在200元/m^2以内，结构工艺简单、施工便捷。由于石膏具有质轻、胶凝性好、隔热、隔声、阻燃、防火等优良特性，所建的房屋冬暖夏凉，节能实用。房屋内外墙面可以用石膏浆抹平、装修、雕塑，再用彩色建筑防水涂料粉刷，不但价低而且美观平整。

2）适用范围及条件

适用于抗震设防烈度为8度及以下的干旱、半干旱气候环境地区的低层居住房屋。

3）技术要点

（1）地基应选择在原始土层上，不得选择流砂层或回填土坑上，并应进行夯实处理，基槽埋深不得小于0.5m，基槽截面为500mm×600mm；

（2）基础采用水泥砂浆砌卵石。基础应高出自然地坪0.1m，截面为600mm×600mm，内外墙相同。技术要求按建筑施工规范执行。如没有卵石的情况下，也可采用混凝土/毛石混凝土或红砖基础；

（3）基础施工完毕后应洒水养护，达到相应强度后方可进行下一道工序；

（4）制作土坯，选用同一模具生产的330mm×160mm×100mm（400mm×190mm×100mm）干燥土坯。土质（粘土）含沙量不宜过大，外形要规整、边角顺直、双面平整、干燥坚硬；

（5）土坯砌筑，组砌方法可采用一丁一跑、三丁一跑或全丁砌法，根据土坯的外观尺寸和墙体平直程度，适当的调整组砌方法。砌筑时，土坯两端坐浆，水平缝及立缝应控制在15~20mm，墙两侧向内50mm处沿墙纵向设放两根直径15~20mm棉花秆或树条，要清除枝杈，粗细均匀，相对顺直，用水浸泡后使用；

（6）配制石膏，石膏浆配比为1:1，不得过稀或过稠，过稀影响石膏凝固，而且土坯吸水过多松软，过稠则石膏浆容易堵塞浇口，造成漏灌；

（7）浇筑石膏，在土坯两侧立模板，浇灌石膏浆，石膏浆的搅拌及浇灌应在3~4分钟完成。为便于浇灌石膏浆，一般0.6m高、2~3m长浇灌一次；

（8）墙面抹灰。根据经济条件可采用草泥或1:3水泥砂浆，也可采用石膏、水泥、黄土、清砂混合砂浆，配比为1:2:1:6；

（9）门窗过梁的施工，采用小头直径不小于120mm圆木两根，底部及两侧支模，两头支撑点加圆木梁垫或砌三层砖，支撑长度不小于330mm，然后灌入1:3石膏浆；

（10）木圈梁制作，木圈梁（方木）为宽180mm×高120mm，圆木小头直径不小于14cm。木圈梁制作可采用榫接，也可采用破口法，破口搭接长度不小于180mm。在转角或十字丁字处，上下两面均用扒钉对角45°固定。破口处用100mm铁钉梅花式钉牢，再用8号铁丝绑扎不少于两道。圈梁一般设置在标高为2.8~3m处。圈梁应在墙中心水平设置，两侧使用土坯或模板，用水灰比为1∶3石膏浆浇灌，并在檩木位置预埋8号铁丝两道，以便固定檩木；

（11）檩木、木椽施工，檩木选择小头直径不小于20cm，相对顺直的去皮青杨或其他木料，间距为1.6m，用8号铁丝绑扎在圈梁上。椽木小头直径不小于80mm，间距400mm，如直径达不到标准的也可缩小间距调整，用铁钉固定在檩木上；

（12）双层屋面的施工，第一层在椽木上满铺苇席一道、草帘一道、黄泥30~40mm压平。第二层棉花秆或树条50~100mm，满铺找2%坡度，草帘一道40~50mm草泥抹面；

（13）门窗安装，外门采用普通带亮木门，普通调和漆二道，规格为1000mm×2400mm单扇、1300mm×2400mm双扇，内门为普通胶合板门，规格为900mm×2000mm。窗采用单层双玻中空塑钢窗。

4）技术推荐：

新疆维吾尔自治区建设厅、西安建筑科技大学、新疆建筑材料科学研究院

9. 绿色建筑集成技术

1）主要技术性能

该集成技术通过对具有保温性能的外围护结构、太阳能空气采暖通风系统、水蒸发制冷系统、地源热泵空调系统、雨污水处理与利用系统、风光互补发电系统、智能化控制等进行集成应用研究，形成了可应用于低层住宅的绿色建筑技术集成方案，并开发了低层木结构绿色住宅。

在建筑外围护结构方面，采用了单向透气保温墙体、双层中空玻璃门窗、木结构保温屋面和地表面相变蓄热技术等措施，提高了建筑外围护结构的保温、隔热性能；在可再生能源利用方面，采用了太阳能空气采暖通风系统、水蒸发制冷系统、地源热泵空调系统、太阳能光伏发电系统和风力发电系统等多项技术，降低了建筑对传统能源的依赖；在节约用水方面，采用了雨水收集与利用系统和污水再生利用系统，利用处理后的水可进行冲厕和绿化等，降低了自来水的用量，节约了水资源；在建筑智能化方面，采用了电器控制、语音通讯、监控报警等系统，实现了对建筑安全防范、照明灯光和建筑设备等的实时监控，提高了建筑智能化程度。

2）适用范围及条件

适用于抗震设防烈度8度及以下地区低层住宅建筑。

3）技术推荐：苏州皇家整体住宅系统有限公司

10. 铜铝复合散热器

1）主要技术性能

铜铝复合散热器通常采用液压胀接与机械拉胀的工艺，将铜管与铝片复合在一起，以铜管为通水部件，以铝材为散热部件。该类型散热器充分发挥铜材耐腐蚀，铝材密度小、重量轻、易成型、导热好等优点，从而在外观、尺寸、重量等方面都能适合住宅使用要求。

目前铜铝复合散热器大致有以下四种形式：

（1）罩式铜铝对流散热器：特点是有钢制外罩，罩宽有90mm、100mm、120mm、140mm等规格，罩高有多种规格。外罩分为单体式和连续式，罩内散热元件为较大尺寸的铜管（$\phi27$）串铝片。

（2）闭式铜管铝片对流散热器：特点是省去了钢外罩，利用铝翅片折边后形成闭孔气流通道（与闭式钢串片近似），减轻了散热器自身的重量。

（3）铜铝复合柱翼型散热器：特点是外铝内铜，通水部件为薄壁铜管，采用胀管及铜焊技术生产，形式为立管柱翼型。

（4）压铸复合铜铝柱翼型散热器：特点是先以铜管焊成骨架，通过压铸工艺做成散热器，然后用丝对连接组合成整组散热器（与铸铁散热器的组合方式相同）。

2）适用范围及条件

适用于各类建筑中以热水、蒸汽为热媒的供暖系统。热水水质应不含有硫化物。

3）技术要点

散热器宜安装在窗户下方或两侧。散热器上下部应留有150～200mm空间，以确保空气能顺畅通过散热器形成气流循环。

（1）施工准备。核对散热器的型号，规格，使用压力必须符合设计要求；

（2）散热器的组队，外拉条的预制、安装。按照施工所需要的散热器数量规格进行组对，做好丝扣的选试，并根据散热器的片数和长度，制作外拉条；

（3）散热器水压试验。将散热器连接试压泵，利用试压泵加压到规定的压力值时，关闭进水截门，持续5分钟，观察每个接口是否有渗漏，不渗漏为合格；

（4）散热器安装。按设计图要求，根据安装位置及高度在墙上画出安装中心线，安装托钩和固定卡，固定散热器，安装冷风门，完成散热器的安装与管线的连接；

（5）安装质量控制。对散热器的安装支架、托架是否安装稳固，位置是否准确，散热器背面与装饰后的墙内表面安装距离是否合理进行检测与控制。

4）技术推荐：天津马丁康华不锈钢制品有限公司、山东省高密市中亚空调设备总厂、山东双泉散热器有限公司、山东省中亚暖通设备有限公司

11. 钢铝复合散热器

1）主要技术性能

钢铝复合散热器采用钢制热媒通道，避免铝合金型材直接与传热介质接触，解决了铝合金的碱腐蚀问题，提高散热器承压防腐能力，延长散热器的寿命。采用铝制散热翅片提高散热率，发挥了铝合金质轻，易成型、轻薄美观的特点，满足不同外观需求。

2）适用范围及条件

适用于各类建筑中以热水、蒸汽为热媒的供暖系统。热水水质应不含有硫化物。

3）技术要点

施工安装方法同铜铝复合散热器。

4）技术推荐：山东邦泰散热器有限公司、北京宇环通高科技有限公司、乌鲁木齐新亿锅炉设备有限公司、山东省高密市散热器厂

12. 铝制散热器

1）主要技术性能

铝制散热器主要有铝制柱翼型散热器和压铸铝合金散热器。铝制柱翼型散热器以挤压铝制型材为基材，经焊接成型。压铸铝合金散热器则是将熔融的铝合金经压力铸造直接成型，为整体式散热器；利用两种不同工艺制成部件，组合而成的产品，为组合式散热器；与其他金属复合制作的产品为复合式散热器。

铝制柱翼型散热器采用LD31铝材，上下联箱管壁厚不小于1.8mm，立管壁厚不小于1.5mm。散热器与系统应采用非金属件连接。

压铸铝合金散热器中的整体式散热器应采用YL13铝合金，散热器壁厚不小于1.5mm。组合式散热器则须采用壁厚不小于1.2mm的6063铝型材组合。复合式散热器钢管壁厚须不小于1.8 mm，铝合金ADC12的材料性能应符合JIS H5302:2006压铸铝合金的规定。

以壁厚不小于1.8mm的钢管为内腔，外部为压铸铝合金复合而成。

2）适用范围及条件

适用于各类建筑中工作压力不大于1.0MPa、以热水为热媒的供暖系统。热媒pH值在7.0~8.5。复合式散热器适用条件与钢制散热器相同。

3）技术要点

施工安装必须使用专用工具，按照操作程序文明施工，以保护散热器。方法与钢制散热器基本相同。

安装时应尽量避免在同一系统中与其他材质散热器混合安装。

4）技术推荐：东莞市深创业发展有限公司、宁波金海水暖器材有限公司、旺达集团有限公司、沈阳市创远散热器有限公司、天津市华琛散热器有限公司、山东邦泰散热器有限公司

13. 钢制散热器

1）主要技术性能

以钢板和钢管为基本材料，经冲压成型、焊接等工艺制成，钢制散热器结构紧凑，重量较轻，形式多样，装饰性强，适用住宅采暖系统，而且金属热强度高；在供暖系统满水保养条件下，使用寿命不低于10年，是我国散热器市场的主流产品。

目前我国钢制散热器基本有以下三种基本形式：

（1）钢管散热器

利用厚度不小于1.2的St14冷轧钢板和St12钢管，经专用焊接工艺设备制作成型。产品有柱型（二柱型、三柱型，六柱型等）、卫浴型（异型管搭接焊型、对焊型、扁管型等）；

（2）钢制板型散热器

利用厚度为1.2~1.5mm的St14冷轧钢板制作，前后板及对流片的冲压、焊接、裁剪和组装，全部由自动化流水线完成，工艺先进，质量控制可靠，热工性能优良，是钢制散热器体型较薄的一种；

（3）钢制翅片管对流散热器

以焊接钢管为基材，将高度不大于15mm的钢带，通过高频焊接工艺，按照工艺要求连续缠绕，作为散热元件，产品配有对流外罩，为对流型散热器。

产品耐用型好，热工性能良好，且成本较低，是一款普及型产品。

2）适用范围及条件

适用于各类建筑中以热水为热媒的采暖系统，热水水质pH值应为10~12，溶解氧不大于0.1mg/L，且在非采暖季节应满水保养。

3）技术要点

散热器宜安装在窗下或外墙内侧。散热器上下部应留有不小于150～200mm的空间，以确保散热器正常工作。

（1）施工准备。核对散热器的品牌、型号和规格，使用压力也必须符合设计要求；

（2）散热器安装。根据设计对安装位置及高度的要求，首先应在墙上画出安装中心线，预置安装托钩和固定卡，固定散热器后安装放气门，最后完成散热器的安装与管线的连接；

（3）散热器水压试验。散热器全部安装完成，将散热器采暖系统试压，加压到规定的压力值时，停泵5分钟，观察接口是否有渗漏，以不渗漏为合格；

（4）散热器表面不得涂覆含金属成分的涂料，如银粉漆或金粉漆；

（5）安装质量检查。对散热器的安装支架、托架是否安装稳固牢靠，位置是否准确，散热器背面与装饰后的墙内表面安装距离是否合理等，进行检查。

4）技术推荐：天津市锐新散热器有限公司、唐山大通金属制品有限公司、天津市华琛散热器有限公司、北京德赛特建材技术有限公司、意莎普-金泰格散热器（北京）公司、林州市春晖散热器有限公司、北新集团建材股份有限公司、北京森德散热器公司、努奥罗（中国）有限公司、北京佛罗伦萨散热器有限公司、河南乾丰散热器有限公司

14. 新型铸铁散热器

1）主要技术性能

新型铸铁散热器通过提高铸铁品质、改进铸造工艺和改进外表面处理工艺，在保证使用要求的前提下减重减厚、推出内腔无砂产品，既提高了产品的热工性能，又满足计量供热的要求。铸铁散热器由于价格较低，安全耐用等优点，适应我国用户的使用习惯，长期以来一直是我国市场上的主要产品。内腔无砂铸铁散热器，已有多种形式，如柱型散热器、翼型散热器和板翼型散热器等等，产品与其他散热器相比，不仅性价比优越，而且外观质量有很大提高，甚至可以与钢管散热器媲美。

2）适用范围及条件

适用于各类建筑中以热水、蒸汽为热媒的供暖系统。对各种热媒、水质有着广泛的适应性。

3）技术要点

施工安装方法与钢制散热器相同。但带足片的散热器须靠墙落地安置时，应在壁面设置拉钩固定。

4）技术推荐：河北春风冀暖股份有限公司、山西省高平市三甲散热器有限公司、圣春冀暖散热器有限公司、北京派捷暖通环境工程技术有限公司

15. 地暖用阻氧型PE-RT管道

1）主要技术性能

该PE-RT管道是采用PE-RT、专用热熔胶、专用EVOH为主要原料，经三层挤压成型，在PE-RT管道外部形成均匀的EVOH阻氧层，能够有效阻止氧气进入热水循环系统。该阻氧管的阻氧效果良好，热水管在40℃下，氧气渗透率不超过0.1g/（m^3·d），可以有效地防止地暖系统金属附件的腐蚀，延缓系统内热水结垢。

2）适用范围及条件

低温热水地面辐射采暖系统中的热媒输送管道。

3）技术要点

由于阻氧型PE-RT管道外层为粘接型阻氧层，无法与配件直接进行热熔焊接，因此焊接时，需削去焊接端部粘接层与EVOH阻氧层，再进行热熔焊接。另外也可采用PPSU全塑快速插接式管件进行连接。

4）技术推荐：华亚东营塑胶有限公司、浙江伟星新型建材股份有限公司

16. 低温辐射电热膜供暖系统

1）主要技术性能

该系统由电热膜、导线、温度控制装置及建筑用保温和表面覆盖材料组成。电热膜片通过电流后发出红外热量，形成供暖辐射源，经测定其主波长为9.5μm，表面工作温度为40℃左右，其能量传输的主要方式是通过辐射来完成的。温度控制装置为系统的供暖环境设定预期的温度值，并随着环境温度的变化控制电热膜电源的通断，保持环境的温度预期温度一致。系统可分为天棚安装、地板安装、蓄热式安装和墙裙安装。由于安装后各家各户的系统自成一体，每个房间的温度又能独立控制，因此该系统是一种分户式供暖系统。

2）适用范围及条件

适用于各类建筑的采暖工程，特别适用于无市政供热管网的地区使用。

3）技术要点

（1）施工前准备。施工设计图纸、材料、机具等应准备齐全，施工场所电源及配电箱已安装到位。

（2）清理基层，放线定位。

（3）安装龙骨，铺装绝热层（玻璃丝棉等），安装电热膜，电热膜接线。

（4）电热膜安装完后进行测试。采用万用表，兆欧表进行直流电阻及绝缘电阻的测试，检查系统正常，无短路、开路现象。

（5）安装温控器及电热膜保护层。保护层安装完毕后再次检测电热膜和线路有无破坏。

（6）施工检验与验收。电热膜安装应根据工程性质和特点进行中间检验和验收。电热膜敷设完成和保护层安装后，应进行中间检验；电热膜供暖系统安装结束，应进行送电检验；送电检验运行正常后进行竣工验收并清理现场。

4）技术推荐：北京人元电子设备有限公司、大连现代采暖安装工程有限公司。

17. 预制轻薄型温水辐射供暖板

1）主要技术性能

该供暖板是在常规地面辐射供暖方式的基础上研发，以PP（PE）原料为保温基板，以聚丁烯（PB）管为加热管材，同时采用铜质歧路分水器和均热铝膜等元件预制而成，利用低温热水为热媒，通过加热管材加热地面实现供暖。该产品具有升温快、散热均匀、采暖舒适等特点。与传统的低温热水辐射供暖地板相比，具有厚度薄（总厚度12～15mm），占用楼层高度小、自重轻、工厂预制，施工便捷等优点，可满足不同类型建筑工程采暖需求。

2）适用范围及条件

适用于地面辐射供暖系统。

3）技术要点

（1）施工地面应平整干净，如有凹凸不平部位应铲除或用水泥砂浆找平，平整度为±5mm，并将地面杂物清理干净，方可施工；

（2）沿墙边固定隔热板；

（3）按设计要求铺设所需规格的专用供暖板，要对齐沟槽，紧密依靠，如有空余则用工具刀裁下所需尺寸的绝热板对齐铺好；

（4）按照《地面辐射供暖技术规程》JGJ142—2004 要求进行地热管、分、集水管等设备安装施工。

4）技术推荐：北京温适宝科技有限公司

18. 组环式高效常压燃油/燃气热水机组（热水炉）

1）主要技术性能

该机组是全新结构的受火常压水加热器，属间层水套无管式热水炉，主要由外环、中环和内环等三个相互分离、无刚性连接的水套组成。外环和中环间形成较大的空间，作为燃烧室，各水套间的环形空间构成烟道，各烟道间由相应的导烟孔贯通。燃料在燃烧室燃烧，火焰与燃烧室范围内的水冷壁进行辐射换热，最后从内环烟道排出炉体，而水则是先进入内环水大套，再通过中环水套，最后经过外环水套后输出。组环式炉体在换热形式上相对加强了火焰和高温烟气辐射换热，并通过烟气在烟道内运动状态的改变来加强对流换热。

组环式炉与同等发热量的壳管式炉相比：所需的换热面积和体积平均减少和缩小一倍；淘汰了刚性过大的管板结构，使得由于热应力造成的管口或火筒（燃烧室）口裂损故障大为降低，同时由于各换热构件相互分离，整个炉体实现了组合式结构，拆卸方便；有很高的动态热特性，每分钟温升达 5～15℃。

目前，该热水炉主要有发热量（产品使用 0 号柴油时的最大发热量）为 119、205、237、350、700 和 1067 kW 等规格，耗油率在 5 至 90kg/h 范围，热效率均在 90% 以上。

2）适用范围及条件

各类建筑的生活用热水和采暖系统。

3）技术要点

设备的布置与安装应符合给排水相关标准规定，燃料的储存、接驳、放置等，要严格遵守《建筑设计防火规范》GB 50016—2006 和当地消防部门的要求，此外还注意以下问题：

（1）设备间应保证良好的通风和排水畅通。

（2）加热间、热水贮水罐、水换热器、循环水箱、电控箱和水泵等设备布置应满足安装、检修和维护的要求。上述设备彼此之间的表面距离，以及与墙面的距离不宜小于 800mm。水泵（管道泵）底部以及水管最底部与地面的距离不宜小于 100mm。日用油箱与燃烧、电控箱、水泵及电源导线的直线距离应大于防火规范距离，并有隔火措施。

（3）为防止意外，加热器的中环与外环连接管上应装配安全阀，整定压力必须小于加热器壳体出厂试验压力。加热器防爆门不得对着过道。加热器透气管不得安装任何阀门。

（4）设备安装时，旧楼板或设计楼板不能承受所增加的重量时，要考虑加做型钢承重梁或承重机座。

4）技术推荐：广西南宁新峰应用技术研究所

19. 建筑物通风技术

建筑物通风技术可分为自然通风和机械通风两大类：

1）自然通风

自然通风是利用室外风力造成的风压以及由室内外温差和高度差产生的热压使空气流动的通风方式。其特点是不需要复杂的装置和消耗能量，是一种经济的通风方式。自然通风不消耗动力，也可以获得较大的通风换气量。自然通风换气量的大小与室外气象条件、建筑物自身结构密切相关，难以人为地进行控制。但自然通风简便易行，节约能源，有利于环境保护，已广泛应用于各类建筑的通风。

在进行建筑设计时应在总平面布置、建筑体型、朝向和门窗处理以及利用地形和绿化等方面组织好自然通风，以取得良好的环境效果和节省投资。但同时应考虑采光遮阳及防雨的要求。

（1）用室外风力造成压作用下的自然通风。在建筑迎风面，空气流动受阻，速度减小，静压升高，室外压力大于室内压力；在背风面和侧面，由于空气绕流作用的影响，静压降低，室外压力小于室内压力。可在建筑迎风面和背风面外墙开两个窗孔，在迎风面室外空气从窗孔流入室内，在背风面室内空气从窗孔流向室外。

（2）利用室内外温差和高度差产生的热压作用下的自然通风。在建筑物外墙的不同高度上开有窗孔，当室内空气温度高于室外空气温度时，室外空气就会在压差作用下从下窗孔向室内流动，室内空气也会在压差作用下从上窗孔向室外流动。

在工业建筑中，通常都是利用有组织的自然通风来改善工作区的工作条件。自然通风效果的好坏与通风车间的建筑形式、总平面布置、车间内的工艺布置，以及风压和热压的作用情况等因素有关。

2）机械通风

机械通风是依靠风机提供的动力强制性地进行室内、外空气交换的通风方式。与自然通风相比，机械通风的作用范围大，可采用风道把新鲜空气送到需要的地点或把室内指定地点被污染的空气排到室外，机械通风的通风量和通风效果可人为地加以控制，不受自然条件的影响。但是，机械通风需要配置风机、风道、阀门以及各种空气净化处理设备，需要消耗能量，结构也较复杂，初投资和运行费用较大。

机械通风系统根据其作用范围的大小，可分为全面通风和局部通风两种类型。

（1）全面通风。对整个房间进行通风换气，用送入室内的新鲜空气把整个房间里的有害物浓度稀释到卫生标准的允许浓度以下，同时把室内被污染的污浊空气直接或经过净化处理后排放到室外大气中去。

全面通风包括全面送风和全面排风，两者可同时或单独使用。单独使用时需要与自然进、排风方式相结合。

全面通风的通风效果除了与所采用的通风系统的形式有关外，还与通风房间的气流组织形式有关。为了获得良好的全面通风效果，需要合理的选择和设置送、排风口的形式、数量和位置。

（2）局部通风系统

包括局部送风和局部排风，两者都是利用局部气流，使局部的工作区域不受有害物的污染，以造成良好的局部工作环境。局部通风系统通常由送风口（或局部排风罩）、风道、空气净化处理设备和风机几部分组成。

①局部送风。局部送风就是将干净的空气直接送至室内人员所在的地方，改善室内局部环境使其达到要求的标准，而并非使整个空间环境达到该标准。这种方法比较适用于大面积的空间、人员分布不密集的场合。

②局部排风。局部排风就是在产生污染物的地点直接将污染物捕集起来，经处理后排至室外。在排风系统中，以局部排风最为经济，有效，因此对于污染源比较固定的情况应优先考虑。

20. 导热塑料盘管式蓄冰空调系统集成技术

1）主要技术性能

导热塑料盘管式蓄冰空调系统集成技术是一项将导热塑料盘管蓄冰装置应用于中央空调的系统技术，其工作原理是在夜间利用制冷机制冷并将冷量以冰的形式储存在蓄冰盘管中，日间冰融化释放出冷量来提供空调冷源。

蓄冰盘管以自主开发的导热塑料作为换热管材料，其导热系数是普通塑料的 5 ~ 10 倍，并具有耐腐蚀、耐老化和力学性能良好等特点。通过优化设计，在结冰和融冰过程中，可超过金属盘管的换热性能。

自动控制系统现场控制器采用 PLC 可编程序控制器，同时配置彩色触摸屏，操作方便，可根据不同的要求提供不同的标准软件模块以实现控制功能，可以根据负荷要求实现主机优先、融冰优先或优化控制的运行模式。

FUZZY 负荷预测及优化控制软件采用统计模型和模糊理论，根据预测负荷及系统约束条件对次日的运行方案进行优化设计并输出时间表安排，以实现系统的经济运行的目的。

系统蓄冰时间不超过 9 小时，蓄冰结束时制冷机出口温度不低于 -6℃，蓄冰时制冷机出口平均温度不低于 -5℃；系统融冰能稳定提供不超过 3.5℃的出水温度，融冰时间不超过 9 小时。自控系统可以根据负荷预测的结果自动切换系统运行工况及运行参数，实现优化控制的目的。

2）适用范围及条件

适用于执行峰谷电价且峰谷电价差较大地区或者空调负荷高峰与电网高峰时段重合，且在电网低谷时段空调负荷较小的地区的建筑的空调工程、大型区域的供冷工程等场所及有避峰限电要求或必须设置应急冷源的场所。

3）技术要点

（1）导热塑料蓄冰盘管适合室内及户外安装。蓄冰槽下方需作一个 100mm 高的水平基础，必须能承载蓄冰槽运行重量及其水管和其他设备的重量。在蓄冰槽附近，应设有排水沟。

（2）配管。在多槽系统中，必须用同程配管。所有的连接处必须按照配管规范进行连接。每段管路最高处，需安装自动排气阀。蓄冰槽入口必须放置 Y 型除污器或过滤网，防止杂质进入蓄冰槽内热交换器而造成系统堵塞。

（3）试压及管路清洗。管路清洗时蓄冰槽必须隔离，以免焊渣等杂物进入盘管内，隔离段应在安装前进行清洗。试验压力不大于 800kPa。

（4）蓄冰槽充水。在系统管路充乙二醇溶液前，先将蓄冰槽内水填充至视窗0%的刻度上。一旦充水之后，不可再移动蓄冰槽。每月校准液位一次，校准时保证冰全部融化。

（5）乙二醇溶液的填充。在添加乙二醇溶液之前，所有的管路必须确保已经试压和已完全清洗干净。乙二醇溶液的成分比例严格按照设计要求配制。当乙二醇溶液添加完毕后，在开始蓄冰模式运转前，至少将系统运转6小时以上，使系统内空气完全排出。乙二醇溶液混合均匀之后，再次测试乙二醇溶液的密度，确保浓度正确。

4）技术推荐：杭州华电华源环境工程有限公司、国电机械设计研究所

21. 室内净化新风系统（机）

1）主要技术性能

室内净化新风系统机是根据在密闭的室内一侧送风另一侧排风原理进行设计，即用送风机将室外新风经过滤、灭菌等处理后送入室内，用排风机或多孔对流机将室内混浊空气排出室外。送风机由活性炭初滤和光触媒中滤组合式过滤网，以及负离子发生器等构成。该系统有壁挂式、吸顶式等多种机型，风量60～1000m^3/小时，不同组合搭配可满足各种不同户型的需要。

2）适用范围及条件

可广泛适用于家庭、宾馆、学校、办公室、医院等场所。

3）技术要点

（1）在设计时确定新风路径，新风从空气较洁净区域进入，由污浊处排出。一般污浊空气从浴室、卫生间及厨房排出，而新鲜空气则从起居室、卧室等区域送入。条件许可尽量遵循下进上出的空气流动原理，即新鲜空气从较低的位置送入室内（离地不低于800mm），室内废气从较高位置排出。新风进出风口尽量不在一个平面，对立面为最佳。

（2）确定住房内最小排风量以满足人们日常工作、休息时所需的新鲜空气量。

（3）安装时，新风机的防火阀在出风口安装；接管尺寸应该以实际系统设计尺寸为准，设备安装时应考虑过滤器拆装方便的问题。

4）技术推荐：湖南西城华兴科技发展有限公司

22. 建筑遮阳技术

建筑遮阳技术是通过建筑设计或在建筑物上安装附加遮阳产品等措施阻止太阳光大量进入建筑物内，降低建筑吸收的太阳热，改善室内热环境和采光环境。由于太阳光主要通过窗口进入室内，因此建筑遮阳主要是对建筑窗口进行遮阳处理。此外也可针对建筑屋面和墙面采用遮阳措施。

窗口的遮阳根据部位不同分为窗口外遮阳、窗口中置遮阳和窗口内遮阳。其中，窗口外遮阳有水平遮阳、垂直遮阳、挡板遮阳三种基本形式；窗口中置式遮阳的遮阳设施通常位于双层玻璃的中间，和窗框及玻璃组合成为整体；内遮阳的形式有百叶窗帘、拉帘、卷帘等。

实际应用中由于固定遮阳不可避免的会带来与采光、自然通风等方面产生矛盾。而活动遮阳可以根据环境变化自由的控制遮阳系统的工作状况，通常有遮阳卷帘、活动百叶遮阳、遮阳篷、遮阳纱幕等形式。遮阳卷帘是一种有效的遮阳措施，适用于各个朝向的窗户。当卷帘完全放下的时候，能够遮挡住几乎所有的太阳辐射，也可以适当拉开遮阳卷帘与窗户玻璃之间的距离，也能有效的减少卷帘上的热量向室内传递；活动百叶遮阳既可以

升降，也可以调节角度，遮阳、采光和通风效果较好；遮阳篷应用较为广泛，但是其安装较为复杂；遮阳纱幕既能遮挡阳光辐射，又能根据材料选择控制可见光的进入量，并能避免眩光，适合于炎热地区遮阳。

绿化遮阳可以通过在窗外一定距离种树，也可以通过在窗外或阳台上种植攀援植物实现对墙面的遮阳。植物还能通过蒸发周围的空气降低地面的反射。常青的灌木和草坪对于降低地面反射和建筑反射很有用。在建筑周边一定距离种树，可以对低层的户型提供有效的窗口与墙面遮阳。一般适宜选用高大、树枝伸展较宽、夏天茂盛、冬天落叶的乔木。当利用植物进行窗口遮阳的时候，应当注意不能影响自然通风与采光。在夏季主导风的方向上，不应种植太密的树木，以免降低风速甚至改变风向，造成自然通风受阻。此外，茂密的树叶也不宜靠窗口太近，以免遮挡自然光线的进入。墙面绿化遮阳一般选择爬藤植物如爬山虎、牵牛花、爆竹花等爬墙生长。必要的时候可以搭架拉绳，以辅助其生长。

23. 百叶中空玻璃

1）主要技术性能

百叶中空玻璃是将百叶安装在中空玻璃内，并通过磁力控制闭合装置和升降装置完成百叶在中空玻璃内的升降、翻叶等动作。结构合理，操作简便。该产品中空间隔厚度有19mm、25mm 两种规格（不含玻璃厚度），除具有中空玻璃的保温性能外，还具有隔热、遮阳功能。主要技术指标如下：

百叶中空玻璃主要技术指标 **表 3-6**

项目	百叶状态		
	垂直	平行	收起
传热系数 W/（m^2 k）	2.0	2.7	2.9
遮阳系数 S_c	0.18	0.83	0.90
反复启闭	1 万次	1 万次	1 万次
中空玻璃性能	符合 GB/T 11944-2002 要求		

2）适用范围及条件

适用于夏热冬冷和夏热冬暖地区建筑门窗和室内装饰隔断。

3）技术要点

内置百叶中空玻璃安装方法与普通中空玻璃安装方法相同，但是由于玻璃厚度比普通玻璃厚，因此部分型材需要使用特制的玻璃压条。

4）技术推荐：秦皇岛欧泰克节能门窗有限公司

24. 绿色照明工程设计

绿色照明是节约能源、保护环境和提高照明质量的照明。它是通过科学设计，采用效率高、寿命长、安全和性能稳定的照明电器产品（包括光源、灯具、电器附件、配电及调光、控制设备等），以及充分利用天然光，工作和生活质量的照明系统。

使用高效率光源。白炽灯因其安装和使用方便，价格低廉，目前在国际上及我国其生产量和使用量仍占照明光源的首位，但因其光效低、能耗大、寿命短，应尽量减少其使用量。如需采用，宜采用光效稍高些的双螺旋灯丝白炽灯（光效提高10% ~20%）、充气白炽灯、涂反射层白炽灯或小功率的高效卤钨灯（光效比白炽灯提高1倍）。荧光灯光效较高，寿命长，节约电能。目前应重点推广细管径（26mm）T8三基色荧光灯和各种形状的紧凑型荧光灯以代替粗管径（38mm）荧光灯和白炽灯，有条件时，可采用更节约电能的T5（16mm）的荧光灯。此外，由于钠灯的光效可达120lm/W以上，寿命12000小时以上，而金属卤化物灯光效可达90lm/W，寿命达10000小时，特别适用于工业厂房照明、道路照明以及大型公共建筑照明。因此，积极推广高光效、长寿命的高压钠灯和金属卤化物灯。

在进行照明工程设计时，应根据使用场所、建筑性质、视觉要求、照明的数量和质量要求来选择光源。在照明设计时，主要考虑光源的光效、光色、寿命、启动性能、工作的可靠性、稳定性及价格因素。

25. 天然采光技术

该技术是将天然光引进室内照明，从而起到节约资源和保护环境的作用，同时还可以创造出舒适的光照环境，有益于身心健康。我国地处温带，天然光资源很丰富，具有充分利用天然光的有利条件。

1）合理设计采光窗

采光窗分侧窗和天窗两种，其中侧窗使用最普遍。它的优点是构造简单、布置方便、造价低廉，光线具有明确的方向性，有利于形成阴影，对观看立体物件特别适宜，并可通过它看到外界景物，扩大视野。它的缺点是室内照度不均匀，近窗处容易形成眩光。

（1）侧窗采光。在房屋进深不大或内走廊建筑，仅有一面外墙的房间，一般都是利用单侧窗采光。这种采光方法的特点是窗户构造简单、布置方便、造价较低、采光的光线的方向性强，照射立体物件或人貌时可获得良好的光影造型效果。

当单侧采光房间的工作台与窗面垂直布置时，采光可有效地避免光幕反射引起的不舒适眩光，而且工作人员还可通过侧窗直接观赏室外景物，从而扩大视野，调节视力，减轻视觉疲劳。

单侧窗采光的主要问题是采光的纵向均匀度较差，进深大，离窗远的区域往往达不到采光标准的要求。通常高而窄的采光窗比低而宽的采光窗的纵向均匀度好；高侧窗的纵向采光均匀度明显优于低侧窗的采光均匀度。为了使单侧采光具有良好的采光均匀性，房间进深一般不宜超过窗的上框高度的2 ~2.5倍。

改善单侧窗采光纵向均匀度的方法有利用透光材料本身的反射、扩散和折射性能将光线通过顶棚反射到进深大的工作区；在窗上设置水平搁板式遮阳板，降低近窗工作区的照度，同时利用遮阳板的上表面及房间顶棚面将光线反射到进深大的工作区。

（2）天窗采光。它是在房间或大厅的顶部开窗，将天然光引入室内。这一采光方法在工业建筑、公共建筑，如博展建筑和建筑的中庭采光应用较多。由于应用场所不同，天窗的形式不一，可谓千变万化，难以统计。对工业建筑采光，天窗形式主要有以下五种：矩形天窗、锯齿形天窗、平天窗、横向天空、下沉式（或称井式）天窗。

2）采取综合措施，提高采光质量

为了减少侧窗采光所产生的室内照度不均匀，可采用带有方向性的玻璃砖、百叶窗、水平遮光栅等，使光照亮天棚，提高室内照度均匀性。

对于进深较大的房屋，除了设置倾斜天棚和沿外墙上设置室内水平反光板外，还在朝南外墙上设置室内水平反光板，反光板表面均涂有高反射比的涂层，使更多的光线反射到天棚上，这对提高天棚亮度有明显效果。同时水平反光板还可防止太阳在近窗处产生高温、高照度的眩光。在反光板上下采用不同的玻璃，上面用透明玻璃，使更多的光线进入室内，提高室内深处的照度；下面用特种玻璃，以降低近窗处照度，使整个房间照度更均匀。采用这些措施后，室内深处的照度可提高50%。

由于侧窗位置一般较低，人眼很容易看到天空，形成眩光，故可采用水平挡板、窗帘、百叶、绿化等办法。为了争取更多光线的墙面，通常采用高侧窗和天窗，并综合应用反光天棚、遮光格片、活动控光百叶、扩散透光玻璃等措施，既可防止直接眩光，又可增加墙面照度，满足要求。

26. 夯实水泥土桩法地基处理技术

1）主要技术性能

夯实水泥土桩是将水泥和土加适量水拌合后，分层倒入已成的桩孔中，重力夯实而成。它利用水泥作为胶结材料，与土料形成中等粘结强度的水泥土桩体。夯实水泥土桩与褥垫层共同形成复合地基，其垂直承载能力由桩土共同承担，水平荷载主要由桩间土承担，具有典型的地基性状。夯实水泥土桩通常采用长螺旋钻机或人工洛阳铲成孔，成孔深度一般在10m内，孔径一般为ϕ350～ϕ400mm，经此法处理后其复合地基承载力标准值可达300kPa。该技术具有如下特点：

（1）施工质量容易控制。由于成孔时每个孔可视为一个探坑，对土层变化一目了然，可保证桩端落在好的土层上；水泥土在地面机械或人工搅和，配比和均匀度容易控制；

（2）施工速度快、工期短。一般四个单元六层住宅楼条形基础成桩只需7～10天，且不受停水、停电的影响；

（3）造价低、施工灵活。除水泥外，制桩用的材料土可就地取材，不需大型机械，不受场地条件限制，造价低，施工灵活，适应性强。

2）适用范围及条件

适用于处理地下水位以上的淤泥质土、素填土、杂填土、粉土、粘性土地基，处理深度一般不大于8～10m。

3）技术推荐：中国建筑科学研究院地基基础研究所

27. 全夯式扩底灌注桩

1）主要技术性能

该桩是在一般沉管桩和夯扩桩施工的基础上，进行更新改造，形成的独特的成桩工艺。该桩采用双管套合，沉管达到设计的最后贯入度要求后，抽出内管，在外管内灌注混凝土，然后插入内管并夯击内管，使外管内的混凝土夯挤出管外形成扩大头，再浇灌并锤击桩身混凝土，从而形成密实、扩大的混凝土桩身。

在夯击作用下，桩身混凝土质量明显提高，可充分利用桩身混凝土的抗压强度及发挥桩端和桩侧土的阻力作用。单桩承载力是同规格桩的1.5～3倍，可降低基础工程综合造价20%～50%，缩短桩基施工工期10%～40%。

2）适用范围及条件

适用于抗震设防烈度6度以下地区建筑的基础工程。适合于穿越各类松填土、淤泥或淤泥质土，穿越地基承载力特征值f_{ak}≤200kPa的粘性土、粉土，密实度为中密以下的砂土、碎石土。桩长不宜大于20m，单桩承载力≤250T。

3）技术要点

（1）桩机就位，在内、外管底部之间放置干硬性混凝土；

（2）锤击内外管，沉管至持力层封底止水；

（3）抽出内管，灌注桩端混凝土；

（4）上拔外管，锤击内管，夯击桩端混凝土；

（5）锤击内、外管，达到同步沉管完成桩端夯扩；

（6）抽出内管灌注桩身下部混凝土；

（7）上拔外管，锤击内管，夯击桩身混凝土至扩大的桩身；

（8）抽出内管，放置桩身钢筋笼；

（9）灌注桩身上部混凝土。

4）技术推荐：江西中恒建设集团公司特种软基分公司

28. 孔内深层强夯法地基处理技术

1）主要技术性能

孔内深层强夯法技术是通过桩孔将强夯引入到地基深处，用异型重锤对孔内填料自下而上分层进行高动能、超压强、强挤密的孔内深层强夯作业，使孔内填料沿竖向深层压密固结，同时也对桩周土进行横向的强力挤密加固。针对不同的土质，采用不同的工艺，使桩体获得串珠状、扩大头和托盘状，有利于桩与桩间土的紧密咬合，增大相互之间的摩阻力。地基处理后整体刚度均匀，承载力可提高2~9倍，变形模量提高，沉降变形减小，地基处理深度可达30m以上。

2）适用范围及条件

该技术适用范围广，可处理“杂填”、“液化”、“湿陷”、“软弱”、“膨胀”以及具有酸碱盐腐蚀和具有“硬夹层”的不均匀地基。

3）技术要点

（1）机械成孔，成孔深度应满足设计要求；

（2）检查成孔直径、孔深、垂直度，孔内积水等情况，并对孔底强夯至设计标高；

（3）对不符合成孔质量标准的要进行补强加固处理；

（4）根据设计规定自下而上分层填料强夯或边填料边强夯，强夯时重锤应与桩孔中心对中，下落时成自由落体状态；

（5）桩身形成后进行质量检测验收。

4）技术推荐：北京瑞力通地基基础工程有限责任公司

29. 载体桩成套技术

1）主要技术性能

载体桩成套技术对载体桩的工作机理、施工工艺和对周围土体影响等方面进行研究，并进行相关施工机具设备的研发，提出了利用复合载体的等效面积计算单桩竖向承载力特征值的方法，并完成了载体桩配套技术的研发。

载体桩采用柱锤夯击、反压护筒成孔或沉管设备成孔，达到设计标高后，分批向孔内填入碎砖及碎石等填充料，经反复夯实、挤密，当满足三击贯入度要求后，再填入干硬性或低流态混凝土夯实挤密，在桩端形成复合载体改善原状土层的物理力学性质，最后放置钢筋笼、灌注混凝土或直接放置预应力管节成桩。施工工艺先进，一般不受地下水影响，单桩承载力为300~4000kN。

该技术采用三击贯入度控制夯击密实度，采用即打即压方式，进行载体桩的填充料夯实效果竖向抗压静载试验，核定载体桩的主要参数及施工工艺，确保施工安全。

该技术充分利用碎砖、混凝土碎块等固体废弃物作为填充料，充分发挥地基土体的承载力，不仅保护环境，而且可提高单桩承载力，施工简便，成本低，施工质量易控。

2）适用范围及条件

适用于地面下一定深度有持力层各类建筑等基础工程和地基处理。

3）技术要点

（1）在桩位处挖直径等于桩身直径、深度约为500mm的桩位圆柱孔，移机就位；

（2）提起柱锤后快速下放，使柱锤出护筒并入土一定深度；

（3）用副卷扬机钢丝绳对护筒加压，使护筒底面与锤底平齐；

（4）重复（2）、（3）步骤，直至护筒沉入设计深度；

（5）提起柱锤，通过护筒投料孔向孔底分次投入填充料，并进行大能量夯击；

（6）填充料被夯实后，在不再填料的情况下连续夯击三次并测出三击贯入度，若不满足设计要求，重复（5）、（6）步骤，直至满足设计要求；

（7）通过护筒投料孔再向孔底分次投入设计需要的干硬性或低流态混凝土，并进行夯击；

（8）放入钢筋笼；

（9）灌注桩身混凝土。

4）技术推荐：北京波森特岩土工程有限公司

30. 挤扩灌注桩技术

1）主要技术性能

挤扩灌注桩是在传统钻孔灌注桩的基础上，采用特制的挤扩成型设备在桩身不同部位形成扩体后，与现有钻孔灌注桩设备配套使用，放入钢筋笼，灌注混凝土而构造出的一种变截面桩。扩体部位的选择应根据岩土工程勘察报告中各地层不同的力学指标，选择在持力层相对较好的地层。桩身上的扩体数量根据桩基工程的岩土工程勘察报告经严格计算而确定。经挤扩形成的扩体直径一般是主桩直径的2~3倍，从而将摩擦桩变为多端承、多段侧摩阻力共同作用的新型桩。通过专用挤扩设备对土体进行的三维挤压，经挤密的土体与混凝土桩身紧密的结合为一体，很好地发挥了桩土共同的作用，使建筑结构更加稳定，沉降变形小，垂直承载力及抗拔力都大幅提高，明显减少混凝土的用量，使基础工程造价显著降低。

2）适用范围及条件

适用于多种地基土质，填土、粘性土、粉土、淤泥与粘土及粉土交互层地基，砂土、砂卵石地基等。

3）技术要点

（1）机械成孔，孔深应符合设计要求；

（2）采用挤扩成型设备，根据设计规定在孔内相应部位扩孔；

（3）检查成孔质量，必要时作补强加固处理；

（4）放置钢筋笼；

（5）浇筑桩身混凝土。

4）技术推荐：山西金石建筑安装工程有限公司、北京中阔地基基础技术有限公司、浙江鼎业基础工程有限公司

31. 土钉墙支护技术

1）主要技术性能

土钉墙技术是由被加固土体、设置在土体中的土钉群（通常采用钢筋作为土钉材料）和喷射混凝土面层等形成一个类似重力式挡墙的挡土墙，以此来抵挡墙后传来的土压力或其他荷载，从而保持开挖面的稳定。土钉墙技术是在土体中设置一定长度和密度的土钉，使其与土体共同作用，弥补土体自身强度的不足，通过土与土钉的相互作用，土体自身结构强度潜力得到充分发挥，改变了边坡变形和破坏性状，显著提高了土体的整体稳定性。

2）适用范围及条件

适用于地下水位以上或经人工降水后除软弱土层以外的各种土层基坑支护，也可兼做止水结构。

3）技术要点

（1）开挖工作面，修整边坡（壁），对于易坍塌土体可在作业面先构筑钢筋网混凝土面层；

（2）边坡（壁）排水；

（3）根据设计要求设定土钉位置，并进行标记和编号；

（4）成孔至设计深度，检查成孔质量；

（5）放置土钉，压力注浆；

（6）土钉端部通过锁定筋与边坡面层的加强筋及钢筋网可靠连接；

（7）喷射混凝土至设计厚度。

4）技术推荐：中冶集团建筑研究总院

32. 预应力混凝土空心方桩

1）主要技术性能

预应力混凝土空心方桩采用高速离心工艺生产成型，兼有混凝土方桩和高强预应力混凝土管桩优点。桩身结构更趋合理，即在相同混凝土用量情况下，达到更大的外表面积，或在相同外表面积情况下，节约混凝土用量，桩身混凝土强度等级 C60 以上。同时，方形结构使结构钢筋尽可能靠外（即保护层最小），从而节省结构钢筋。在工艺生产上，采用高速离心技术，使混凝土在离心力作用下达到更高的密实度，使该桩型具有更好的耐久性，能适应更复杂的土体要求。所开发的采用研制的成型模具、预应力锚具式端板和方笼自动滚焊机等设备，自动化程度高，提高了生产效率。采用蒸汽养护技术，提高了钢模的周转程度，降低了生产能耗。采用工厂化预制生产，有效避免了施工现场的环境污染和施工噪音。

2）适用范围及条件

适用于抗震防烈度8度以下且持力层硬度小于基岩的地区，尤其适用于软土地区的建筑基础工程。

3）技术要点

采用静压沉桩工艺进行施工。

4）技术推荐：武汉金石建筑工程技术有限公司、上海中技桩业发展有限公司

33. 塔式起重布料两用机

1）主要技术性能

塔式起重、布料两用机是一种集起重与布料于一体的新型建筑施工设备。该设备的起升、变幅、回转三大机构采用VVVF无级调速和PLC控制技术。采用布料小车与空间十字轴悬挂布料臂，布料系统的载荷有效地分配于塔顶、回转平台和起重臂的受力体系解决了起重臂受力不均的难题。三大机构采用无级变频调整，可以使金属结构的承载能力提高10%，采用PLC技术，可使可靠性提高8倍，平均无故障时间增加2倍。

主要技术指标：

起理力矩：	800kN · m	最大起升高度：	180m
最大起重幅度：	56m	最大布料高度：	178m
最大布料幅度：	45m	布料管直径：	ϕ125mm
额定起重量：	6t	升速度：	0～80m/min
独立起升高度：	45m	变幅速度：	0～47.3m/min
回转速度：	0～0.7r/min		

2）适用范围及条件

适用于建筑施工中的起重与布料。最大工作风力级别6级；工作环境温度－20～＋40℃。

3）技术要点

按照厂家规定进行设备安装。

4）技术推荐：杭州杰牌建设机械有限公司

34. 高强复塑竹胶合建筑模板

1）主要技术性能

该模板以复塑竹胶合板为表面，通过对胶粘剂进行改性，调整施胶工艺与干燥工艺，改进热压工艺，从而实现较低温度的一次复塑热进热出生产工艺。该模板采用的酚醛树脂胶粘剂为中低温固化型，固化温度为120～125℃，竹帘竹席采用适宜的含水率，热压过程中的温度始终保持在120～125℃，无需冷却过程，热压周期仅为25～30分钟。该模板具有幅面大、强度高、防水、耐磨、表面光滑、易脱模、拆模快、混凝土表面平整、反复使用率高、成本低等特点，重复使用次数达20次以上，导热系数为0.14～0.16W/m · k。

2）适用范围及条件

特别适用于高温、高寒、高湿地区的建筑施工。可与钢框配作钢框竹胶合板模板。

3）技术推荐：柳州铁路桂龙竹材人造板厂

35. 旋挖钻机

1）主要技术性能

旋挖钻机是应用机、电、液及数码技术研发的可进行干、湿钻进，逐次取土，反复循

环作业而成孔为基本功能的基础工程机械产品。该钻机的桅杆设计在进行有限元分析和优化的基础上，采用了独特的凹型折弯结构，提高了钻桅的刚度和强度，有效控制了其自重，降低了运输的高度尺寸，并且采用上部侧向折叠和下部折叠结构，使整机长度满足运输条件；三角形与动臂、变幅油缸实现组合动作，保证起架、变幅时的准确性和稳定性，并能根据作业要求，方便、快捷、准确地调整工作半径；采用了数码技术和电液控制技术，实现了数据化显示及智能化自动调控功能；采用卡特 CAT C—9 电喷涡轮增压中冷柴油发动机，能够感应负载变化，并相应调整输出功率的大小，并且噪音低、振动小、环保高效，性能稳定可靠；采用 CAT 液压系统主控回路、先导控制回路，可使流量按需分配到系统工作装置的各执行部件，实现各工况负荷下的最佳匹配。

主要技术参数如下表：

SR220C 旋挖钻机主要技术参数 **表 3-7**

项　　目	单　位	参　数
最大成孔直径	Mm	2300
最大成孔深度	M	67
动力头额定输出扭矩	kN · m	220
动力头转速	Rpm	0 ~ 26
主卷扬提升能力（第一层）	kN	245
发动机额定功率	kW	250

2）适用范围及条件

适用于各种桥梁、建筑等桩基础工程，通过咬合桩施工方法，也可以应用于基坑支护工程。

3）技术推荐：北京市三一重机有限公司

36. 钢筋机械连接技术

1）主要技术性能

该技术采用套筒冷挤压、锥螺纹连接、镦粗直螺纹、直接滚压直螺纹、碾压肋滚压直螺纹、剥肋滚压直螺纹等工艺，采用带肋钢筋套筒挤压接头、镦粗直螺纹钢筋接头、滚轧直螺纹钢筋接头等接头对钢筋进行机械连接。机械连接强度高，质量稳定，施工方便、快捷。

实际应用中应根据工程情况、接头性能、工艺等特点选用接头，但接头性能必须达到《钢筋机械连接通用技术规程》JGJ 107-2010 的要求。

2）适用范围及条件

适用于房屋建筑与一般构筑物中直径为 16 ~ 40mm 的 HRB335 和 HRB400 级钢筋的连接。

3）技术推荐：北京市建筑工程研究院、兰州福联建筑新技术有限公司、河北易达钢

筋连接技术有限公司、中国建筑科学研究院建筑机械化研究分院、上海市建筑科学研究院

37. 钢筋网成型机

1）主要技术性能

钢筋网成型机是建筑用钢筋网焊接专用设备，也可焊接护栏网等其他焊接网，该机利用多电极电阻焊原理，将纵筋、横筋按设计要求焊接成牢固的网片，以代替传统现场人工绑扎钢筋，具有与混凝土握裹力强，焊点强度高、抗冲击力强等特点，提高了施工效率、降低了施工成本。根据工程实例统计可节省钢材30%～35%。

整机采用PLC可编程控制器控制，网片定格采用全数字伺服电机和伺服控制器，网片规格参数与焊接参数及生产管理均可在电脑设置，并由液晶显示屏显示，自动化程度高。

主要技术参数如下：

焊接钢筋直径$\phi5\sim\phi12$ mm；网片最大宽度3300 mm；纵筋距离100mm、150mm、200 mm等；横筋距离≥20 mm；焊点数32；焊接频率60排/分钟。

2）适用范围及条件

适用于各类钢筋混凝土工程。

3）技术推荐：嘉兴市宇人焊网机制造有限公司

38. 废弃新拌混凝土自动清洗分离机

1）主要技术性能

该技术主要将搅拌机、搅拌车内废弃混凝土中砂、石浆水一次性自动分离清洗，并保证砂、石、水回收再利用，避免下水管道堵塞，又节约了大量资源。该设备是商品混凝土搅拌站必须配置的清洗分离设备。

主要特点：

（1）占地面积小，直接进料，无须底脚固定（不另加导料槽）；

（2）能一次性自动将砂、石彻底分离；筛分能力：每小时20～25t；

（3）清洗分离后的砂含水量<4%，含泥量<1%；石子表面光洁，含泥量<1%；

（4）采用无轴芯托轮转动方式，减少零部件与浆水磨损和更换频率；

（5）采用内外绞笼及特殊的筛孔结构，使之不易堵塞，从而提高机器使用寿命；

（6）配设高压清洗泵、枪，可及时冲洗，确保次日正常运作。

2）适用范围及条件

适用于搅拌站的废弃混凝土、废渣、污水处理及砂石料回收再利用设备。

3）技术要点

（1）使用该技术设备需要专人操作，并严格按照操作规程进行管理操作；清洗分离前，要先加水稀释，再倒入机内进行清洗分离；

（2）遇上半车或整车退回的废料清洗分离时，必须严格控制低速放料；

（3）操作员工作完毕后，必须对机内外进行冲洗保养，以免浆水、小石子将筛孔堵塞，影响渗排污水，导致分离效果不良；

（4）禁止快速倒料，以免造成机器的损坏；

（5）当一天工作完毕时，必须对机内外进行冲洗保养，防止粘液凝堵。

4）技术推荐：乐清市华力机械厂、温州市森泰环保设备有限公司

39. 建筑施工模板、脚手架设计计算软件

1）主要技术性能

建筑施工模板、脚手架设计计算软件是依据现行建筑行业相关规范、标准，并结合工程技术特点，运用结构分析的有限元法对脚手架和模板各构件进行强度、刚度等分析计算的设计软件。该软件为施工工程技术人员提供了比较实用的脚手架和模板计算专业软件，软件界面友好，操作方便，通过施工现场图示，各参数清晰易懂，并可自动生成带文档结构图的WORD格式计算方案书，结构清晰，用户不需要重新排版。计算方案书中的计算公式以根式和分子式形式显示，修改灵活。同时对不符合要求的项目以红色显示，并给出修改建议。

2）适用范围及条件

适用于建筑施工企业，系统操作平台为WindowsNT/2000/XP，推荐使用WindowsXP系统，并安装Word2000/Xp/2003。

3）技术推荐：烟台市海兰计算机技术有限公司

40. 混凝土钢筋保护层限位器（卡）

1）主要技术性能

该产品克服了现浇钢筋混凝土施工中钢筋保护层厚薄不均，易外露等弊端，是替代传统混凝土块限位保护钢筋的新产品。在施工中，能提高混凝土构件质量，使混凝土构件保护层能达到混凝土施工规范要求。

2）适用范围及条件

适用于各类建筑的钢筋混凝土工程。

3）技术要点

当钢筋在模板内就位或在模板内绑扎结束后，根据钢筋保护层设计厚度选择相应规格的限位器安装就位，并于浇筑混凝土前对限位器安装情况进行检查。

4）技术推荐：昆明中利恒经贸有限公司

41. 建筑共用排气道

1）主要技术性能

建筑共用排气道由水泥质防火排气道、防串烟部件、底部进气口、顶部防倒灌风帽等组成。在使用过程中，室内不洁气体在通风器（如排油烟机、排风扇等）作用下，被引入排气道内，再经排气道顶部出口排到建筑物外。该排气道排污效率高，可防止串烟、倒灌现象，有利于改善室内空气质量。

2）适用范围及条件

适用于多层住宅厨房、卫生间等存在不洁气体，且自然通风不佳或无自然通风条件的部位。

3）技术要点

（1）安装前，复查排气道配件安装尺寸是否符合设计要求；

（2）弹线定位。在预留孔洞的内侧靠墙的两个贴面内角自顶至底吊线定位，管道的两个相互垂直的侧面上应弹好中心线；

（3）管体就位固定。从底层开始，自下而上逐层安装；烟（排风）道起始层安装时应用1:2水泥砂浆找平。

a 管体与管体固定。相邻二节管体之间采用水泥砂浆与钢筋连接，连接后要检查接口是否密封严实，管体中心线对位是否正确。如不垂直应用硬质材料作为垫块进行校正，同时用水泥砂浆密封。管体与墙体的间隙一般不得大于20mm；法兰接口或阀门固定件安装必须在管体粉刷后用螺栓固定，要求方正、居中、牢固，并做好遮口防护。

b 管体与楼板的固定：预留孔定位线与管体中心线要对准。排气道就位后，管体四周边用混凝土块或石块将管体塞紧固定；管体之间接缝处通过工艺孔进行抹砂浆密封严实、平整，工艺孔堵板应及时密封。

（4）排气道出屋面施工。出屋面管体应在屋面保温隔热层、防水层施工前进行；出屋面管体和风帽高度需经设计等有关方面确认后方可施工；

（5）安装风帽及配件；

（6）安装后应对排气道的有效性按要求进行检测，若有问题及时调整。

4）技术推荐：北京市居安建筑材料厂、广州金蝶实业有限公司、南通市兴旺建筑制品有限公司、北京市金桥建筑材料厂、北京金盾华通科技有限公司

42. 旋转分离式油烟净化机

1）主要技术性能

该产品运用航空动力学、流体力学等学科理论和离心分离技术，通过双蜗轮、双烟道、双排风孔设计以及旋转分离吸排方式及离心集污净化技术，实现了用物理方法使油烟在蜗壳内多次循环，使油气多次分离，多次净化，提高油烟的收集和净化效率，有效地避免了油烟对大气环境的污染和人体健康的危害，解决了长期困扰人们的厨房油烟问题。

该产品采用设计独特的蜗壳、蜗轮和分流挡板结构，使油烟在蜗壳内形成旋流、紊流，延长油烟在蜗壳内的停留时间，增加了净化效率；特殊的结构和适当运行转速，使得油烟收集效果好，既吸排干净了厨房油烟，且耗电较低，具有节能特点；采用蜗轮无间隙相邻设计及内部的不粘油涂层，使电机运行平稳，减少了风阻，运行噪声低于42dB。

2）适用范围及条件

适用于住宅厨房和餐饮业厨房油烟排放和净化。环境温度 $-15\sim80$℃，相对湿度≤85%。

3）技术要点

该产品的安装高度为净化机底部距炉灶850mm（家庭型）。

4）技术推荐：湖南省株洲市吉祥园林绿化工程有限公司

43. 防臭、防溢地漏

1）主要技术性能

该地漏采用球面与圆管口线性密封的原理，将地漏内管口镶入一个带弹性的封口，在带止扣的篦子下设置一个漏斗形反溢流环，将球体置于封口与反溢流环之间。有水时，球体浮起，开启管口，水流完后球体靠自重和水流吸力下落堵在封口上、使下水道臭气无法返回。下水道内虫子也无法进入室内。当遇下水道堵塞时，返水托起球体，堵住反溢环内孔，阻止污水反溢。该地漏具有防返臭、防返水、防虫害、防堵塞、易清洗、好维护等特点。

2）适用范围及条件

适用于厨房、卫生间的地面排水，不适用含有苯类化学物质及有损铸铁件的场所。

3）技术要点

安装方法与普通地漏相同。

4）技术推荐：新疆机械研究院

44. 排水管道内置式水封

1）主要技术性能

该水封采用直通式结构可代替传统下水管道中的回水弯，水封深度可达75mm，体积小巧，洗衣机下水管可直接插用，连接简便。该产品内部配件采用螺纹连接方式，便于配件安装和拆卸，可取出清除杂质。通过采用丁腈橡胶密封圈，与直通式地漏配套使用可避免有害气体通过下水管道进入室内，达到防臭目的。

该产品配件采用不锈钢、优质PVC-U和丁腈橡胶等材料制成，具有耐油、耐腐蚀，使用寿命长等特点。

2）适用范围及条件

适用于厨房、卫生间的地面排水。

3）技术要点

（1）在土建施工楼板时，安装本产品的外连接环，并做保护；

（2）安装选配的地漏，要求地漏内孔中心线与外连接环中心线重合。地漏上口直径应大于39mm；

（3）水封安装，将水封内套从地漏上口放入外连接环上口内，用专用控制片旋转水封内套至O形密封圈压紧。

4）技术推荐：北京安居佳宜科技发展有限公司

45. 卫生洁具排水口柔性密封圈

1）主要技术性能

该产品是由以防水性、气密性好的丁基橡胶为主体材料，以树脂等为辅助原料制成的未硫化混炼胶加工制作而成。该密封圈粘贴性强、密封防水性能好、耐高低温、耐腐蚀、耐老化、可多次安装，解决了硫化橡胶密封圈不适应不平整地坪的问题。

2）适用范围及条件

适用于各类卫生洁具的安装。

3）技术要点

根据洁具排污口的大小等情况选用不同规格的密封圈。安装时，将密封圈垫于洁具排污口与下水管道之间即可。

4）技术推荐：上海申贤橡胶制品有限公司

46. 硬聚氯乙烯防渗水地漏、防渗水管套

1）主要技术性能

该产品是针对传统地漏和管套在楼层中容易发生渗水的弊端研究开发的新产品。该产品在传统结构基础上进行了改进，在外壁设有与地漏（管套）同心的防水斗，并与主体连成一体。防水斗的上端设有水平方向的唇边，唇边的上端面设置一条与防水斗同心上凸的止水坡台，止水坡台外侧的唇边上设有稳定孔。该管套及地漏可采用预埋方式安装，简化了施工工序、降低了建安成本。

该产品通过稳定孔将其固定在模板上，可直接将其一次预埋到位，进行整体浇筑，省去了传统产品施工时需要做预留洞口的木盒或钢套管，减少了劳动量，提高了施工效率。

2）适用范围及条件

适用于各类卫生洁具的安装。

3）技术推荐：扬州信通塑业有限公司

47. 多功能高效电加热器

1）主要技术性能

该加热器由加热管、智能调节型数字显示温度控制器、保温棉等部件组成。其中，加热管是将无缝钢管缠绕云母带后，在云母带上利用粘合剂压力粘附热传导材料制成。热传导材料是由石墨、三氧化二锑、二氧化钛等材料经破碎封闭搅拌制成的粉末。通电状态下，热传导材料会因电场作用使加热管内通过的水体瞬间产生强化沸腾，从而被迅速加热。

该加热器采用串联供电方式对加热管供电加热，为提高水体加热速度，加热管采用并联方式排列，在加热管外部填充硅酸铝棉保温材料，外覆云母板和铝箔，整体外壳封闭，结构合理、外形美观。

该加热器可通过预先设定水温自动控制出水温度，并具有过热保护、流量控制、无水报警自动补偿等功能，加热迅速、安全可靠。

2）适用范围及条件

可做采暖、生活热水的加热源。

3）技术要点

（1）安装采暖器时应留一定的空间，以方便日后的维修保养；

（2）补水箱应高于所有的管道最高处150mm；

（3）循环水泵进出水方向不能接反；

（4）为确保安全，采暖器应用独立的16A以上的符合国家标准的插座，并进行可靠的接地；

（5）必须每天检查补水箱里是否有充足的水，使补水箱里的水保持高水位线上；

（6）电源软线损坏，必须由制造商、其维修部门或类似部门的专业人员更换。不得自行修理、分解、改造本产品；

（7）加热器电控百叶箱旁边不得放置会影响通风及散热的物品；

（8）采暖期结束后应排空采暖器内循环用水，并对管道进行清理；

（9）本产品应安置在无潮湿、腐蚀及高金属含量气体的环境中。

4）技术推荐：厦门益普电子科技开发有限公司

48. 节水坐便器

1）主要技术性能

节水坐便器是按照国家坐便器节水强制性标准制定，在保证卫生要求、使用功能和排水管道输送能力的条件下，不泄漏，一次冲洗水量不大于6L的便器。目前，通常从器具的结构、冲洗的水力条件、冲洗方式等方面入手，采取有效措施对便器进行节水设计，以实现节水目的。

2）适用范围及条件

适用于住宅和公共建筑的卫生间。

3）技术要点

(1) 安装前应先检查排污管道内是否有泥沙杂物等堵塞，安装地面是否水平。

(2) 确定坐便器安装位置，并用电钻打安装孔，预埋膨胀螺丝。

(3) 在坐便器排污口上安装好专用密封圈或在排污管四周打上一圈密封胶。

(4) 安装坐便器，然后在坐便器底部打上一圈玻璃胶，拧上安装孔上的螺丝。

(5) 安装、调试水箱配件，检查进水阀的密封性，检查排水阀安装位置是否灵活，有无卡阻。

(6) 安装坐便器盖板。

(7) 坐便器安装后待密封胶固化后方可放水使用。

4) 技术推荐：北京方中沃特高新技术发展有限公司、黎明科技有限公司（韩国）、北京中联环洁通节水技术有限责任公司、北京帆利塑料工业有限公司

49. 节水式防滴漏冷水水表

1) 主要技术性能

该冷水水表是在普通水表表壳底部设置一个与水表的出水口连通的空腔，并在其中设置出水管和空心活门，利用空心活门内的磁性装置对滴漏的自来水进行计量。当自来水以大水流正常的流过时，自来水将整个活门推开，从而使水表成为一块普通水表。由于流进空心活门的水是经过过滤网后进入的，且活门与出水管内壁最小间隙为4mm，因此在通过4mm以下颗粒和杂质时，水表不被堵塞、卡死。

该产品起始流量不大于0.5L/h，能满足目前供水行业对高灵敏水表的需求，并解决了目前防滴漏水表普遍存在的容易被泥砂堵塞和卡死等问题，可以满足用户的使用要求。

2) 适用范围及条件

家庭用水计量。

3) 技术要点

(1) 水表应水平安装，并防止冲击或振动等影响水表计量的准确性。

(2) 水表安装时的进出口水管长度要求：15mm 口径的水表，上游处至少应有 150mm 的直管段，下游处至少应有 75mm 的直管段。

4) 技术推荐：北京慧怡工贸有限责任公司

50. 卫生间模块化排水节水装置

1) 主要技术性能

卫生间模块化排水节水装置是集节水、同层排水一体化的户内废水回用产品。以厨卫给排水横支系统分离汇水装置为核心技术，采用“分级分质排水”和“集成模块化”设计思路，由分离汇水装置、水处理装置、排空溢流装置、自动控制装置、提升装置五部分组成。它集排水、储水、节水、防漏、防臭、同层敷设、同层清扫和清通等功能于一体，结构紧凑，构造合理。

技术特点：

(1) 自动收集、储存洗涤废水（洗衣机、洗手盆、浴盆排水）；

(2) 自动处理废水，将处理过的洗涤废水回用冲洗马桶（便器），节水30%以上；

(3) 替代住宅室内中水管网及中水，减少污水排放量30%以上；

(4) 综合解决了卫生间的“漏、臭、噪声和污染问题”；

(5) 单户排水可控，可保洁；

（6）实现了便器冲洗双水源供水，保证检修和夜间停水冲厕用水。

2）适用范围及条件

适用于楼板下沉式的卫生间。

土建设计时，卫生间结构楼板顶标高比建筑地面设计标高低350mm；排水设计时，需定出卫生器具平面布置位置和排水立管位置、立管设计（管径选择与安装布置）；电气设计时，在卫生间大便器处应预留一个防水防漏电三孔插座。用电负荷按照100W设计。

3）技术要点

（1）安装准备工作。将楼板顶面清扫干净，做找平层和找坡层、防水层。并核对产品包装与设计图纸选型是否一致；

（2）将卫生间模块化排水节水装置及立管安装就位；

（3）进行现场满水试验，试验时间24小时；

（4）卫生器具安装，直接插入相应预留插孔即可；

（5）试验合格后，铺架空板、施工面层；

（6）安装提升微型泵。

4）技术推荐：濮阳市明锐建筑节能技术有限公司、中原石油勘探局勘察设计研究院

51. 多功能节水龙头（阀门）

1）主要技术性能

该产品利用水管内的流体压力差，根据诱导式启闭原理，采用浮动阀芯控制阀门的启闭。多功能节水龙头使用时启闭部件无磨损，解决了传统水龙头（阀门）因强制启闭导致部件磨损而漏水这一难题。该产品具有分节开启，开关容易、启闭迅速，不渗漏、阀芯不易磨损、安装维修简单，部件不易锈蚀，过滤清洁、造型新颖等特点。

主要技术指标：①启闭全程时间 $<1S$，节水效果显著；②启闭力 $<1.5N$，轻拉即开，轻按即关；③通水连续启闭10万次后，仍能正常使用；④在1.2MPa水压时使用，各连接部件不渗漏；⑤主体部件采用工程塑料ABS制造，经4.0MPa水压检测阀体不破裂。

2）适用范围及条件

适用于饮用水供水工程（适合水温1～80℃）。同时，适合在酸碱值偏高的地区、环境中使用，不影响使用寿命。

3）技术要点

（1）水龙头安装时应该清理进水管中的泥沙、麻丝等杂物；

（2）安装时必须用力均衡，选用合适的扳手，切忌用力过度，强行安装、损坏部件；

（3）水龙头不可与硬物磕碰和摩擦，不要将水泥、胶水等残留在水龙头表面。

4）技术推荐：海南禹成节能阀门制造有限公司

52. 混空轻烃燃气成套技术

1）主要技术性能

轻烃燃气发生装置及供应系统是以液态轻烃为制气原料，取自于油气田、天然气田、炼油厂及石化企业的副产品，是以 C_5、C_6 为主的烷烃类混合物（密度在 $0.63-0.68g/cm^3$）。该供气系统无需市政管网自成供气体系，供气规模可大可小。产品规格系列多，适应性强。有民用型和工业型两大系列。最小制气量 $100m^3/h$，最大制气量 $2000m^3/h$。

2）适用范围及条件

可广泛地应用于城镇各类住宅小区，作为居民炊事、洗浴、采暖、燃气空调等各种生活用燃气设施的气源，也可在工业领域多种工况条件下的使用。

3）技术推荐：烨路盛燃气公司

53. 旋转式热回收换气装置

1）主要技术性能

该装置是用于密闭环境内进行内外通风换气的设备（通常与制冷与供暖设备配套使用）。该装置由转子、电动机、传动带及相关配件组成。转子中的能量回收基质材料由直径25～150μm通透率为83%～95%、其比重为1.38的聚酯纤维（PE）构成。其全热交换功能是通过多密孔PE材料采用强迫对流方式实现。

该产品温度效率为（采暖）90%、（制冷）80%；湿度效率为50%～85%；全热效率80%；泄漏率：7%，低温适应性较强（北方冬季可使用）。

该装置的能量回收基质材料选用传热、传质系数高、空隙率大、阻力小、质量轻、易清洗的PE纤维。该材料具有经久耐用性，可降低空调制冷及供暖装置的运转成本30%，既节省能源消耗，又降低了由于能源消耗过大对大气环境造成的污染。

2）适用范围及条件

可适用于办公写字楼、家庭住宅、生产型车间、畜舍、养鸡场、农产品储藏库等有换气需求的封闭型建筑。

3）技术要点

新风机设备选择时，设备风量、风压选用时以不小于设计值为原则，并根据房间用途、面积、内部人员数量确定合适新风量。且混凝土墙、楼板等处施工时应预留的孔洞，避免通风设备安装施工时现凿洞，增加不必要的开支甚至影响土建的强度。

4）技术推荐：北京斯特灵换气设备有限公司

重点推荐技术及相关资料详见附送光盘。

第四章　建筑材料与制品

建筑材料是建筑工程的物质基础，建筑材料的选择和合理使用，不但在经济上影响建筑工程的造价，而且在质量上影响建筑的坚固性、耐久性和建筑的舒适性。一般住宅工程的材料造价要占工程总造价的一半以上，如果选择合理，可以显著降低工程的造价。建筑物的质量在很大程度上决定于所选建筑材料的质量，因此，建筑材料需要适应建筑物要求的强度和耐久性，从而保证建筑物有足够的使用寿命。随着物质生活水平的提高，人们对居住的舒适性要求也越来越高，目前各种具有不同功能的建筑材料（如保温隔热材料、吸声材料、装饰材料）为建筑物舒适性的改善提供了良好的条件。理想的建筑材料应该具有轻质、高强、防火、无毒、高效能和多功能的特点。

第一节　墙 体 材 料

墙体材料是用来砌筑、拼装或用其他方法构成承重或非承重墙体的材料，主要包括砖、砌块和板材。合理选用墙体材料对建筑物的结构形式、高度、跨度、安全、使用功能及工程造价等均有重要意义。

一、砌墙砖

砌墙砖按生产工艺不同可分为烧结砖和非烧结砖两种。烧结砖包括烧结普通砖、烧结多孔砖和烧结空心砖；非烧结砖包括蒸压灰砂砖、粉煤灰砖等。按所用原料可分为粘土砖、粉煤灰砖、煤矸石砖、页岩砖等。按有无穿孔及孔洞率大小分为实心砖、多孔砖和空心砖等。

在众多墙体材料中，由于粘土砖可就地取材，使用方便，在过去相当长一段时间内是墙体材料的主要品种。但是粘土砖对土地资源消耗巨大，因此，我国对粘土砖已逐步限制使用，并大力推广烧结多孔砖、烧结空心砖、工业废渣砖、建筑砌块及轻质板材等新型墙体材料。

（一）烧结普通砖

以粘土、页岩、煤矸石或粉煤灰为原料通过原料处理、成型、烧成制得的没有孔洞或孔洞率（砖面上孔洞总面积占砖面积的百分率）不大于15%的烧结砖，称为烧结普通砖。根据尺寸偏差、外观质量、泛霜和石灰爆裂分为优等品（A）、一等品（B）和合格品（C）。

1. 主要技术指标

1）外形尺寸

普通烧结砖的标准尺寸为240mm×115mm×53mm。考虑10mm砌筑灰缝，则4块砖长、8块砖宽或16块砖厚均为1m。由此可计算墙体用砖数量，如1m^{3}砖砌体需要用砖

512 块，砌筑 1 m^2 的 240mm 厚的墙体须用砖 128 块。

2）强度等级

烧结普通砖根据抗压强度分为 MU10、MU15、MU20、MU25、MU30 五个强度等级。

3）泛霜

泛霜是指粘土原料中的可溶性盐类（如硫酸钠等）在砖使用过程中，随着砖内水分蒸发而在砖表面产生的盐析现象，一般表现为砖面呈现白霜。这些结晶的白色粉状物不仅影响建筑物的外观，而且结晶的体积膨胀也会引起砖表层的酥松，同时破坏砖与砂浆之间的粘结。

4）石灰爆裂

当原料土或掺入的内燃料中夹杂有石灰质成分，则在烧砖时被烧成过火石灰留在砖中。当这些过火石灰在砖体内吸收水分消化时会产生体积膨胀，从而导致砖发生胀裂破坏，这种现象称为石灰爆裂。石灰爆裂对砖砌体影响较大，轻者影响外观，重者导致强度降低直至破坏。

5）抗风化性能

抗风化性能是指在干湿变化、温度变化、冻融变化等物理因素作用下，材料不破坏并长期保持其原有性质的能力。黑龙江省、吉林省、辽宁省、内蒙古自治区、新疆维吾尔自治区等五个严重风化地区，必须进行冻融试验，其余地区当抗风化性能符合规定时可不做冻融试验。

6）放射性

放射性物质含量应符合《建筑材料放射性核素限量》GB 6566—2001 标准的规定。

2. 适用范围及条件

烧结普通砖具有较高的强度和良好的绝热性、透性气、耐久性和热稳定性等特点，在建筑工程中主要用作墙体材料，也可用于砌筑柱、拱、烟囱、窑身、沟道及基础等。与轻质混凝土、加气混凝土等隔热材料复合使用，可砌成两面为砖，中间填充轻质材料的复合墙体；在砌体中配置适当钢筋和钢筋网成为配筋砖砌体，可代替钢筋混凝土柱、过梁等。

由于砖砌体的强度不仅取决于砖的强度，而且受砌筑砂浆性质的影响，故在砌筑前应控制砖的含水率，同时还应保证砂浆的和易性及铺砌砂浆的饱满度。

（二）烧结多孔砖和空心砖

与烧结普通砖相比，生产多孔砖和空心砖可节省粘土 20% ~30%，节约燃料 10% ~20%，且砖坯焙烧均匀，成品率高。采用多孔砖或空心砖砌筑墙体，可减轻自重 1/3 左右，工效提高 40% 左右，同时能有效改善墙体热工性能和降低建筑物使用能耗。因此推广应用多孔砖和空心砖是加快我国墙体材料改革的重要措施之一

1. 烧结多孔砖

烧结多孔砖是以粘土、页岩、煤矸石等为主要原料，经原料处理、成型后焙烧而成，孔洞率为 15% ~35%。其主要技术要求如下：

1）形状与规格尺寸

烧结多孔砖为直角六面体，有 190mm × 190mm × 90mm（代号 M）和 240mm × 115mm × 90mm（代号 P）两种规格。其孔洞，圆孔直径≤22mm，非圆孔内切圆直径≤15mm，手抓孔

(30 ~40) mm × (75 ×85) mm。形状如图 4-1 所示。

2）强度及质量等级

多孔砖根据抗压强度分为 MU10、MU15、MU20、MU25、MU30 五个强度等级，根据尺寸偏差、外观质量、孔型及孔洞排列、泛霜、石灰爆裂分为优等品（A）、一等品（B）和合格品（C）。

3）耐久性

烧结多孔砖耐久性要求主要包括泛霜、石灰爆裂和抗风化性能，各质量等级砖的泛霜、石灰爆裂和抗风化性能要求与烧结普通砖相同。

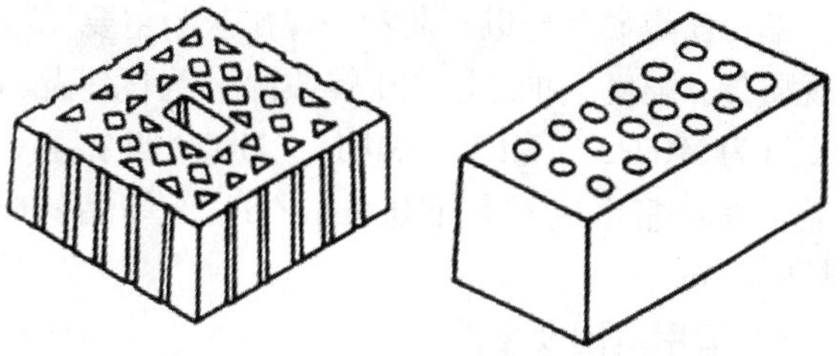

图 4-1　烧结多孔砖

2. 烧结空心砖

烧结空心砖与烧结多孔砖的生产工艺相似，孔洞率不小于 35%。其主要技术要求如下：

1）形状与规格尺寸

烧结空心砖为直角六面体，其长度不超过 365mm，宽度不超过 240mm，高度不超过 115mm（超过以上尺寸则为空心砌块），孔型采用矩形条孔或其他孔型。

2）强度及质量等级

烧结空心砖按条面抗压强度和大面抗压强度分为 2.0 、3.0、5.0 三个级别，根据尺寸偏差、外观质量、强度等级和物理性能分为优等品（A）、一等品（B）和合格品（C），按表观密度分 800 kg/m^3 、90 kg/m^3 、1100 kg/m^3 三个密度级别。

3）耐久性

烧结多孔砖耐久性要求主要包括泛霜、石灰爆裂和抗风化性能与烧结普通砖基本相同。

3. 适用范围及条件

烧结多孔砖为大面有孔洞的砖，孔多而小，表观密度为 1400kg/m^3 左右，强度较高。使用时孔洞垂直于承压面，作为烧结普通砖的替代品，主要用于砌筑六层以下承重墙或其他砌体结构。空心砖为顶面有孔的砖，孔大而少，表观密度在 800kg/m^3 ~1100kg/m^3 之间，自重轻，强度低，使用时孔洞平行于受力面，主要用于非承重砌体结构，如框架结构的填充墙、围墙等。

（三）蒸压砖

蒸压砖是以粉煤灰或其他矿渣或灰砂为原料，添加石灰、石膏以及骨料，经坯料制备、压制成型、高效蒸汽养护等工艺制成。

1. 蒸压灰砂砖

蒸压灰砂砖以石灰和砂为主要原料制成，形状均为直角六面体，尺寸为 240mm × 115mm ×53mm。根据尺寸偏差与外观质量、强度等指标分为优等品（A）、一等品（B）和合格品（C）。根据颜色分为彩色的（Co）和本色的（N）；根据强度分为 MU7.5 、

MU10、MU15、MU20 四个强度等级。导热系数约为 0.61W/（m·K）。抗冻性要求 15 次冻融循环后，抗压强度损失不大于 20%，单砖干质量损失不大于 2%。

2．蒸压粉煤灰砖

蒸压粉煤矿灰砖以石灰和粉煤矿灰为主要原料制成，形状尺寸与蒸压灰砂砖相同，根据外观质量、强度、抗冻性和干燥收缩分为优等品（A）、一等品（B）和合格品（C）。根据强度分为 MU7.5 、MU10、MU15、MU20 四个强度等级。导热系数约为 0.65W/(m·K)。优等品干燥收缩率应不大于 0.6mm/m；一等品的应不大于 0.75 mm/m；合格品的应不大于 0.85 mm/m。

3．适用范围及条件

蒸压砖不得用于长期经受高温、急冷急热和有酸性介质侵蚀的建筑部位。

蒸压灰砂砖强度等级为 MU15、MU20、MU25 的蒸压砖可用于基础及其他部位，MU10 的砖仅可用于建筑防潮层以上部位。灰砂砖的耐水性良好，但其抗流水冲刷的能力较弱，因此不能用于流水冲刷部位，如落水管出水处和水龙头下面等。

蒸压粉煤灰砖可用于建筑的墙体和基础，但用于基础或用于易受冻融和干湿交替作用的建筑部位，必须使用一等品和优等品。为避免或减少收缩裂缝的产生，用粉煤灰砖砌筑的建筑物，应适当增设圈梁及伸缩缝。

二、砌块

砌块是用于砌墙的尺寸较大的人造块材，外形多为直角六面体，也有多种异形体。按产品主规格的尺寸可分为大型砌块（高度大于 980mm）、中型砌块（高度为 380mm ~ 980mm）和小型砌块（高度为 115mm ~ 380mm）。砌体具有适应性强，原料来源广，制作简单及施工方便等特点。常见的有普通混凝土小型砌块、轻骨料混凝土小型空心砌块、蒸压加气混凝土砌块等。

（一）普通混凝土小型空心砌块

普通混凝土小型空心砌块是以水泥、砂、石子为主要原料，经配料、成型、养护等工序制成。其主要规格尺寸为 390mm × 190mm × 190mm，最小外壁厚应不小于 30mm，最小肋厚应不小于 25mm，空心率 25% ~50% 。

混凝土小型空心砌块根据抗压强度分为 MU3.5、MU5.0、MU7.5、MU10.0、MU15.0、MU20.0 六个等级；按其尺寸偏差，外观质量分为优等品（A），一等品（B）及合格品（C）。

（二）轻骨料混凝土小型空心砌块

用轻骨料混凝土制成，空心率等于或大于 25% 的小型砌块称为轻骨料混凝土小型空心砌块。有天然轻骨料（如浮石、火山渣）混凝土小型砌块；工业废渣轻骨料（如煤渣、自燃煤矸石）混凝土小砌块；人造轻骨料（如粘土陶粒、页岩陶粒和粉煤灰陶粒等）混凝土小砌块等。按其孔的排数分为实心、单排孔、双排孔、三排孔和四排孔 5 类。主要规格尺寸为 390mm × 190mm × 190mm。

混凝土小型空心砌块根据抗压强度分为 MU 1.5、MU2.5、MU3.5、MU5.0、MU7.5、MU10.0 六个等级；按其尺寸偏差和外观质量分为：优等品（A），一等品（B）及合格品（C）。加入粉煤灰等火山灰质掺合料的小砌块，其碳化系数不应小于 0.8，软化系数不应小于 0.75；放射性物质含量应符合《建筑材料放射性核素限量》（GB 6566-2001）标准的规定。

（三）蒸压加气混凝土砌块

蒸压加气混凝土砌块是以水泥、矿渣、砂或水泥、石灰、粉煤灰为基本原料，以铝粉为发气剂，经过搅拌、发气、切割和蒸压养护等工艺加工而成。

蒸压加气混凝土砌块根据抗压强度分为 A1.0、A2.0、A2.5、A3.5、A5.0、A7.5、A10.0 七个等级；根据体积密度分 B03、B04、B05、B06、B07、B08 六个等级；根据抗压强度和体积密度分为优等品（A），一等品（B）及合格品（C）。

蒸压加气混凝土砌块的公称尺寸如下：长度为 600mm；宽度为 100mm，120mm，125mm，150mm，180mm，200mm，240mm，250mm，300mm；高度为 200mm，250mm，300mm。

（四）适用范围及条件

普通混凝土小型空心砌块具有强度较高、自重较轻、耐久性好、外表尺寸规整等优点，部分类型的混凝土砌块还具有美观的饰面以及良好的保温隔热性能，适用于建造各种建筑，包括高层与大跨度的建筑，应用范围十分广泛。

轻骨料混凝土小型空心砌块具有轻质、高强、保温隔热性能好和抗震性能好等特点，在各种建筑的墙体中均得到广泛应用，特别是在保温隔热要求较高的围护结构。

蒸压加气混凝土砌块具有轻质、保温、防火、抗震性强、可锯和可刨加工等特点，适用于建筑内外墙体。但在无可靠的防护措施时，不得用于高湿、风蚀严重和有侵蚀介质的环境及温度长期高于 80℃ 的建筑部位。配套砂浆宜选用粘结性能良好的专用砂浆，其强度等级应不小于 M5，砂浆应具有良好的保水性，可在砂浆中掺入无机或有机塑化剂。

三、墙板

（一）石膏墙板

石膏墙板是以石膏为主要原料制成的墙板的统称，包括纸面石膏板、石膏纤维板、石膏空心条板、石膏刨花板等。

1. 纸面石膏板

纸面石膏板是以熟石膏为胶凝材料，掺入适量添加剂和纤维作为板芯，以特制的护面纸作为面层，经加工制得的一种轻质板材。按照其用途可分为普通纸面石膏板（P）、耐水纸面石膏板（S）和耐火纸面石膏板（H）三种。

2. 石膏纤维板

石膏纤维板由熟石膏、纤维和多种添加剂加水，经加工而成。其结构主要有三种：一种是单层均质板，一种是三层板，还有一种是轻质石膏纤维板。石膏纤维板具有较好的尺寸稳定性和防火、防潮、隔声性能以及良好的可加工性和二次装饰性。

3. 石膏空心条板

石膏空心条板是以熟石膏为胶凝材料，掺入适量的水、粉煤灰或水泥和少量的纤维，同时掺入膨胀珍珠岩为轻质骨料，经搅拌、成型、抽芯、干燥等工序制成的空心条板，包括石膏、石膏珍珠岩、石膏粉煤灰硅酸盐空心条板等。

4. 石膏刨花板

石膏刨花板以熟石膏为胶凝材料，木质刨花碎料为增强材料，外加适量的水和化学缓凝助剂，经搅拌形成半干性混合料，在2.0~3.5MPa的压力下成型并维持在该受压状态下完成石膏和刨花的胶结形成的板材。

（二）纤维复合板

纤维复合墙板具有轻质高强、高韧性和耐水性等特点，可按要求制成任意规格的形状和尺寸，适用于外墙及内墙面承重或非承重结构。常见的有纤维增强水泥平板（TK板）和复合板（GRC外墙板）。

1. GRC板材

GRC平板由耐碱玻璃纤维、低碱度水泥、轻集料和水为主要原料所制成。按其形状可分为GRC平板和GRC轻质多孔条板两种。具有密度低、韧性好、耐水、不燃烧、可加工性好等特点。密度不大于1200kg/m^3，抗弯强度不小于8MPa，抗冲击强度不小于3kJ/m^2，干湿变形不大于0.15%，含水率不大于10%，吸水率不大于35%。GRC轻质多孔条板是耐碱玻璃纤维为增强材料，以硫铝酸盐水泥轻质砂浆为基材制成的具有若干圆孔的条形板。根据其板型的厚度（mm）可分为60型、90型和120型。

2. 纤维增强水泥平板（TK板）

纤维增强水泥平板是以低碱水泥、中碱玻璃纤维或短石棉纤维为原料，在圆网抄取机上制成的薄型建筑平板。按尺寸偏差和物理力学性能分为：优等品（A），一等品（B）和合格品（C），其规格为：长1220mm、1550mm、1800mm；宽820mm；厚40mm、50mm、60mm、80mm。

（三）混凝土墙板

混凝土墙板是由各种混凝土为主要原料加工制作而成。主要有蒸压加气混凝土板、挤压成型混凝土多孔条板、轻骨料混凝土配筋墙板等。

蒸压加气混凝土板是以水泥、石灰、硅砂等为主要原料再根据结构要求配置添加不同数量经防腐处理的钢筋网片的一种轻质多孔新型的绿色环保建筑材料。经高温高压、蒸汽养护，反应生产具有多孔状结晶的蒸压加气混凝土板，其密度较一般水泥质材料小，易于加工，且具有良好的耐火、防火、隔音、隔热、保温性能，是一种具有良好耐久性的混凝土墙板。

轻骨料混凝土配筋墙板是以水泥为胶凝材料，陶粒或天然浮石为粗骨料，陶砂、膨胀珍珠岩砂、浮石砂为细骨料，经搅拌、成型、养护而形成的一种轻质墙板。为增强其抗弯能力，常常在内部轻骨料混凝土浇筑完后铺设钢筋网片。在每块墙板内部均设置六块预埋铁件，施工时与柱或楼板的预埋钢板焊接相连，墙板接缝处需采取防水措施。

混凝土多孔条板是以混凝土为主要原料的轻质空心条板。使其生产方式有固定式挤压成型、移动式挤压成型两种；按混凝土的种类可分为普通混凝土多孔条板、轻骨料混凝土多孔条板、VRC轻质多孔条板等。

（四）复合墙板

单独一种墙板很难同时满足墙体的物理、力学和装饰性能的要求，因此常常采用复合的方式满足建筑物内、外墙的综合功能要求，由于该复合墙板品种繁多，下面仅介绍常用的几种复合墙板。

1. GRC复合外墙板

GRC 复合外墙板，是以低碱度水泥砂浆作为基材，耐碱玻璃纤维作为增强材料制成面层，内设钢筋混凝土肋，并填充绝热材料作为内芯的轻质复合墙板。

2. 金属面夹芯板

金属面夹芯板是通过粘结剂将金属面和芯层保温材料粘结而成。常用的金属面有钢板、铝板、彩色喷涂钢板、镀锌钢板、不锈钢板等，芯层材料主要有硬质聚氨酯泡沫塑料、聚苯乙烯泡沫塑料、岩棉等。

（五）适用范围及条件

纸面石膏板、石膏纤维板、石膏空心条板、石膏刨花板等，主要用于建筑内隔墙及吊顶等部位。混凝土墙板主要用作建筑物内隔墙。

GRC 轻质多孔条板主要用于建筑物的非承重墙体，抗压强度超过 10MPa 的板材也可用于建筑物的加层和两层以下建筑的承重墙体。GRC 平板可作为建筑物的内隔墙和吊顶板，经过表面压花、覆涂之后也可以作为建筑物的外墙。

TK 板适用于框架结构的复合外墙板和内墙板。金属面夹芯板主要作于临建活动房、钢结构厂房等的围护。

第二节　防 水 材 料

防水材料是指应用于建筑屋面、地下室、厨房等部位的能够防止雨水、地下水及其他水渗入建筑物或构筑物的功能性材料。常用的有刚性防水材料、防水卷材、防水涂料和防水剂等。

一、刚性防水材料

（一）防水砂浆

防水砂浆是通过专用砂浆或掺入适量的防水剂、高分子聚合物等材料，提高砂浆的密实性，以达到抗渗防水目的的一种刚性防水材料。防水剂有氯盐型防水剂和非氯盐型防水剂。防水砂浆的配合比一般采用水泥：砂 = 1∶2.5 ~ 3，水灰比在 0.5 ~ 0.55 之间。水泥应采用 42.5 级的普通硅酸盐水泥，砂子应采用级配良好的中砂。

（二）防水混凝土

防水混凝土是指抗渗等级不低于 P6 级的混凝土。即在 0.6MPa 的静压力水作用下不发生透水现象。为了提高防水混凝土的抗渗性，常通过合理选择原料，提高混凝土自身的密实度以及改善混凝土内部孔隙特征与结构等方法来实现。目前，常用的防水混凝土的配制方法有富水泥浆法、骨料级配法、掺外加剂法和采用特种水泥法。

（三）适用范围及条件

砂浆防水层仅适用于不受震动和具有一定刚度的混凝土及砖石砌体工程，如屋面、地下、水塔、水池、储液罐等。制备防水砂浆应先将水泥和砂干拌至颜色均匀，再加入水和防水剂溶液搅拌均匀。粉刷前，先在润湿清洁的底面上抹一层低水灰比的纯水泥浆（有时也用聚合物水泥浆），然后抹一层防水砂浆，在初凝前，用木抹子压实一遍，第二、三、四层都是以同样的方法进行操作。最后一层要压光。粉刷时，每层厚度约为 5mm，共粉刷 4 ~ 5 层，共约 20 ~ 30mm 厚。粉刷完后，比加强养护，防止开裂。

防水混凝土适用于一般工业、民用建筑的地下室、水池、大型设备基础、沉箱等承重或围护工程。在钢筋混凝土工程中应尽量采用非氯盐型防水剂，以免造成钢筋的锈蚀，影响工程的使用寿命及结构安全。

二、防水卷材

防水卷材在防水工程中应用广泛，传统的沥青防水卷材由于在低温柔韧性、高温稳定性、抗老化性、粘附能力、耐疲劳性和构件变形的适应性等方面都存在缺陷，本身不能满足土木工程对它的性能要求，现在已基本上被淘汰，目前用纤维织物、纤维毡等改造的胎体和以高聚物改性的沥青卷材已成为沥青防水卷材的发展方向。目前工程上主要采用聚物改性沥青卷材和合成高分子防水卷材二大类型。

（一）高聚物改性沥青卷材

新型改性沥青防水卷材主要有弹性体 SBS 改性沥青卷材、塑性体 APP 改性沥青卷材、改性沥青聚乙烯胎卷材和自粘聚合物改性沥青防水卷材等。

1. 弹性体改性沥青防水卷材

弹性体改性沥青防水卷材是用沥青或热塑性弹性体（如 SBS）改性沥青浸渍胎基，两面涂以弹性体沥青涂盖层，上表面撒以细砂、矿物粒（片）或覆盖聚乙烯膜，下表面撒以细砂或覆盖聚乙烯膜所制成的一类防水卷材。所有改性沥青中，SBS 改性沥青的性能是目前最佳的。改性后防水卷材，既具有聚苯乙烯抗拉强度高、耐高温性好，又具备聚丁二烯弹性高、耐疲劳性和柔软性好的特性。

SBS 卷材在常温下有弹性，在高温下有热塑性、低温柔性好，以及耐热性、耐水性和耐腐蚀性好的特性。

2. 塑性体改性沥青防水卷材

塑性体改性沥青防水卷材是用沥青或热塑性弹性体改性沥青浸渍胎基，两面涂以塑性体沥青涂盖层，上表面撒以细砂、矿物粒（片）或覆盖聚乙烯膜，下表面撒以细砂或覆盖聚乙烯膜所制成的一类防水卷材。

APP 卷材耐热性优异，耐水性、耐腐蚀性好，低温柔性较好（但不及 SBS 卷材）。其中聚酯毡的机械性能、耐水性和耐腐蚀性性能优良。玻纤毡的价格低，但强度较低无延伸性。

3. 改性沥青聚乙烯胎防水卷材

用改性沥青为基料，以高密聚乙烯膜为胎体和覆面材料，经滚压、水冷、成型而制成的防水卷材。改性沥青聚乙烯胎防水卷材具有防水、隔热、保温、装饰、耐老化、耐低温的多重功能，其抗拉强度高、延伸率大、施工方便、价格较低。

4. 自粘聚合物改性沥青防水卷材

自粘聚合物改性沥青防水卷材，是一种在国内外刚刚崛起很有发展前景的新型防水材料。它具有较高的不透水性、抗变形性、自愈性和低温柔性等。由于它施工简单、铺设速度快，已成为当今防水材料的“新宠”。这种防水材料在国内外均属于起步阶段，无论在原材料、配方、工艺、应用和施工等方面，都在不断研究和探索之中。

（二）合成高分子防水卷材

合成高分子防水卷材是除沥青基防水卷材外，近年来大力发展的防水卷材。合成高分子防水卷材是以合成橡胶、合成树脂或者两者共混体为基料，加入适量的化学助剂、填充料等，经混炼、压延或挤出等而制成的防水卷材或片材。

合成高分子防水卷材耐热性和低温柔韧性好，拉伸强度、抗撕裂强度高、断裂伸长率大，耐老化、耐腐蚀、耐候性好，适应冷施工。

合成高分子防水卷材品种很多，目前最具代表的有聚氯乙烯防水卷材和氯化聚乙烯——橡胶共混防水卷材。

1. 聚氯乙烯防水卷材

聚氯乙烯（PVC）防水卷材是以聚氯乙烯树脂为主要原料，掺加填充料（如铝矾土）和适量的改性剂、增塑剂（如邻苯二甲酸二辛酯）及其他助剂（如煤焦油），经混炼、压延或挤出成型的防水卷材。

该防水卷材根据其基料的组成及其特性分为S型和P型，S型是以煤焦油与聚氯乙烯树脂混溶料为基料的柔性卷材，P型是以增塑聚氯乙烯为基料的塑性卷材。

PVC防水卷材耐老化性能好（耐用年限25年以上）、拉伸强度高、断裂伸长率极大、原材料丰富、价格便宜。用热风焊铺粘施工方便，不污染环境。适用于我国南北方广大地区防水要求高、耐用年限长的工业与民用建筑的防水工程。用于屋面防水时，可做成单层外露防水。

2. 氯化聚乙烯—橡胶共混防水卷材

它以氯化聚乙烯和合成橡胶共混物为主体，加入一定的稳定剂、软化剂、促进剂、硫化剂，经混炼、压延等工艺制得的防水材料。

该防水卷材不但具有氯化聚乙烯特有的高强度、优异的耐臭氧、耐老化性能，还具备橡胶和塑料的高弹性、高延伸性和良好的低温柔性。

（三）适用范围及条件

SBS改性沥青卷材具有优良的力学性能和复原性，故能适应基层较大的变形。除用于一般工业与民用建筑防水外，尤其适用于高级和高层建筑的屋面、地下室、卫生间的防水防潮，也可用于旧建筑物屋面及地下渗漏的修复。由于卷材具有良好的低温柔性和极高的弹性与延伸性，所以特别适用于北方寒冷地区和结构易变形的建筑物防水。

APP改性沥青卷材适用于各种屋面、墙体、地下室等一般工业和民用建筑的防水，也适用于各种金属容器、管道的防腐保护。由于该类卷材的耐高温性能和耐老化性能都较好，故特别适用于炎热地区。

PVC防水卷材属于高分子材料，具有抗渗性能好，抗撕裂强度较高，低温柔性较好的特点，而且热熔性好，卷材接缝时，既可粘结，又可采用热熔焊接的工艺，采用单层屋面防水构造，可冷粘贴施工，操作较简便，适用于做大型屋面板、空心板的防水层，亦可作刚性层下的防水层及旧建筑物混凝土屋面的修缮，以及地下室或地下工程的防水、防潮，水池、污水处理池的防渗，有一定耐腐蚀要求的地面工程的防水、防渗。

氯化聚乙烯橡胶防水卷材适用于各种工业和民用建筑的屋面防水，各类地下工程的防水以及作浴室和蓄水池的防水层。

三、防水涂料

一般把保护建筑物构件不被水渗透或湿润，能形成具有抗渗性涂层的涂料，称为防水涂料。按照分散剂的不同可分为溶剂涂料、水乳型涂料两种。防水涂料除具有防水卷材的基本性能外，还具有施工简单、容易维修等特点。

防水涂料中，聚氨酯、橡胶和树脂基的涂料属高档涂料。氯丁橡胶改性沥青涂料及其他橡胶改性的沥青涂料属中档涂料。低档涂料主要有再生胶改性沥青涂料、石油沥青基防水涂料等。

（一）沥青基防水涂料

沥青基防水涂料是以沥青为基料，通过溶解或形成水分散体构成的防水涂料。

将石油沥青分散在水中，形成稳定的水分散体而构成的涂料，称为水乳型沥青防水涂料。乳化沥青和高聚物改性沥青涂料，是目前土木工程中应用较广的两类防水涂料。

1. 石棉乳化沥青防水涂料

石棉乳化沥青防水涂料又称水性石棉沥青防水涂料。它是以石油沥青为基料，石棉作分散剂，在强制搅拌下制成的厚质防水涂料。

该防水涂料无毒、不燃、水性冷施工、无污染，可在潮湿基层上铺设。其耐水、耐热、耐候、抗裂和稳定性都优于一般的乳化沥青。由于填料采用了无机纤维矿物，它的乳化膜比化学膜更坚固。

2. 水乳型再生橡胶沥青防水涂料

水乳型再生橡胶沥青防水涂料是以石油沥青为基料和再生橡胶为改性材料复合而成的水性防水涂料。水乳型再生橡胶沥青防水涂料，能够在各种复杂表面形成防水膜，具有一定的柔韧性和耐久性。

（二）聚氨酯防水涂料

聚氨酯防水涂料是一种化学反应型涂料，它由异氰酸酯基的聚氨酯预聚体和含有多羟基或氨基的固化剂，以及其他助剂按一定比例混合而成。按生产原料不同，一般分为聚醚型聚氨酯类产品和聚酯型聚氨酯类产品。前者耐水性优良，后者具有较高的机械强度和氧化稳定性。

聚氨酯防水涂料属于高档合成高分子防水涂料，它具有很多突出的优点：容易形成较厚的防水涂膜；能够在复杂的基层表面施工，其端头容易处理；整体性强，涂膜层无接缝；冷施工，操作安全；涂膜具有橡胶弹性，延伸性好，抗拉、抗撕裂强度高；防水年限可达 10 年以上等。

（三）水泥基渗透结晶型防水涂料

水泥基渗透结晶型防水涂料是由硅酸盐水泥、石英砂、特殊的活性物质及一些添加剂组成的无机粉末状防水材料，简称为 CCCW。

水泥基渗透结晶型防水涂料是一种刚性防水材料，与水作用后材料中含有硅酸盐活性化学离子，通过载体向混凝土内部渗透、扩散，与混凝土孔隙中的钙离子进行化学反应，形成不溶于水的硅酸钙结晶体填塞毛细孔道，使混凝土结构致密、防水。

（四）适用范围及条件

沥青防水涂料目前在我国的应用较广泛、效果也较好，配以玻纤布、无纺布等，可适用于钢筋混凝土屋面、地下室、厨房的防水层。石棉乳化沥青防水涂料不足之处在于施工环境温度一般要在15℃以上，但气温过高易粘脚。

水乳型再生橡胶沥青防水涂料以水为分散剂，无毒、不燃、无异味，安全可靠。可在常温下冷施工，操作简单、维护方便，能够在潮湿无积水的表面施工。原料来源广泛，价格较低。其缺点是一次涂刷成膜较薄，产品质量易受生产条件的影响，气温低于5℃不易施工。产品适用于工业、民用混凝土基层屋面、浴厕、厨房间的防水，沥青珍珠岩保温层屋面防水，地下混凝土建筑防潮，旧卷材屋面翻修和刚性自防水屋面的维修。

聚氨酯防水涂料适用于各种地下、浴厕、厨房等的防水工程；污水池的防漏；地下管道的防水、防腐工程等。

水泥基渗透结晶型防水涂料适用于地下工程、水池、水塔等混凝土结构工程的迎水面和背水面的防水处理。

四、防水剂

防水剂是由化学原料配制而成的一种能起到速凝和提高水泥砂浆或混凝土不透水性的外加剂。按其化学成分分为硅酸钠（水玻璃类）防水剂、氯化物金属盐类防水剂和金属皂类防水剂。

（一）有机硅防水剂

有机硅防水剂硅酸钠的水溶液，涂布于建筑物表面，由于钠盐被空气中的碳酸气分解而生成不溶性的有机硅聚合物的防潮防水涂膜。适用于一般建筑物排水防潮涂饰，尤其适用于潮湿物表面涂饰，能防止由于风化及冷热循环而引起的开裂，并能减少污染。

（二）氯化铁防水剂

氯化铁防水剂主要由氯化亚铁、三氯化铁，及少量的氯化钙、氯化铝、盐酸以及用来改善其性能的其他外加剂共同组成。将氯化铁防水剂加入混凝土或水泥砂浆中，能增加混凝土和砂浆的密实性，能显著提高抗渗性，并能提高强度。此类防水剂多用于配制防水砂浆和防水混凝土，适用于屋面、地下防水、水池及设备基础的刚性防水，以及其他结构物的防水和堵漏等。

（三）金属皂类避水浆

该类防水剂是采用碳酸钠、氢氧化钾等碱金属化合物，掺入氨水、硬质酸和水配制而成的一种白色浆体，掺入水泥后能生成不溶性物质，堵塞硬化后的混凝土内的各种毛细孔隙，形成憎水性壁膜，因而能显著提高砂浆或混凝土的密实性和不透水性，

（四）适用范围及条件

有机硅防水剂主要用于一般建筑物排水防潮涂饰，尤其适用于潮湿物表面涂饰；氯化铁防水剂多用于配制防水砂浆和防水混凝土，主要用于屋面、地下防水、水池及设备基础的刚性防水，以及其他结构物的防水和堵漏等；金属皂类避水浆主要用于民用建筑的屋面、地下、水池等的防水抹面砂浆或拌制防水混凝土等工程。

第三节　装饰装修材料

建筑装饰材料，是指用于建筑物体表面，主要起美化外观，并兼顾有防护及其他功能的材料。建筑装饰材料的应用范围广泛，如内外墙、底面、吊顶、屋面、室内环境等的装饰、装修等。装饰材料除了起装饰作用，满足人们的精神需要以外，还起着保护建筑物主体结构、提高建筑物耐久性以及改善建筑物保温隔热、吸声隔声、采光、防火等使用功能

的作用。

一、装饰材料的选用

（一）材料的色彩、光泽与质感

颜色是材料对光谱选择吸收的结果。不同的颜色给人的情感以不同的感觉。如红色、粉红色给人一种温暖、热烈的感觉，有刺激和兴奋的作用；绿色、蓝色给人一种宁静、清凉、寂静的感觉，能消除精神紧张和视觉疲劳。材料光泽度不同，则材料表面的明暗程度、视野及虚实对比会大不相同，利用不同的透明度可调整光线的明暗，造成不同的光学效果，可使物像清晰或朦胧，从而达到一定的装饰效果。

材料的质感是材料的表面组织结构、花纹图案、颜色、光泽和透明性等给人的一种综合感觉，能引起人的心理反应和联想。各种材料在人的感官中有软硬、轻重、粗犷、细腻和冷暖等感觉，如金属能使人产生坚硬、沉重和寒冷的感觉；而皮革、丝织品会使人联想到柔软、轻盈和温暖；装饰材料的质感特征与建筑装饰的特点要有一致性。

（二）健康与环保

装饰材料的生产、施工、使用过程中，要求能耗少、施工方便、污染低，满足环境保护要求。近些年的研究结果表明，现代建筑装饰材料的大量使用是引起室内外空气污染的主要因素之一。主要表现为材料表面释放出的甲醛、芳香族化合物、氨和放射性气体氡超标，通过呼吸和皮肤接触对人体造成危害。建筑装饰材料中的环境污染问题及相应的污染控制需得到重视，建筑材料放射性核素限量、胶粘剂、涂料、聚氯乙烯地板及壁纸中有害物质限量应符合国家标准 GB 18580～18588-2001 及 GB 6566-2001 的要求。

（三）耐久性要求

装饰材料的耐久性是一项综合技术指标，包括材料的力学性质（抗压强度、抗拉强度、抗弯强度、冲击韧性、耐磨性以及可加工性等）、材料的物理性质（密度、吸水性、耐水性、抗渗性、抗冻性、耐热性、吸声性、光泽度及光反射性等）、材料的化学性质（耐酸碱性、耐大气侵蚀性、耐污染性、抗风化性等）。

建筑外部装饰材料要经受日晒、雨淋、冰冻、霜雪、风化和介质侵蚀作用，建筑内部装饰材料要经受摩擦、冲击、洗刷、沾污和火灾等作用。因此，装饰材料在满足装饰功能同时要满足强度、耐水性、保温、隔热、耐腐蚀和防火性等方面要求。

二、常用的装饰材料

（一）装饰石材

1. 天然石材

天然石材是指从天然岩体中开采出来的毛料，或经过加工成为板状或块状的饰面材料。用于建筑装饰用饰面材料的主要有天然大理石、天然花岗岩和天然板岩等。

大理石天然生成的致密结构和色彩、花纹、斑块，经过锯切、磨光后的板材光洁细腻，如脂如玉，纹理自然，花色品种丰富。

花岗石常呈现出一种整体均粒状结构，正是这种结构使花岗石具有独特的装饰效果，其耐磨性和耐久性优于大理石。花岗石板根据加工程度不同分为粗面板材（如剁斧板、机刨板等）、细面板材和镜面板材三种。

2. 人造石材

人造石材主要是人造大理石和人造花岗石的总称，属水泥混凝土或聚酯混凝土的范畴。即是采用无机或有机胶凝材料作为粘结剂，以天然砂、碎石、石粉等为粗、细填充料，经成型、固化、表面处理而成的一种人造材料。常见的有人造大理石和人造花岗石，其色彩和花纹均可根据要求设计制作，如仿大理石、仿花岗石等，还可以制作成弧形、曲面等天然石材难以加工的复杂形状。

与天然石材相比，人造石材是一种较经济的饰面材料。而且具有天然石材的质感，色泽鲜艳、花色繁多、装饰性好；重量轻、强度高；耐腐蚀、耐污染；可锯切、钻孔，施工方便等优点，因此，在现代建筑装饰中得到了广泛的应用。

3. 适用范围及条件

大理石主要成分为碱性物质碳酸钙（$CaCO_3$），化学稳定性不如花岗岩，不耐酸，空气和雨水中所含的酸性物质和盐类对大理石有腐蚀作用，故大理石主要用于室内装饰，不宜用于建筑物外墙和其他露天部位，若采用需要进行防护处理。花岗岩既适用于室外也适用于室内装饰。其中粗面板材表面平整、粗糙，具有较规则的加工条纹，主要用于建筑外墙面、柱面、台阶、勒脚、街边石和城市雕塑等部位，能产生近看粗犷，远看细腻的装饰效果；而镜面板材是经过锯切后，再经研磨、抛光而成，产品色彩鲜明、光泽动人、形象倒映，极富装饰性，主要用于室内外墙面、柱面、地面等。

某些天然石材含有微量放射性元素，对这类石材应避免使用于室内。

（二）建筑陶瓷

建筑陶瓷是以粘土、长石和石英等天然硅酸盐矿物为主要原料，经配料、成型、干燥和烧成而制得的用于建筑的陶瓷制品。其中常用的具有装饰作用的建筑陶瓷主要有陶瓷墙地砖和卫生陶瓷两大类。

1. 陶瓷砖

陶瓷砖是利用陶瓷原料，经过配料、成型、干燥、烧成所制得的建筑陶瓷产品，目前普遍采用干压成型方式。按砖的吸水率分为瓷质砖、炻瓷砖、细炻砖、和陶质砖；按有无釉面分为釉面砖和无釉砖；按使用部位分为墙砖和地砖。陶瓷砖目前广泛应用在工业与民用建筑领域，除强度高，耐高温的特点外，陶瓷砖具有很强的装饰作用，具有多种规格尺寸和花色，特别是釉面的彩饰赋予了陶瓷砖强烈的装饰效果。

2. 卫生陶瓷

卫生陶瓷也称卫生洁具，是一种采用注浆成型方式生产的一种建筑陶瓷制品。多属瓷质或炻质，主要包括洗面器、大便器、小便器、妇洗器、水箱、洗涤槽、浴盆等。炻质卫生陶瓷的吸水率不能大于4.5%；耐急冷急热性能上要求在100℃水中加热5分钟后投入15～16℃水中三次不炸裂。普通釉白度大于或等于60度；白釉白度大于或等于70度。

3. 适用范围及条件

陶瓷砖主要应用于室内外的墙面和地面装饰。其中陶质釉面砖有较高的吸水率，因此抗冻融循环能力较差，容易出现脱落和釉面剥离现象，不适用于外墙的装饰，主要用于内墙装饰，充分发挥釉面的装饰效果。用于外墙装饰的釉面砖应采用瓷质砖。目前陶瓷地砖主要采用不施釉的抛光光砖，尺寸精度高，但不同品牌的砖烧成的致密度有较大区别，应优先选用致密度大的，致密度小的由于存在表面气孔，使用过程中的污迹渗入孔中不易清除。

（三）建筑玻璃

玻璃是以石英砂、纯碱、长石、石灰石等为主要原料，经1550℃～1600℃高温熔融、成型、冷却、固化后得到的透明非晶态无机物。建筑玻璃泛指平板玻璃及由平板玻璃制成的深加工玻璃，也包括玻璃空心砖和玻璃马赛克等玻璃类建筑材料。

平板玻璃分砂平板玻璃、磨光平板玻璃、花纹平板玻璃和浮法平板玻璃。它的使用量在玻璃中是最大的一种，厚度一般为2～12mm。在玻璃表面进行装饰的饰面玻璃主要利用其表面色彩图案花纹及光学效果等特性，用于建筑物的立面装饰和地坪装饰。

利用热处理、化学强化、夹丝或夹层等方法可以制造安全玻璃，这种玻璃具有高强度、抗冲击及破碎后无损伤人的危险性等特性，用于装饰建筑物安全门窗、阳台走廊、采光天棚、玻璃幕墙等等。

另外还有是具有良好的保温绝热性能的绝热玻璃、块状玻璃砖、玻璃马赛克以及镭射玻璃等很多种类的装饰玻璃产品。

（四）建筑装饰涂料

建筑装饰涂料是涂覆在建筑物表面，并能干结成膜，具有保护、装饰作用的涂料。由主要成膜物质、次要成膜物质、稀释剂和助剂组成。建筑涂料品种繁多，常用的主要有内墙涂料和外墙涂料两类。

内墙涂料可作为顶棚涂料。墙面涂料的作用是为保护墙体和装饰墙体的立面，提高墙体的耐久性或弥补墙体在功能方面的不足。但有些内墙涂料对室内环境造成污染，国家标准《室内装饰装修材料内墙涂料中有害物质限量》GB 18582—2008对室内装饰装修用墙面涂料中对人体有害物质作了规定。对外墙涂料的要求比内墙涂料的更高些，因为它的使用条件严酷，保养更换也较困难。墙面涂料应具有以下特点：色彩丰富、细腻、协调；耐碱、耐水性好，且不易粉化；良好的透气性和吸湿排湿性；涂刷施工方便，可手工作业，也可机械喷涂。

（五）木装饰制品

木装饰制品是建筑装饰上应用最广泛的装饰材料，常见的木装饰制品有木地板、木装饰线条、木花格。

木地板又可分为条木地板、拼花木地板、复合木地板。条木地板材质要求耐磨不易磨蚀，不易变形开裂。条木地板自重轻，弹性好，脚感舒适，其导热性小，冬暖夏凉，易清洁。拼花木地板分单层和双层两种，二者面层均为拼花硬木板层，双层者下层为毛板层。复合地板是由防潮底层、高密度纤维板中间层、装饰层和保护层经高温压合而成，故也称强化复合地板。复合地板既有原木地板的天然质感，又有大理石、地砖坚硬耐磨的特点，是两者优点的结合，且安装方便，容易清洁，且有良好的阻燃性能。

除木地板外，竹材地板也得到广泛应用，它是采用中上等竹材，经严格选材、制材、漂白、硫化、脱水、防虫、防腐等工序加工处理之后。再经高温、高压热固胶合而成。竹木地板耐磨、耐压、防潮、防火，它的物理性能优于实木地板，抗拉强度高于实木地板而收缩率低于实木地板。但竹木地板强度高，硬度强，脚感不如实木地板舒适，外观也没有实木地板丰富多样。

在选用除了实木材质以外的地板，由于其工艺上采用了胶粘剂，若甲醛的释放量超标对人体健康将产生危害，应尽量选用含量低的。对于温度、湿度变化较大的环境，应选用收缩率相对小一些的地板。

木装饰线条简称木线。各类木线立体造型各异，每类木线又有多种断面形状。木线条主要用做建筑物室内墙面的腰饰线、墙面洞口装饰线、护壁和勒脚的压条饰线、门框装饰线、顶棚装饰角线、栏杆扶手镶边、门窗及家具的镶边等。木花格是用木板和方木制作成具有若干个分格的木架，多用于建筑物室内的花窗、隔断、博古架等。

第四节　建筑门窗

一、门窗

门和窗是建筑物中的围护构件。门通常是指沟通建筑物内、外空间的出入口，起到隔声、保温、隔热、防护等功能，还兼起通风、采光作用。窗的主要功能是采光、通风、隔热、保温、眺望及美观、装饰等。门和窗要满足开启方便、关闭紧密、坚固耐久，便于清洁和维修的要求。

目前国内在建筑物上使用的门窗，按门窗的开启方式可分为平开门窗、推拉门窗、折叠门、转门窗、弹簧门等。平开门窗有开启面大、密封性、通风透气性、保温抗渗性能优良等优点；推拉窗有立面简洁、美观，使用灵活，安全可靠，使用寿命长，采光率大，占用空间少，方便安装纱窗等优点。按门窗材料可分为木门窗、钢门窗、铝合金门窗、塑钢门窗等。

（一）木门窗

木门窗是最常见的形式，用天然木材加工制成，具有自重轻、表面平整、制作简单，维修方便、外形美观、感觉舒适等优点。但是木材会因气候的变化而胀缩，导致开关不便，还耗用木材，易被虫蛀、腐朽，耐用性稍差。

（二）钢门窗

钢门窗采用优质钢材加工及组装，表面进行防锈处理而成。可大批生产，成本较低，又可节约木材。但由于密封性、保温性、外观及耐久性比不上塑钢门窗及铝合金门窗，且自重大，用量在逐渐减少。但在防盗门领域，采用机械锁、内部填充材料和膨胀型防火防烟密封条以及门框的隔热孔设计，使钢质防盗门产品具有防盗、保温、隔声、防火等功能，产品得到广泛应用。

镀锌彩板门窗是一种新型的金属门窗，是以彩色镀锌板与平板玻璃或中空双层钢化玻璃为主原料，经机械加工而制成。镀锌彩板门窗具有重量轻、强度高、采光面积大、防尘、隔声保温、密封性好，造型美观、款式新颖，耐腐蚀、寿命长等特点。

（三）铝合金门窗

铝合金门窗由经表面处理的专用铝合金型材制作构件，经装配组合而制成。优点是用材省，重量轻，强度高，密封性、隔音性好，有多种颜色，表面光洁，色泽牢固美观，无需油漆，耐腐蚀，坚固耐用，启闭灵活，施工及维修均方便。缺点是有较高的导热性，造成能源浪费。为弥补这一缺陷通常采用多孔腔、隔断冷桥等措施提高门窗的保温性能。门窗可根据设计要求采用多层中空玻璃，玻璃材质可选平板玻璃、镀膜玻璃、钢化玻璃等，改善了铝合金门窗的性能。

（四）塑钢门窗

塑钢门窗以硬聚氯乙烯（PVC）塑料型材为主材，加上五金件组成。型材为多孔空腔，主腔内有冷轧钢板制成的内衬钢，用以提高塑钢门窗的强度。由于其质轻，阻燃，密封性好，隔音好，耐腐蚀，色泽鲜明，不需油漆，气密性、水密性好，装饰性强，且克服了铝合金门窗导热大的缺陷，目前受到普遍欢迎。

二、五金配件

五金配件的质量影响到门窗和家具的正常使用，而在民用建筑中，最常用的五金配件主要是铰链和滑轨。

（一）铰链

俗称合页，有普通铰链、弹簧铰链、大门铰链和其他铰链几个类别。一般说来，铰链的好坏主要看门板的开合效果和耐久性，开启自然、顺畅、无声是基本要求，其次是铰链的调节功能强，若门板需要多次调节时，可以轻而易举但又非常准确的调节门的位置。

普通铰链就是我们常说的一般合页，它可以用于门、窗或橱柜等；从材质上可以分为铁质，铜质和不锈钢质；适用于大门中的木门，铝合金门等，缺点是不具有弹簧铰链的定位功能，安装铰链后必须再装上各种碰珠或是门吸。弹簧铰链从材质上分，可以分为镀锌铁质和锌合金质。大门铰链又分普通型和轴承型，轴承型从材质上可分铜质和不锈钢质。另外还有台面铰链、翻门铰链、玻璃铰链等其他种类。

（二）滑轨

目前在建筑中使用的滑轨主要有抽屉滑轨和移门、折门滑轨。较佳的滑动功能应是平稳性与负重效果的自然结合，滑轨的装配精度与质量和定位基准也往往影响到滑轨的移动平稳性和往复自如性。移门轨道的材质主要有铝合金和镀锌钢两种，移门轨道的式样有插片式吊顶，侧面式吊顶以及单轨和双轨之分。抽屉滑轨材质一般为铁质加烘漆或镀锌。常用有托底式，二节半拉出，三节全拉出。

第五节　推 荐 技 术

1. 胶粉聚苯颗粒外墙外保温系统

1）主要技术性能

胶粉聚苯颗粒外墙外保温系统采用胶粉模塑聚苯乙烯泡沫塑料（EPS）颗粒保温浆料作为保温层，抗裂砂浆复合耐碱玻纤网格布作为防护层，涂料等作为饰面层。保温浆料采用 EPS 颗粒作为保温材料，并添加特制干粉料，为加强保温和抗裂性能，还可采取添加膨胀蛭石、短切纤维和采用物理发泡等措施，经现场搅拌后喷涂或涂抹于墙体基层，适用于外墙不规则的建筑。系统的保温浆料的干密度为 180～280kg/m^3，抗拉强度≥0.10MPa，系统应符合《外墙外保温工程技术规程》JGJ144—2004 以及相关防火规定的要求。

2）适用范围及条件

适用于夏热冬冷和夏热冬暖地区混凝土和砌体结构外墙。

3）施工（安装）方法

（1）配制界面砂浆、胶粉聚苯颗粒保温浆料和抗裂砂浆；

（2）基层墙面处理，表面沾有油污时，用清洗剂或去污剂冲洗晾干，墙面孔洞用干硬性砂浆分层填塞密实；

（3）利用滚刷或扫帚将配制好的界面砂浆涂刷于清理干净的基层墙面；

（4）根据墙面垂直度和平整度，以及保温层设计厚度，设定保温层厚度控制线，并设置垂直和水平通线、冲筋；

（5）涂抹保温浆料，根据保温层厚度应至少分 2 次涂抹，每次厚度不应大于 20mm，每次间隔 24 小时以上；

（6）设置分隔缝；

（7）抹抗裂砂浆，铺贴耐碱玻纤网格布。抗裂砂浆分 2 遍涂抹，第 1 遍涂抹后压入网格布，再涂抹第 2 遍抗裂砂浆；

（8）特殊部位加强。建筑首层的外墙阴阳角、门窗洞口应做加强处理；

（9）饰面层施工。

4）技术推荐：江西中科新建材有限公司、深圳市嘉达化工有限公司、广州嘉邦欧诺建筑工程技术有限公司、中国建筑材料科学研究总院

2. 模塑聚苯板薄抹灰外墙外保温系统

1）主要技术性能

模塑聚苯板薄抹灰外墙外保温系统采用模塑聚苯乙烯泡沫塑料（以下简称 EPS 板）板作为保温材料，利用胶粘剂并辅以锚栓固定于基层墙面，以抹面胶浆复合耐碱玻纤网格布涂抹于 EPS 板外侧作为保护层，采用涂料饰面。该系统采用的胶粘剂和抹面胶浆是采用以聚合物乳液为基料，辅以各种助剂组成，也可采用利用微乳液聚合技术合成的可分散聚合物胶粉和干粉材料组成的单组分聚合物砂浆，具有粘结强度高、和易性好等特点，与耐碱玻纤网格布配套使用，可大幅提高抗裂性能。EPS 板密度要求为 $20 \pm 2kg/m^3$，粘结剂、抹面胶浆与 EPS 板拉伸粘结强度≥0.1MPa，玻纤网耐碱断裂强力≥750N/50mm，耐碱断裂强力保留率≥50%，系统应符合《外墙外保温工程技术规程》JGJ144—2004 以及相关防火规定的要求。

2）适用范围及条件

各类气候区混凝土和砌体结构外墙。

3）施工（安装）方法

（1）基层墙面处理，表面沾有油污时，用清洗剂或去污剂冲洗晾干，当墙面平整度不符合要求时，采用 1:3 水泥砂浆找平；

（2）根据设计图纸在墙面标出 EPS 板粘贴位置；

（3）利用胶粘剂粘贴 EPS 板，必要时辅以锚栓固定；

（4）EPS 板表面清理干净并进行拉毛处理；

（5）薄抹 3～5mm 厚抹面胶浆，分 2 遍涂抹，第 1 遍涂抹后压入网格布，再涂抹第 2 遍找平；

（6）饰面层施工。

4）技术推荐：深圳市嘉达高科产业发展有限公司、广州嘉邦欧诺建筑工程技术公司、

北京德科振邦科技发展有限公司、中国建筑材料科学研究总院、北京中岩海之蓝建材科技发展公司

3. 保温装饰复合板外墙外保温系统

1）主要技术性能

该系统采用具有保温装饰功能的复合板作为保温装饰层，通过粘结砂浆粘贴或机械连接（如采用龙骨连接方式，应采取防火措施，并避免出现冷桥）等方式固定于外墙基层，板缝处采用硅酮等耐候密封胶进行密封处理，从而达到保温装饰一体化的效果。其中，复合板采用高效保温材料（挤塑聚苯乙烯泡沫塑料、模塑聚苯乙烯泡沫塑料、硬泡聚氨酯泡沫塑料等）作为保温芯层，外覆具有装饰功能的金属板、塑料板、无机板等板材，通过工厂粘结加工而成。当采用硬泡聚氨酯泡沫塑料作为保温材料时可与装饰面板和背板一次发泡成型。该系统采用装配式施工，现场无污染，施工简便，安装效率高，符合我国建筑产业化政策和建筑节能发展方向。系统应符合《外墙外保温工程技术规程》TGJ 144—2004以及相关防火规定的要求。

2）适用范围及条件

各类气候区混凝土和砌体结构外墙，适用建筑高度应根据当地气候条件、固定方式以及相关防火规定确定。

3）施工（安装）方法

（1）基层墙面处理；

（2）根据设计图纸在墙面标出复合板（或龙骨）的安装位置；

（3）复合板安装，应根据具体安装方式确定安装步骤和拼装顺序；

（4）复合板拼缝密封处理；

（5）墙体阴阳角、门窗洞口等特殊部位处理；

（6）复合板面层清洁。

4）技术推荐：北京鼎盛新元环保装饰技术开发有限公司、江苏国联科技有限公司、青岛科瑞新型环保材料有限公司、北京奇佳联合新型建材有限公司、北京汇科诺一科技发展有限公司、镇江海通新型建材有限公司、上海中科合臣股份公司、北京首想科技发展有限公司、四川威尔达化工有限公司、北京门窗发展有限公司、深圳市明远氟涂料有限公司

4. 节能轻质复合板组合房屋技术体系

1）主要技术指标

轻质复合板组合房屋结构体系是在现有结构的基础上，采用墙板组合成暗梁、暗柱、板承重的新型技术；其墙板采用轻质混凝土、保温材料、钢材等复合而成。墙板灵活组合、施工方便，实现工业化生产。

2）适用范围

适用于抗震设防烈度8度及以下地区两层以下且高度不超过11m的钢结构、框架结构建筑。

3）施工安装方法

施工安装方法详见《轻质复合板应用技术规程》CECS258— 2009。

4）技术来源：北京绿环中创建筑科技有限公司

5. 保温砂浆外墙保温系统

1）主要技术性能

保温砂浆是采用中空玻化微珠、陶瓷微珠或漂珠等外表面封闭，内部膨胀或中空的无机材料作为保温材料和轻质骨料，通过掺入胶凝材料、增强纤维以及其他改性剂制成的干粉砂浆。在施工现场加水拌合后直接涂抹于基层墙面，待达到一定强度后可进行饰面施工。保温砂浆具有保温、隔热、轻质等性能，施工方法与传统砂浆类似。系统应符合《外墙外保温工程技术规程》TGJ 144—2004 以及相关防火规定的要求。

2）适用范围及条件

适用于夏热冬冷和夏热冬暖地区建筑外墙保温工程

3）施工（安装）方法

（1）基层墙面处理，去除墙面浮灰、油污、脱模剂，涂刷界面剂等；

（2）测量墙体垂直度、弹控制线；

（3）根据设计厚度及墙面垂直度作灰饼、冲筋；

（4）保温砂浆现场加水搅拌，搅拌过程中应采用低速搅拌、使用橡胶叶轮等措施防止破坏保温骨料；

（5）涂抹保温砂浆，当厚度大于 3cm 时应分 2 ~ 3 次涂抹，且应在砂浆固化后再抹下一遍砂浆；

（6）弹分割线、开分割槽等细部处理；

（7）涂刷抗裂砂浆，根据饰面做法不同，可在抗裂砂浆内铺设耐碱玻纤网格布或用锚栓固定镀锌钢网；

（8）饰面层施工。

4）技术推荐：江西中科新建材有限公司、南阳天意保温耐火材料有限公司、上海复旦安佳信功能材料有限公司、丹阳市华伟佳建材科技有限公司、深圳市方浩实业有限公司、北京华伟佳科技有限公司、北京微晶伟业科技发展有限公司、富思特制漆（北京）有限公司

6. 无机保温板外墙外保温系统

1）主要技术性能

该系统是由砂浆粘结层、无机保温板、耐碱型玻纤网格布增强抗裂砂浆护面层及柔性饰面层组成，具有保温隔热、安全防火等特点。其中，无机保温板是以水泥、粉煤灰、活性硅为主要材料，添加改性增强材料，经复合引泡而形成的闭孔网状硬质多孔材料，具有保温隔热性能好、质轻高强、不燃、隔声、透气、耐酸碱、耐老化、施工简便，无污染等特点，可采用条粘法、点粘法或满粘法施工，较好地解决了有机保温材料防火性能差和使用寿命较短等问题。

2）适用范围及条件

适用于夏热冬暖和夏热冬冷地区建筑墙体保温工程，也可用于屋面隔热及地暖保温工程。

应用条件：施工期间以及完工后 24 小时内，基层及施工环境温度不应低于 5℃；夏季应避免阳光暴晒，五级以上大风和雨天不得施工。

3）技术推荐：绍兴市中基建筑节能科技有限公司

7. 自调温相变复合保温材料

1）主要技术性能

该材料是采用复合相变蓄能材料与无机保温砂浆相结合形成的具有较强蓄热功能的保温砂浆材料。该砂浆的保温性能与普通无机保温砂浆相当，由于掺入了相变蓄能材料，具有较强的蓄热功能，保温性能得到进一步改善。该材料采用的相变蓄能材料是将经石蜡改性的有机物与无机结晶水合盐的复合物通过液相插层法，利用具有一定强度的无机材料进行包覆形成的相变胶囊材料。该相变蓄能材料采用无机材料进行包覆，解决了与无机保温砂浆的相容性问题。

该项目根据不同气候区、不同的建筑构造对相变复合保温材料的相变范围做出了相应的设定，可保证相变材料能够充分发挥相变作用，从而提高相变复合保温材料的保温隔热效果。

2）适用范围及条件

适用于夏热冬冷和夏热冬暖地区建筑墙体。

3）技术推荐：青岛科瑞新型环保材料有限公司

8. 低导热系数纤维增强硅酸钙板

1）主要技术性能

该纤维增强硅酸钙板是采用水泥、石灰、石英粉、硅藻土等为原料，利用纸浆纤维、玻璃纤维等作为增强材料，经制浆、成坯、蒸养、表面砂光、漆面处理等工序制成的不含石棉成分的新型轻质板材。该板有普通板材和饰面板材两种。其中，饰面板材是在普通板材表面喷涂氟碳漆等饰面材料，不仅具有装饰功能，而且提高了板材的防水性能。

2）适用范围及应用条件

适用于建筑室内隔墙、吊顶、公用排气道等部位。应用时，墙体结构需要配套钢结构，隔墙吊顶需要配合相应的龙骨。

3）施工（安装）方法

隔墙安装方法：

（1）轻钢龙骨或木龙骨骨架。放样弹线；将龙骨分别固定在地板与顶部楼板；按照设计要求排列固定竖龙骨，并安装好横撑龙骨。

（2）板材封装固定。将板材切至所需尺寸，以错缝方式利用自攻螺丝固定在龙骨上。自攻螺丝间距为200mm～250mm，需沉入板面0.5mm。注意板与板之间需留4mm左右伸缩缝。在板材封装固定前，视需要可在龙骨骨架空腔内部置入玻璃棉或岩棉等以加强隔音，防火效果。封板时应从板中向板四周固定，不可多点同时作业，避免产生内应力而使板材翘曲。

吊顶安装方法：弹线确定金属吊杆中心距，一般为120mm。将边龙骨固定于四周墙面。用金属吊杆将T型主龙骨固定，每隔600mm或610mm插一根，然后将板材固定于T型龙骨骨架上。

4）技术推荐：宁波易和绿色板业有限公司

9. 复合轻质隔墙条板

1）主要技术性能

复合轻质隔墙条板采用胶凝材料、骨料、增强材料、外掺料等原材料经模具成型、养护后制成。条板按截面构造分为空心条板、实心条板和复合夹芯条板，可采用不同企口和开孔形式，板宽为600mm，板厚根据构造不同通常分为60mm、90mm、120mm等。通常采用机械或灌注方式固定于建筑梁、柱和楼板上，具有轻质、保温，二次加工方便等特点。产品质量应符合国家相关标准要求。

2）适用范围及条件

适用于非承重隔墙，采用防水措施后可用于厨房和卫生间。

3）施工（安装）方法

（1）作业面清理，将墙板与结构梁、柱、楼板等接触部位清理干净；

（2）墙板定位放线，根据墙板安装位置，在建筑相关部位弹墨线；

（3）根据定位线及墙板安装排板图，安装墙板抗震加固构件（通常采用凹型或L型钢卡）；

（4）根据安装排板图进行墙板安装，安装过程中采用粘结砂浆和机械加固件共同作用固定墙板，空心墙板可进行穿管；

（5）板缝处理，墙板接缝处需用砂浆灌注密实，接缝处应采用玻纤网格布条覆盖，厨房和卫生间部位需在墙板与地面之间作10cm高细石混凝土垫层。

4）技术推荐：北京冠强工贸有限公司、哈尔滨远大复合材料有限公司、江苏爱富希新型建材有限公司、南京旭建新型建筑材料有限公司、云南万格建材有限公司、黑龙江金鼎山科技开发有限公司

10. 混凝土保温砌块

1）主要技术性能

混凝土保温砌块采用水泥、砂、粉煤灰、轻质骨料及多种外加剂为原料，与黏土砖相比，具有轻质、保温、隔热等特点。混凝土砌块根据生产工艺不同可分为加气混凝土砌块、轻集料混凝土砌块和普通混凝土砌块，根据构造不同可分为实心砌块、空心砌块和复合砌块。目前常用的有加气混凝土砌块、轻集料混凝土空心砌块、混凝土复合保温砌块等。

加气混凝土砌块通常采用水泥、生石灰胶结料、粉煤灰、石膏等为原材料，采用铝粉作为发泡剂，加水搅拌后注入模具内发气成型，经固化后切割成坯体，最后通过高压蒸养而成。加气混凝土材料中存在分散独立的多孔结构，孔隙率一般在70%～80%。由于孔形结构导致加气混凝土砌块吸水量较大且缓慢，在砌筑过程中容易吸收砂浆层的水分，因此加气混凝土用砂浆应掺入专用外加剂，且选用低标号砂浆。

轻集料混凝土空心砌块以陶粒、煤渣、浮石等轻质材料为骨料，掺入水泥、掺合料、外加剂等，加水搅拌均匀后经机械成型、养护后制成。该砌块具有重量轻、力学性能好等特点。

混凝土复合保温砌块是在混凝土空心砌块中嵌入或在砌块的空心处填入高效保温材料，从而提高空心砌块的保温、隔热性能。

产品性能应符合国家相关标准要求。

2）适用范围及条件

混凝土保温砌块可用于各种框架结构的填充墙体。其中加气混凝土砌块不宜用于长期浸水或经常干湿循环交替以及易受局部冻融的部位、受化学腐蚀和80℃以上高温环境。

3）施工（安装）方法

施工方法与传统黏土砖相同，但要注意砌块的排砖方式与黏土砖不同，应在砌筑前进行排砖设计。

4）技术推荐：潮州市茂源混凝土有限公司、甘肃省建材科研设计院、丹东科创墙体材料开发有限责任公司、贵阳万丰轻质墙材有限公司

11. 烧结复合保温砖

1）主要技术指标

烧结复合保温砖以江河淤泥、煤渣、粉煤灰为主要原料，经烧结后插入聚苯乙烯泡沫塑料。砖的外形为直角六面体，与传统砖的外轮廓规格基本一致，其规格尺寸为：240mm ×115mm ×90mm，200mm ×95mm ×90mm。

2）适用范围及应用条件

适用于夏热冬冷和寒冷地区建筑墙体。

3）技术推荐：南通启秀节能建材科技发展有限公司

12. 多孔砖

1）主要技术性能

多孔砖根据原材料不同可分为以水泥、砂石等为主要原料的混凝土多孔砖和以工业废料、粘土、矿石等为主要原料经烧结而成的页岩多孔砖、煤矸石多孔砖和粉煤灰多孔砖等。由于多孔砖采用多排密孔结构，因此在保证强度的前提下具有质量轻、保温隔热、防火等特点，可以取代传统黏土砖。产品性能应符合国家相关标准要求。

2）适用范围及条件

适用于各类建筑的承重墙和非承重墙。

3）施工（安装）方法

施工方法与传统黏土砖相同，但是其尺寸与黏土砖不同，因此，在砌筑前应进行排砖设计。

4）技术推荐：吉林省光大实业集团有限责任公司、浙江省发展新型墙体材料办公室、大庆市泰兴建材有限公司

13. 建筑垃圾制砖技术

1）主要技术性能

建筑垃圾砖是将建筑垃圾经过两级破碎，再与粉煤灰、水泥等配料按一定比例混合，直接压模成型为各种不同型号的多孔砖、标准砖、混凝土砌块。产品节能环保，并具有强度高、自重轻、耐久性好，外观尺寸规整，保温隔热性能好等优点。利用该技术制成的标准砖的吸水率为9.8%；多孔砖的最小外壁厚为17mm，最小肋厚为14mm，干燥收缩率为0.02%，相对含水率为34%。

2）适用范围及条件

适用于建筑承重和非承重墙，以及市政工程。

3）施工（安装）方法

按照普通黏土砖施工。

4）技术推荐：邯郸全有生态建材有限公司

14. 再生资源综合利用高性能绿色干混砂浆

1）主要技术性能

该项目是循环利用工业废弃物——建筑垃圾、尾矿砂、脱硫石膏，生产建筑干混砂浆系列产品。该技术利用建筑垃圾机制砂和尾矿砂代替天然砂生产干混砂浆产品，实现了工业废弃物的循环利用。

经分析比较，建筑干混砂浆产品比传统砂浆的施工速度提高2～4倍，施工质量明显提高。

2）适用范围及条件

适用于各类建筑的墙体抹灰工程。

3）使用注意事项

（1）用于混料的搅拌机应采用专用搅拌机，搅拌机应配置计算机自动控制系统；

（2）混合料混合时间应参照搅拌机的技术参数通过试验确定，必须保证混合料均匀；

（3）更换砂浆品种时，搅拌及输送设备必须清理干净。

4）技术推荐：北京市建筑材料科学研究院

15. 弹性体（SBS）改性沥青防水卷材

1）主要技术性能

SBS改性沥青防水卷材是以聚酯毡或玻纤毡为胎基，以苯乙烯—丁二烯—苯乙烯（SBS）共聚热塑性弹性体作改性剂，两面覆以聚乙烯膜、细砂、粉料或矿物料制成的改性沥青防水卷材。SBS改性沥青是将12%的SBS加入热的沥青中，形成的均匀混合体，除具有原有沥青的防水可靠性外，还具有橡胶的弹性。SBS改性沥青防水卷材耐穿刺、耐撕裂、耐疲劳，可形成高强度的防水层，并具有优良的延伸性、裂缝自愈合性和耐高、低温性，在寒冷气候下也可以施工，且热熔搭接密封可靠。

2）适用范围及条件

适用于各类建筑屋面、地下工程、水池等防水工程。

3）施工（安装）方法

（1）基层处理。清除基层浮灰、油污或疏松物；

（2）找坡（平）层施工。根据排水坡度设计要求采用1∶3水泥砂浆找平，厚度20mm，应确保表面干燥、不起砂、不空鼓；

（3）涂刷基层处理剂。基层处理剂涂刷应均匀，不得反复涂刷。若采用热熔法铺贴卷材，应使基层处理剂的溶剂充分挥发后，方可进行热熔卷材的施工；

（4）特殊部位施工。待基层处理剂干燥后，在山墙、女儿墙、阴阳角、出墙管道等特殊部位涂刷1mm厚的改性沥青涂料，并粘贴聚酯纤维无纺布，再涂刷1mm厚的改性沥青涂料作附加层；

（5）卷材定位。弹铺贴基准线，并进行试铺；

（6）卷材粘贴。SBS卷材的铺贴方法分为热熔法、冷胶粘法等。其中，热熔法采用火焰喷枪烘烤卷材底面和基层表面，当卷材表面的改性沥青熔化后，边烘烤边向前推铺卷材，卷材厚度小于3mm时不得采用热熔法施工。冷粘法先将胶粘剂均匀涂刷在防水基层和卷材底面，晾置后即可粘结；

（7）卷材粘贴后，随即进行辊压、排气粘牢；

（8）搭接部位粘贴。搭接宽度与铺贴方式有关，通常在100mm左右；

（9）采用密封胶封搭接缝；

（10）收头、固定密封；

（11）清理杂物，局部修整；

（12）防护层施工。

4）技术推荐：北京东方雨虹防水技术股份有限公司、湖北永阳防水材料股份有限公司、河北省保定石油化工厂防水材料分厂

16. 塑性体（APP）改性沥青防水卷材

1）主要技术性能

APP 改性沥青防水卷材是以聚酯毡或玻纤毡为胎基，以无规聚丙烯（APP）或聚烯烃类聚合物（APAO、APO）作改性剂，两面覆隔离材料制成的改性沥青防水卷材。APP 改性沥青防水卷材除具有良好的防水性能外，还具有良好的耐高温性和柔韧性，耐穿刺、耐撕裂、耐疲劳、耐紫外线照射等性能，可形成高强度的防水层，接缝采用热熔法施工，密封可靠。

2）适用范围及条件

适用于各类建筑屋面、地下工程、水池等防水工程，特别适用于高温地区的外露防水层。当有霜冻气候时，不宜施工，施工温度较低时，细部宜选 SBS 卷材作附加层。

3）施工（安装）方法

（1）基层处理，清除基层浮灰、油污或疏松物；

（2）找坡（平）层施工，根据排水坡度设计要求采用 1∶3 水泥砂浆找平，厚度 20mm，确保表面干燥、不起砂、不空鼓；

（3）涂刷基层处理剂。采用与 APP 沥青相容性好，挥发速度快的溶剂型改性沥青作基层处理剂，涂刷应均匀，不得反复涂刷。若采用热熔法铺贴卷材，应使溶剂充分挥发后，方可进行热熔卷材的施工；

（4）特殊部位施工。待基层处理剂干燥后，在山墙、女儿墙、阴阳角、出墙管道等特殊部位涂刷 1mm 厚的改性沥青防水涂料，并粘贴聚酯纤维无纺布，再涂刷 1mm 厚的改性沥青防水涂料作附加层；

（5）卷材定位，弹铺贴基准线，并进行试铺；

（6）卷材粘贴，APP 卷材的铺贴方法分为热熔法、冷胶粘法等。其中，热熔法采用火焰喷枪烘烤卷材底面和基层表面，当卷材表面的改性沥青熔化后，边烘烤边向前推铺卷材，卷材厚度小于 3mm 时不得采用热熔法施工。冷粘法先将胶粘剂均匀涂刷在防水基层和卷材底面，晾置后即可粘结；

（7）卷材粘贴后，随即进行辊压、排气粘牢；

（8）搭接部位粘贴，搭接宽度与铺贴方式有关，通常在 100mm 左右；

（9）采用密封胶封搭接缝；

（10）收头、固定密封；

（11）清理杂物，局部修整。

4）技术推荐：湖北永阳防水材料股份有限公司、河北省保定石油化工厂防水材料分厂、盘锦禹王防水建材集团有限公司

17. 冷自粘改性沥青防水卷材

1）主要技术性能

冷自粘防水卷材是指可在常温下自行与基层或卷材粘结的改性沥青防水卷材。该类卷材可分为无胎基冷自粘防水卷材和有胎基冷自粘防水卷材：无胎基冷自粘防水卷材是以沥青、SBS 和 SBR 等弹性体材料为基料，并掺入增塑、增粘剂和填充材料，采用聚乙烯膜、铝箔为表面材料或无表面覆盖层（双面自粘），底表面或上下表面覆防粘材料制成；有胎基冷自粘防水卷材是以聚酯毡为胎基，上表面涂改性沥青，下表面涂冷自粘橡胶改性沥青，并覆隔离膜等材料制成。

该类防水卷材具有改性沥青防水卷材和相关产品的特点，通过将胶粘材料和卷材预制复合，可简化施工程序，并防止施工时对环境的污染。

2）适用范围及条件

适用于各类建筑屋面、地下工程、水池等防水工程，特别适用于严禁使用明火和溶剂的危险环境的防水工程。

3）施工（安装）方法

（1）基层处理，清除基层浮灰、油污或疏松物；

（2）找坡（平）层施工，根据排水坡度设计要求采用 1∶3 水泥砂浆找平，厚度 20mm，确保表面干燥、不起砂、不空鼓；

（3）涂刷基层处理剂，涂刷应均匀，不得反复涂刷；

（4）特殊部位施工，待基层处理剂干燥后，在山墙、女儿墙、阴阳角、出墙管道等特殊部位涂刷 1mm 厚的改性沥青防水涂料，并粘贴聚酯纤维无纺布，再涂刷 1mm 厚的改性沥青防水涂料作附加层；

（5）卷材定位，弹铺贴基准线，并进行试铺；

（6）卷材粘贴，施工时将卷材底面的隔离纸揭去后即可直接粘结，当环境温度低于 10℃时，搭接或收头部位应辅以热风加热后粘结，卷材与基层应满粘；

（7）卷材粘贴后，随即进行辊压、排气粘牢；

（8）搭接部位粘贴，搭接宽度应在 100mm 左右；

（9）采用密封胶封搭接缝；

（10）收头、固定密封；

（11）清理杂物，局部修整。

4）技术推荐：深圳市卓宝科技股份有限公司、胜利油田大明新型建筑防水材料有限责任公司、北京世纪蓝箭防水材料有限公司、北京中联天盛建材有限公司、沈阳奥佳新型防水材料有限公司、佛山市顺德区科顺化工实业公司

18. 聚氯乙烯（PVC）防水卷材

1）主要技术性能

该卷材是以聚氯乙烯树脂为主体，加入适量的化学助剂和一定量的填充补强材料，经过配料、热混、挤出、压延、冷却、卷取等工序制成的防水材料。

聚氯乙烯防水卷材由于无双键结构，其耐化学腐蚀、耐老化性好，又因有氯原子存在，具有一定的阻燃性。该材料抗渗透能力强，耐磨性好，适宜在不同气候条件下使用，所以应用较为广泛。其中，双色卷材的浅色面层，具有反光隔热、耐老化好等特点。该产品搭接缝采用焊接法，其中，内增强型卷材采用机械固定法施工，有利于提高防水工程

质量。

2）适用范围及条件

适用于各类建筑屋面、地下防水工程，以及既有屋面维修等。铺贴卷材时，环境温度应在5~35℃，相对湿度小于80%。

3）施工（安装）方法

（1）基层处理，清除基层浮灰、油污或疏松物；

（2）找坡（平）层施工，根据排水坡度设计要求采用1:3水泥砂浆找平。基层应干净、干燥，不得有起砂、空鼓等缺陷；

（3）特殊部位施工，基层转角部位应做成圆弧或八字坡，圆弧半径应大于20mm。沉降缝、预埋件等应按设计要求求安装，固定牢靠；

（4）卷材定位，弹铺贴基准线，并进行试铺；

（5）采用机械固定法铺贴卷材时，将卷材沿铺贴方向拉直、铺平，在机械固定部位用电钻钻孔（两孔间距不大于80cm），孔内放入塑料膨胀螺栓，用螺丝刀将自攻螺钉加垫片上紧，不得有松动现象，机械固定后安装孔上焊PVC圆盖封闭；

（6）搭接部位热熔焊接。用焊枪将卷材搭接表面吹至熔融，用压滚压实，长边搭接不少于50mm，短边搭接不少于80mm；

（7）收头、固定密封；

（8）清理杂物，局部修整；

（9）保护层施工。

4）技术推荐：胜利油田大明新型建筑防水材料有限责任公司

19. 高性能氯化聚乙烯防水卷材

1）主要技术性能

该卷材以氯化聚乙烯树脂为主要原料，掺入适量化学助剂和填充料，采用塑料或橡胶的加工工艺，经捏和、塑炼、压延、卷曲、分卷、包装等工序制成。该卷材抗老化性能好，耐紫外线照射和气候温差变化，不出现开裂和剥离现象，不易被尖锐物所刺破，耐化学介质侵蚀，抗冲击、抗疲劳性能和热稳定性好，可冷作业施工，维修简便。

2）适用范围及条件

适用于各类建筑屋面、地下工程、水池等防水工程。

3）施工（安装）方法

（1）基层处理，清除基层浮灰、油污或疏松物；

（2）找坡（平）层施工，根据排水坡度设计要求采用1:3水泥砂浆找平，厚度20mm，基层应干燥、不得有起砂、空鼓等缺陷；

（3）涂刷基层处理剂，涂刷应均匀，不得反复涂刷；

（4）特殊部位施工，待基层处理剂干燥后，在山墙、女儿墙、阴阳角、出墙管道等特殊部位涂刷1mm厚合成高分子防水材料，并粘贴聚酯纤维无纺布，再涂刷1mm厚合成高分子防水涂料作附加层；

（5）卷材定位。弹铺贴基准线，并进行试铺；

（6）卷材粘贴。采用冷粘法施工，先将胶粘剂均匀涂刷在防水基层和卷材底面，晾置后即可粘结；

（7）卷材粘贴后，随即进行辊压、排气粘牢；

（8）搭接部位粘贴，搭接宽度应在100mm左右；

（9）采用密封胶封搭接缝；

（10）收头、固定密封；

（11）清理杂物，局部修整；

（12）防护层施工。

4）技术推荐：天津市艾维特工程防水材料有限公司

20. 高分子复合（EVA）自粘防水卷材

1）主要技术性能

该卷材是以表面复合纤维织物增强层的合成（树脂）高分子片材为基材，表面经低温等离子体技术改性后，涂覆胶质硅酸钙蠕变自粘胶而制成的高分子类自粘防水材料。其中，纤维织物增强层可提高产品的拉力、延伸率和撕裂强度，可抵抗较大外力对防水层的作用，使防水卷材能够适用于施工环境恶劣的防水工程；利用低温等离子体技术对合成（树脂）高分子复合片材表面进行改性，改善了片材表面润湿性和粘结性；采用胶质硅酸钙蠕变自粘胶覆面，可提高防水卷材与潮湿水泥基层的粘合能力。施工时将混凝土直接浇筑在卷材的自粘面上，当混凝土达到强度指标后与防水卷材产生较强的粘附力，可避免防水卷材蹿水而导致的渗漏等现象。该产品拉力大、撕裂强度高，可湿铺、预铺反粘，具有施工简便、安全等优点，符合环保要求。

2）适用范围及条件

适用于建筑屋面、地下室和隧道防水工程。

3）施工（安装）方法

（1）基层处理。基层应牢固，洁净，平整，不得有空鼓、松动、起砂和脱皮现象，基层阴阳角处应做成圆弧形；

（2）涂刷基层处理剂（仅限于正铺法）。本工序的作用是封闭基层潮气，传递卷材与基面粘结力。将处理剂按配比加入等量水搅拌均匀，然后用滚刷均匀涂刷于基层表面，不得漏涂。如涂刷后的基面因故污染，应重新涂刷。

（3）细部处理。细部是指水落口、出顶管（或穿墙管）、施工缝和阴阳角。水落口、出顶管用宽160mm双面自粘带做翻喇叭头；施工缝用宽160mm自粘带作附加层；阴阳角用250mm×250mm双面自粘带作附加层。

（4）卷材铺贴。采用反铺法时，先在基面弹出基准线，然后将卷材沿基准线预铺，再将搭接部位隔离膜揭开，边铺边用刮板推刮赶气。短边接缝采用对接法，沿对接中线覆盖一条160mm宽的双面自粘条，压紧压实。卷材采用正铺法时，先用红线盒弹出一条基准线，然后预铺卷材，采用底部抽卷隔离膜的方法，边抽边用刮板推赶，至排除全部空气、压紧压实为止，不得漏刮。

（5）搭边处理。纵向搭接边宜在卷材铺粘后，再刮压一遍，并用橡胶锤锤击密实。短边接缝采用对接法，即在两卷材接头部位底部铺一条160mm宽双面自粘带；对接缝上表面再用宽30mm双面自粘条铺盖，进行附加密封处理。

（6）卷材收头处理。宜采用凹槽收头，即先将卷材压入凹槽（占凹槽80%）再用钢压条固定，用30mm宽密封条密封，用1∶2水泥砂浆封堵。如采用聚合物砂浆封缝时，可以不用钢压条固定，而直接用聚合物砂浆封固。

（7）闭水试验。采用闭水方法检验防水层时，先将水落口等部位塞住，注水观察是否渗漏。

4）技术推荐：珠海金力防水技术有限公司

21. 高分子复合防水卷材

1）主要技术性能

该卷材选用高分子材料对芯材进行改性，并加入防老化剂、矿物质等助剂，以提高其综合使用性能。经改性后的高分子复合防水卷材具有良好的低温柔性和随服性，抗紫外线能力较强，亲水性好，粘结强度、剪切强度及剥离强度高，并符合环保要求等特点。

该卷材采用配套聚合物水泥基胶粘材料可在潮湿基面上施工，操作简便，工期短。

2）适用范围及条件

适用于地下、隧道、厨房、厕浴间和屋面等防水工程。铺贴卷材时，环境温度宜在0～35℃。

3）施工（安装）方法

（1）基层处理，清除基层浮灰、油污或疏松物；

（2）找坡（平）层施工，根据排水坡度设计要求采用1∶3水泥砂浆找平，厚度20mm，基层应干净、干燥，不得有起砂、空鼓等缺陷；

（3）涂刷基层处理剂，涂刷应均匀，不得反复涂刷；

（4）特殊部位施工，待基层处理剂干燥后，在山墙、女儿墙、阴阳角、出墙管道等特殊部位涂刷1mm的高分子防水涂料，并粘贴聚酯纤维无纺布，再涂刷1mm厚的高分子防水涂料作附加层；

（5）卷材定位，弹铺贴基准线，并进行试铺；

（6）卷材粘贴，采用冷粘法施工，先将聚合物水泥基粘结材料均匀涂刷在防水基层和卷材底面，晾置后即可粘结；

（7）卷材粘贴后，随即进行辊压、排气粘牢；

（8）搭接部位粘贴，搭接宽度应在100mm左右；

（9）采用密封胶封搭接缝；

（10）收头、固定密封；

（11）清理杂物，局部修整；

（12）防护层施工。

4）技术推荐：北京圣洁防水材料有限公司、中纺佳缘（北京）防水材料有限公司

22. 喷涂高分子橡胶沥青防水涂料

1）主要技术性能

喷涂高分子橡胶沥青防水涂料是由橡胶改性沥青乳液（A组份）和促凝剂（B组份）组成的双组份水乳型涂料，采用专用喷涂设备，快速喷涂成膜，形成多功能防水、防腐、防护层。该涂料采用专用喷涂设备施工，一次喷涂速凝成膜，厚度可达4mm，操作简便。该涂料可在潮湿及面上施工，成膜后与基层粘结紧密，对基层的伸缩或开裂变形的适应性强。

2）适用范围及条件

适用于屋面、地下防水工程。

应用条件：

（1）施工温度5℃，5级风以下，无雨，基面潮湿度≤90%。当基层有水、结露、有霜和冻结等情况发生时禁止施工；

（2）基层牢固无起砂、无油污、无大于2mm的孔洞、裂缝；

（3）储存环境温度不低于5℃；

（4）未经专业喷涂培训许可的合格人员不得使用喷涂设备。

3）施工（安装）方法

（1）基面处理。基面必须清洁，无浮尘、油污或杂物。当有破损、疏松或不平时，可用聚合物防水砂浆或1∶25普通砂浆进行修整；

（2）细部处理。对排水孔、穿墙管、裂缝、分隔缝、阴阳角等特殊部位需进行细部加强处理；

（3）附加层设置。在完成细部处理的基面刷涂底料一道，未干前铺宽度为100mm～150mm的MCT WT-70～80胎体增强材料或玻纤网格布，用刮板沿梳平皱折，并使底料透至布上。如需大面积铺设胎体增强材料可采用钉固法施工，且纵横两边搭接不小于60～80mm。如出现皱折、空鼓等现象应重新刷涂。

（4）大面积喷涂施工。采用专用喷涂设备将A、B组分混合后喷涂于已经干燥的面层上，要求喷枪头与面层间距为300～400mm。连续喷涂中的每遍施喷过程需连续交叉作业，喷涂厚度与平行交叉（遍）次数成正比，一般1.5mm厚的胶膜平行交叉喷涂3～4次即可。

4）技术推荐：大连美宸特环保节能产品有限公司

23. 聚合物水泥防水涂料

1）主要技术性能

聚合物水泥防水涂料是以高分子聚合物乳液为主要成膜物，以水泥及惰性粉剂为填料，经现场搅拌成厚浆状，即可在潮湿干净的基层面上施工，操作简便，涂膜干燥固化速度快，耐候性好。其物理性能应符合《聚合物水泥防水涂料》JC/T894标准要求。

2）适用范围及条件

适用于非外露型屋面、厕浴间及外墙面的防水、防渗和防潮工程。施工环境温度不得低于5℃。

3）施工（安装）方法

（1）基层处理。表面必须平整、牢固、干净、无明水；

（2）找坡（平）层施工，根据排水坡度设计要求采用1∶3水泥砂浆找平，厚度20mm，表面不得有起砂、空鼓等缺陷；

（3）特殊部位施工，在山墙、女儿墙、阴阳角、出墙管道等特殊部位应进行增强附加层的防水处理；

（4）配料。应先将液料用搅拌器边搅拌边徐徐加入粉料，充分搅拌均匀直至料中不含粉团（搅拌时间约5分钟，不宜手工搅拌，可用手提电钻等进行搅拌）。

（5）防水涂料施工。用滚刷或油漆刷均匀地涂刷多遍，直到达到规定的涂膜厚度要求，不得漏底。每遍涂刷用量为0.3~0.4kg/m²。待前一遍涂层干固后，才能进行下一道工序。多道涂刷时，每遍涂刷方向应与上一道方向相垂直，以达到更好的覆盖。涂料有沉淀应随时搅拌均匀，每次蘸料时，先在料桶底部搅拌几下，以免沉淀；

（6）施工质量检验。防水层施工完毕后，应认真检验整个工程的各个部分，防水层不应有裂纹，翘边、流淌、鼓泡、分层等现象，涂层厚度应符合设计要求（可从现场割取30mm×30mm 的实样，用测厚仪测定）；

（7）蓄水试验。涂层完全干固后方可进行（一般情况下需 48h 以上，在特别潮湿又不通风的环境中需更长时间），屋面防水施工完成后，应检查排水系统是否畅通，无渗漏；

（8）保护层施工。

4）技术推荐：佛山市顺德区科顺化工实业有限公司、福州驰铭新型建材有限公司、上海凌大防水涂装技术工程有限公司

24. 水泥基渗透结晶型防水涂料

1）主要技术性能

该涂料是以硅酸盐类水泥、石英砂等为主要基材，掺入多种活性化学物质的粉状材料，经与水拌和调配成具有渗透功能的无机型防水材料。该涂料以水为载体，可以向混凝土内部渗透，在混凝土中形成不溶于水的结晶体，填塞毛细孔道，从而使混凝土致密、防水。该防水涂料无毒、无味，施工简单、操作方便，具有裂缝自愈能力，形成的刚性防水层能够承受一定的外力作用，但无抵抗变形能力。

2）适用范围及条件

适用于地下、隧道、厨房、厕浴间等防水工程。

3）施工（安装）方法

（1）基层处理，混凝土结构基层表面必须平整、牢固、干净、无明水；

（2）防水涂料施工，将粉料用水调配，搅拌均匀形成浆状，均匀刮涂多遍直到达到规定的涂膜厚度要求，不得漏底，一般用量应大于1.5kg/m²。多道涂刷时，每遍涂刷方向应与上一道方向相垂直，以达到更好的覆盖；

（3）涂层终凝后应喷雾状水，保湿养护不得少于3天；

（4）防护层施工。

4）技术推荐：北京立达欣科技发展有限公司、福建省宁德市建工防水材料工程公司、大连细扬防水工程集团有限公司、北京城荣防水材料有限公司

25. 聚氨酯防水涂料

1）主要技术性能

聚氨酯防水涂料为化学反应固化型涂料，分为双组分型与单组分型。双组分聚氨酯防水涂料中的甲组分为聚氨酯预聚体，乙组分为固化剂等，现场将甲、乙组分按所需求的配合比混合均匀，涂覆后固化形成高弹性膜层；单组分聚氨酯防水涂料为聚氨酯预聚体，在现场涂覆后经过与空气中的水分反应固化形成高弹性膜层。该防水涂膜具有橡胶弹性，延伸性好，抗拉强度高，耐高温和低温柔性好，易于厚涂，有一定的耐腐蚀性。为保证膜层涂覆厚度均匀，对基层的平整度要求较高。单组分聚氨酯防水涂料的固化速度受基面的潮湿程度、空气湿度、涂覆厚度和环境温度的影响较大。

2）适用范围及条件

适用于非外露屋面及卫生间、地下室、游泳池、人防等工程的迎水面防水。

3）施工（安装）方法

（1）基层处理，清除基层浮灰、油污或疏松物；

（2）屋面找坡（平）层施工。根据排水坡度设计要求采用1∶3水泥砂浆找平，表面应干燥、不得有起砂、空鼓等缺陷；

（3）特殊部位施工。基层转角部位应做成圆弧或八字坡，圆弧半径应大于20mm。沉降缝、预埋件等应按设计要求处理；

（4）涂刷基层处理剂。涂刷应均匀，避免露底，涂刷后要干燥固化24小时以上，才能进行下道工序施工；

（5）防水涂层施工，用塑料或橡胶刮板均匀刮涂第一层涂料，厚度以1mm为宜，在第一层固化24小时后（不宜大于72小时），进行第二层施工，涂刮方向与第一层垂直。在涂层间夹铺胎体增强材料时，胎体下层涂层厚度不宜小于1mm，上层涂层不应小于0.5mm；

（6）保护层施工。

4）技术推荐：天津市艾维特工程防水材料公司、河北强凌防水材料开发有限公司、北京工大建业防水工程有限公司、颐中（青岛）化学建材有限公司、烟台同化防水保温工程有限公司、广东科顺化工实业有限公司、北京科顺建筑材料有限公司

26. 屋面三合一系统

1）主要技术性能

屋面三合一系统是由渗透型防水层、保温层和防水抗裂保护层等组成的具有防水、保温和装饰屋面防护体系。该系统根据保温层不同分为两类：

（1）采用聚苯颗粒保温材料为主体，以无机改性高聚物树脂为胶粘剂，添加水泥等填料和特种助剂，配制成具有一定强度的柔性防水保温浆料，分层现浇于屋面，再用渗透型抗裂弹性防水材料抹面，最后配套装饰层。

（2）采用由无机改性高聚物树脂为粘结剂，添加水泥等填料和特种助剂配制成的渗透型抗裂弹性防水材料为防水层，根据设计要求用玻纤网或防水卷材做防水加强层，将以聚苯保温板和硅改性丙烯酸聚合物水泥砂浆预制的复合板粘贴在防水层上，最后用密封材料封闭复合板间缝。

该系统集防水、保温和装饰于一体，可简化施工工艺、缩短工期，降低成本，易于维修。

2）适用范围及条件

适用于不同基材的建筑屋面。

3）施工（安装）方法

复合板系统：

（1）基层处理，清除基层浮灰、油污或疏松物；

（2）基层找平，利用水泥砂浆找平，平整度要求用2m直尺检查，缝隙不得超过5mm；

（3）涂刷渗透性聚合物水泥防水涂料形成防水层，涂刷厚度不得小于1.5mm，且不

得有遗漏，已拌和的涂料应在3小时内用完。铺设玻纤网时应在涂刷1遍涂料后压入再涂刷第2遍涂料封固，玻纤网搭接宽度不小于70mm；

（4）特殊部位处理；

（5）防水层固化后进行透水测试，检查防水效果；

（6）清理防水层残余物，根据设计坡度放线；

（7）配制胶粘剂，调好的胶粘剂宜在2小时内用完；

（8）粘贴复合板，预留3～5mm板缝；

（9）采用密封材料填充板缝，封闭严密。

聚苯颗粒系统：

（1）基层处理，清除基层浮灰、油污或疏松物；

（2）基层采用水泥砂浆找平，平整度要求用2m直尺检查，缝隙不得大于5mm；

（3）涂刷渗透性聚合物水泥防水涂料形成防水层，涂刷厚度为0.5mm，且不得有遗漏，已拌和的涂料应在3小时内用完。铺设玻纤网时应在涂刷1遍涂料后压入再涂刷第2遍涂料封固，玻纤网搭接宽度不小于70mm；

（4）特殊部位处理；

（5）防水层固化后进行透水测试，检查防水效果；

（6）清理防水层残余物，根据设计坡度放线、做灰饼；

（7）将拌和好的保温浆料自下而上分层施工，每层施工厚度15～20mm，每次施工后待浆料干结后压实再进行下一次施工；

（8）涂刷渗透性聚合物水泥防水涂料形成防水层，涂刷厚度不得小于1.5mm，且不得有遗漏。铺设玻纤网时应在涂刷1遍涂料后压入再涂刷第2遍涂料封固，玻纤网搭接宽度不小于70mm；

（9）装饰层施工。

4）技术推荐：深圳市嘉达高科产业发展有限公司

27. 聚氨酯喷涂屋面防水保温技术

1）主要技术性能

聚氨酯硬泡体是以聚醚树脂或聚酯树脂为主要原料，与异氰酸酯、水、催化剂、泡沫稳定剂等材料按一定比例混合，采用无氟发泡技术，在一定状态下发生热反应，在喷涂过程中产生闭孔率大于95%的硬泡体化合物。聚氨酯硬泡体导热系数小于0.0024W/m·K，表观密度≥55kg/m^3，抗压强度大于500kPa，具有轻质、高强、保温、防水等特点。聚氨酯喷涂施工时将硬泡聚氨酯原料直接喷射到屋面基层上发泡成型，并在数秒钟内反应固化，使整个屋面形成一个连续无接缝的防水隔热壳体，达到一次施工实现防水层和隔热（保温）层的做法，整体性好，施工简便。

2）适用范围及条件

适用于防水等级Ⅰ～Ⅳ级的混凝土、金属结构、木质结构等建筑屋面。

3）施工（安装）方法

（1）基层清理。作业基层表面必须清理干净，不得有浮灰和油污。基层含水率应不大于8%；

（2）找坡（平）层施工。基层平整度≤10mm时可不设找平层。找坡层采取结构找坡或轻质材料找坡；

（3）屋面与山墙、女儿墙、天沟、檐沟及突出屋面结构的连接处细部构造应符合设计要求；

（4）屋面上的管线、设备等应安装牢固；

（5）施工基面检查、清理；

（6）保温防水层喷涂施工。使用专业喷涂设备根据设计保温层厚度，每遍喷涂厚度不宜大于15mm。当日的施工作业必须当日连续喷涂施工完毕，喷涂施工后20min内严禁上人。喷涂完成之后应在4h之内进行界面处理，喷涂施工后的聚氨酯不得暴晒，施工过程中如下雨应及时采取遮盖措施；

（7）保护层施工。非上人屋面应在保温防水层涂刷耐紫外线的防护涂料，上人屋面应采用细石混凝土、块体材料等作保护层，保护层与保温防水层之间应铺设抗裂水泥砂浆、塑料膜或卷材等隔离材料。

4）技术推荐：青岛瑞易通建设工程有限公司、厦门市神威高科技产业商品化有限公司、厦门市富晟防水保温技术开发有限公司、烟台同化防水保温工程有限公司

28. 屋面虹吸雨水排放系统

1）主要技术性能

屋面虹吸雨水排放系统根据伯努利方程原理，利用雨水从屋面流向地面的高差所具有的势能，形成悬吊管内雨水负压抽吸流动，雨水连续流过悬吊管并转入立管跌落时形成的虹吸作用使雨水以极高的流速排出。该系统由虹吸式雨水斗、管材、管件、固定件及配套系统组成。Ⅲ型虹吸式雨水斗的整流装置和导流装置一次压铸成型，结构合理、体积小，气、水分离性能良好，具有流量大，斗前水位低的特点，采用的防水压环，使斗体与防水层之间实现了良好的密封。

该系统中的虹吸式雨水斗能在较低的斗前水位条件下实现气水分离，使系统处于满管流状态，实现系统排水能力的最大化。另外，雨水汇入排水管道前，经过了整流装置的一次性整流，达到较好的气水分离效果，消除了涡流的负面影响。

2）适用范围及条件

应用于排水面积较大的建筑屋面。

3）施工（安装）方法

虹吸式雨水斗在普通平屋面、轻钢结构屋面钢板天沟和保温彩钢板的安装方法不同：

（1）在平屋面和天沟内安装时，将自粘密封圈、防水卷材铺贴在斗座上，用固定螺栓把防水压环压紧，并用防水密封胶做封边处理，采用非预埋安装时，雨水斗安装完后，斗体四周应用水泥砂浆或其他材料密实填充，并做屋面顶板找平。屋面层做法根据土建工程设计施工；

（2）在轻钢结构屋面钢板天沟安装时，可采用氩弧焊直接焊接于天沟钢板上；

（3）在保温彩钢板平屋面安装时，应采用加强框直接承托保温层和雨水斗，并将荷载传至压型钢板。其中加强框由1.5mm厚的热镀锌钢板采用$\phi5\times12$抽芯铆钉装配制成，与压型钢板用$\phi5\times12$抽芯铆钉固定，铆钉间距宜为100mm。

4）技术推荐：深圳市卓宝科技股份有限公司

29. 水泥砂浆混凝土防水剂

1）主要技术性能

该防水剂掺入砂浆和混凝土拌合物中能加速水泥颗粒的分散和水化，并引入适量空气，在达到相同坍落度条件下，能大幅度减少用水量。使混凝土硬化后减少毛细管通道和水分蒸发后留下孔隙，提高混凝土的致密度和强度。由于防水剂的缓凝组分和微膨胀组分使混凝土凝结时间延长，延缓水泥放热峰的形成，使混凝土浇筑过程中不产生温差裂缝，达到防水、抗裂、缓凝的目的。

2）适用范围及条件

适用于建筑基础工程、道路工程、地下工程、建筑屋面、卫生间、墙面等防水工程。

3）施工（安装）方法

混凝土或砂浆搅拌时，按照配合比要求直接加入，搅拌均匀，可适当延长搅拌时间。

4）技术推荐：牡丹江市确必治工业技术开发有限公司、金华市欣生沸石开发有限公司、鞍山市鹏程混凝土外加剂有限公司

30. 防水混凝土减水剂

1）主要技术性能

防水混凝土用减水剂对水泥具有分散作用，可减少混凝土的拌合用水量，降低混凝土的孔隙率，提高混凝土的密实性和抗渗性，也可在不增加混凝土拌和用水量的条件下，提高混凝土的坍落度，从而在满足特殊施工要求的同时，保证混凝土具有一定的抗渗性能。

常用的减水剂可分为木质素类、多环芳香族磺酸盐类和糖蜜类。木质素类减水剂有增塑、引气和缓凝作用，提高抗渗性能显著，价格低廉，但是温度较低时强度发展较慢，需与早强剂复合使用；多环芳香族磺酸盐类减水剂为高效减水剂，减水12～20%，提高混凝土的和易性和抗渗性。但在混凝土中生成气泡较大，需采取措施排除气泡，特别适用于冬季低温施工；糖蜜类减水剂性能与木质素类减水剂类似，但掺量较少。

2）适用范围及条件

适用于钢筋密集或捣固困难的薄壁型防水构筑物、大体积混凝土和对混凝土凝结时间和流动性有特殊要求的防水混凝土工程。当采用引气型减水剂时，应控制混凝土含气量在3%～5%。

3）施工（安装）方法

先将减水剂加入拌合水溶解，再将减水剂溶液加入拌合料中搅拌。搅拌时间与普通混凝土相同，不得将减水剂直接加入拌合料中。使用减水剂的防水混凝土应根据工程情况调整水灰比。当工程要求大坍落度时适度减少拌合水用量，当要求与普通混凝土类似的坍落度时，可大量减少拌合水量。

4）技术推荐：北京市建筑工程研究院、广东柯杰外加剂科技有限公司

31. 高效阻裂抗渗/防水剂

1）主要技术性能

该抗渗/防水剂以活化无机矿粉和硅灰为主要材料，利用硅烷类偶联剂和高分子聚合物进行改性处理，并添加PVA纤维和活性化学物质等材料制成。该产品可作为外加剂用于干粉砂浆和混凝土的配制。其中，HJ-A1型高效阻裂抗渗剂主要用于干粉砂浆，HJ-A2型高效阻裂防水剂主要用于细石混凝土和抗渗混凝土。

该产品具有保水增稠、阻裂抗渗、补偿收缩等特点，采用该产品配制的砂浆和混凝土

可提高抗渗、防水、保水和抗裂等性能，并可延缓水化放热，降低碱含量，改善砂浆和混凝土性能。

2）适用范围及条件

适用于各类工业与民用建筑、市政人防设施、隧道、水下工程等构筑物。

施工温度宜在5℃～35℃间进行，恶劣气候条件下不宜施工。

3）施工（安装）方法

HJ-A1型高效阻裂抗渗剂按水泥用量的5%配制防水砂浆。施工方法与普通砂浆相同，防水层厚度不小于18mm，搅拌好的砂浆应在4小时内用完，已凝固的砂浆不得再加水使用。

防水细石混凝土掺HJ-A2型高效阻裂防水剂量为水泥用量的5%，大体积混凝土为3～5%。配制时先加砂、石、添加料，再加水泥和防水剂，调整适合操作的最低用水量，搅拌时间不少于3分钟。施工与普通细石混凝土相同，并应符合各种结构施工规范的要求。

4）技术推荐：杭州益生宜居建材科技有限公司

32. 混凝土减缩防裂防水密实剂

1）主要技术性能

该密实剂是以天然硫磺油、硅砂和火山灰等为主要原料，经过高温煅烧，制成的一种稳定的富含水泥活性和强化成分的无机液体。该密实剂在水中自然溶解，添加到混凝土中搅拌后分布均匀，与水泥水化析出物发生化学反应，生成结晶体和凝胶体，填充水泥石中的微小孔隙，堵塞和切断毛细管通路，抑制压力水的渗透，提高混凝土的密实性、抗冻性和抗氯离子渗透性，减缓混凝土结构中钢筋的锈蚀，提高混凝土的耐久性。

ZSFS1000混凝土减缩防裂防水密实剂是以无机成分为主的橙色液体，pH值约为11～13，比重约为1.05。

2）适用范围及条件

适用于公路、铁路、桥梁、涵洞、隧道、水工等混凝土结构，其使用环境温度不得高于80℃。防水混凝土结构厚度不宜小于250mm，钢筋保护层厚度不宜小于50mm。

3）施工（安装）方法

该密实剂使用时应预溶成一定浓度的溶液，在混凝土中的掺量为胶凝材料重量的0.21%，当采用人工拌合时搅拌时间不得少于5分钟，强力搅拌时，搅拌时间不得少于30秒。

4）技术推荐：北京永泰亿成化学科技有限公司

33. 建筑隔热涂料

1）主要技术性能

建筑隔热涂料利用热阻隔和热反射原理，以合成树脂乳液或合成树脂作为基料，采用空心微珠、纳米材料、金属或金属氧化物等具有热阻隔和太阳热反射等功能的材料为填充介质，实现隔热功能。该涂料具有对太阳辐射热反射率和空气半球发射率高的特点，并耐老化、抗粘污、附着力强，集隔热和装饰于一体，夏季隔热效果显著。

根据隔热原理，隔热涂料分为阻隔性隔热涂料、反射性隔热涂料和辐射性隔热涂料。

其中，阻隔性隔热涂料是以无机隔热骨料、粘结剂和引气剂等组成的硅酸盐类厚质复合涂料，该涂料成本较低但干燥周期长、抗冲击能力弱、吸湿率大，目前已经很少使用；反射性隔热涂料通过选择合适的树脂、金属或金属氧化物等颜、填料制成的高反射率涂层反射太阳光来达到隔热目的；辐射性隔热涂料是通过辐射的形式将建筑物吸收的太阳热以一定的波长发射到空气中，从而达到隔热、降温效果。

2）适用范围及条件

适用于夏热冬暖和部分夏热冬冷地区建筑的外墙隔热与装饰。

3）施工（安装）方法

（1）基层处理，施工基层应牢固、平整，无松脱物，必须保证清洁，无油脂、霉、藻和其他粘附物，且应充分干燥（可采用300mm×300mm的塑料薄膜覆盖基面，并用胶带将四周密闭后观察有无水印的方法验证）；

（2）批刮腻子，用刮刀（金属或塑料）批刮腻子，注意用力均匀，自上而下进行，每遍厚度以0.5mm为宜，同时要按压刮痕，以减少打磨工作量；

（3）打磨。用太阳灯和靠尺检查平整度，突出部位用角磨机或砂纸打磨平整；

（4）施工底漆。可采用辊、刷或无气喷涂等方法进行施工，应分两遍进行，第1遍施工后待涂层干透后方可进行第2遍施工，相邻两遍施工方向应相互垂直；

（5）施工隔热涂料。施工前将涂料搅拌均匀，并按产品说明书调整施工粘度。可采用辊、刷或无气喷涂等方法按照自上而下的顺序进行施工，应分两遍涂刷，相邻2遍涂刷方向应相互垂直，并应注意特殊部位的施工效果，避免出现层叠或暗缝。

4）技术推荐：深圳三力星（集团）股份有限公司、深圳市嘉达高科产业发展有限公司、苏州东霖节能环保建筑涂料有限公司、烟台佳隆纳米产业有限公司、佛山市福派涂装系统有限公司、中国建筑材料科学研究总院、上海封霖涂料科技有限公司、上海好家庭涂料有限公司、广州市鲁班建筑防水补强有限公司

34. 外墙外保温用硅丙树脂疏水涂料

1）主要技术性能

外墙外保温用硅丙树脂疏水涂料是采用有机硅接枝改性丙烯酸的硅丙乳液与纯丙弹性乳液为基料，加入一定配比的颜填料和助剂制备而成的硅丙树脂疏水涂料。该产品具有疏水自洁功能，涂层吸水量低，具有良好的重涂性、耐擦洗性和耐酸性。涂层形成的漆膜表面与荷叶表面具有相似的微结构，表面不沾水，可有效降低表面吸水率；其高弹性能够弥盖外保温系统产生的细微裂缝，可防止冰冻和霉菌等对保温体系的侵蚀；耐擦洗性和耐酸性可提高外墙外保温体系的寿命，并保持建筑的外观美感。

2）适用范围及条件

适用于建筑外墙外保温系统的饰面工程。

3）施工（安装）方法

（1）基层处理，施工基层应牢固、平整，无松脱物，必须保证清洁，无油脂、霉、藻和其他粘附物，且应充分干燥（可采用300mm×300mm的塑料薄膜覆盖基面，并用胶带将四周密闭后观察有无水印的方法验证）；

（2）涂料准备，施工前，应将涂料彻底搅拌均匀，为保证其弹性效果，一般不需要加水稀释；

（3）施工配套底漆，可采用辊、刷或无气喷涂等方法施工，采用辊涂时，以分格缝、墙角或落水管等为界，在辊筒可辊到的范围内从中央开始上下左右进行交叉施工，结束时应朝一个方向轻轻收辊，以获得相同的折光率；

（4）施工面涂，底漆彻底干燥后，可采用辊、刷或无气喷涂等方法进行面涂施工。施工应分2遍进行，施工方法与底漆施工方法一致，2遍施工间隔应在24小时以上。尽量避免在空气湿度较大的天气施工。

4）技术推荐：北京翰高兄弟科技发展有限公司、中国矿业大学

35. 外墙弹性乳胶涂料

1）主要技术性能

该涂料采用弹性合成树脂乳液为基料，其涂膜在一定的温度范围内保持较高的回弹性、韧性和伸长率，能够在基层墙体产生裂纹时涂膜不会断裂且能保持完好。为了提高弹性涂料的耐粘污性，主要通过选择乳液品种及调整涂料配方等方面进行，如选择表面自交联乳液、核-壳乳液、有机硅改性弹性乳液、改变乳液亲水-亲油性等方法。

该类涂料主要用于建筑外墙的涂装，除具有装饰作用外，还具有遮蔽外墙裂缝、防止水分向墙体渗透的功能，起到防裂、防水和防碳酸化的作用，是一种新型功能性涂料。

2）适用范围及条件

适用于各类有抗裂要求的建筑外墙涂饰工程，特别适用于外墙外保温系统的涂饰工程。

3）施工（安装）方法

施工方法与外墙乳胶涂料基本相同，有平涂和弹性拉毛两种施工工艺。

4）技术推荐：辽宁吕氏化工（集团）有限公司、广东顺德先科漆油有限公司

36. 防霉、抗菌环保内墙乳胶涂料

1）主要技术性能

该涂料运用涂膜光固化及涂膜自交联技术，不需成膜助剂有机物质，无VOC排放。由于采用纳米无机抗菌技术，产品具有防霉、抗菌功能。该涂料施工简便、干燥快、无气味、无污染、而且色泽鲜明，保色期长，附着力好，使用寿命长，适合家庭及各种建筑工程使用。

2）适用范围及条件

适用于建筑室内涂饰工程，特别适用于医院、学校等对环境有特殊要求的场所使用。

3）施工（安装）方法

施工方法与普通内墙乳胶涂料相同。

4）技术推荐：广东顺德先科漆油有限公司

37. 环保美感白抛光砖

1）主要技术性能

环保美感白抛光砖选用镁－铝－硅三元相系原料替代目前普遍使用的硅－铝－钾钠相系原料，不添加高放射性原料，白度可达75°以上，并解决了生产工艺难题。该抛光砖通过采用新原料系统，使产品具有白度高、放射性低，防污能力强、吸水率低等特点，在原料选用、配方设计、生产工艺方面有所创新，属于新型环保类建筑装饰材料。

2）适用范围及条件

适用于建筑内外墙、地面等装饰装修工程。

3）施工（安装）方法

施工方法与普通瓷砖相同。

4）技术推荐：广东蒙娜丽莎陶瓷有限公司

38. 新型大规格轻质陶瓷板

1）主要技术性能

新型大规格轻质陶瓷板以建筑陶瓷工业产生的废弃物为主要原料，采用超大规格双模压机压制成型，经1150～1210℃高温一次烧而成，产品厚度为12.9～13.5mm，最大规格可达1100×2200mm。该产品对废渣利用率达到40%以上，可以节约大量土地资源和优质原材料。该产品花色丰富，有单色、纯色、微粉、仿砂岩等系列，具有强度高、容重低、导热系数低等特点，是集装饰性和功能性为一体的新型轻质建筑材料。

2）适用范围及条件

适用于建筑内外墙装饰装修工程。

3）施工（安装）方法

（1）基层处理，基层应满足设计强度要求，表面应平整（2m内高差不得大于5mm），不得有粉化、起皮、裂缝、空鼓、油渍污染等现象；

（2）对墙面进行放线定位；

（3）将瓷砖粘结剂与水泥按照8:100的比例加水搅拌成稠状；

（4）瓷板粘贴，用锯齿刀将粘结砂浆均匀涂抹于基层（若瓷板尺寸超过300×300，应在瓷板背面抹浆），瓷板就位后立即挤紧、找平，板缝宽度用十字定位器控制；

（5）将振动器压在瓷板上适当用力振动2～3分钟确保砂浆密实；

（6）检查铺贴平整度；

（7）瓷板表面清洗、保护，常温下需静置24小时后方可进行后续施工。

4）技术推荐：广东蒙娜丽莎陶瓷有限公司

39. 合成树脂装饰瓦

1）主要技术性能

该合成树脂装饰瓦以硬质PVC塑料为基材，表面采用高耐候性改性PMMA树脂，通过两台挤出机分别将PVC混配料和改性PMMA树脂等物料塑化后，由T型分配器进入复合机头挤出，制成双层复合板材，再经专用连续定型机定型、切割等工序，最终形成彩色装饰瓦产品。该瓦具有色彩持久，造型美观，防水效果好，抗负荷性能良好，耐腐蚀、抗冲击、自清洁、质量轻、耐火性能强等优点。

2）适用范围及条件

适用于各类建筑屋顶的防水、装饰工程。

3）施工（安装）方法

（1）檩条固定，檩条可采用方管钢（60×40×3mm）或C型钢（100×50×20×3mm）或木方（60×40mm），需做防腐处理，檩条应自下而上间距660mm固定于屋架上（现浇混凝土板屋面应固定在顺水条上）；

（2）主瓦安装，安装前应校正檩条，并拉线定位，第一排瓦安装时应注意瓦楞与檐口线垂直，安装时应逆风铺设，横向搭接一个波形；

（3）安装正脊瓦时，第一张正脊瓦应截断部分再安装，避免与主瓦重叠，正脊瓦搭接处用密封胶密封；

（4）安装斜脊瓦时，与主脊瓦搭接处应锯齐，对接缝隙不得超过2mm，再安装三通脊瓦或用树脂胶粘结；

（5）利用不锈钢角钩固定；

（6）屋面特殊部位处理。

4）技术推荐：莱州市玻璃钢制品有限公司

40. 自接式单卡轻钢龙骨

1）主要技术性能

该轻钢龙骨采用截面形状为倒L型的镀锌（铝锌）钢龙骨，通过特制的连接卡钩和卡口，实现与覆面龙骨的单边卡式连接和无连接件的自接式接长。该产品通过改变截面形状降低原材料的消耗，同时具有结构简单、安装方便，整体性能好等特点，并能够降低吊顶装饰层的总体重量，提高安全性。主要技术指标：

侧面平直度	（mm/m）	≤1.5
底面平直度	（mm/m）	≤1.5
双面镀锌量	（g/m^2）	≥100
静载加载挠度	（mm）	≤4.0
静载残余变形量	（mm）	≤1.0

2）适用范围及条件

适用于各类建筑装饰装修工程

3）施工（安装）方法（吊顶工程）

（1）根据设计要求的间距和高度安装吊杆；

（2）将龙骨与吊杆连接，连接部位龙骨的上、下面均需安装螺母和平垫片；

（3）龙骨安装时要注意邻近的2支龙骨，相向安装，使其均匀受力，龙骨用量按设计确定，一般为0.8～1.2m/m^2；

（4）龙骨安装时和平行的卡锚位置保持一致，避免覆面龙骨安装不便或弯曲，并要与邻近2支龙骨错位安装；

（5）龙骨整体安装、调试完毕后拧紧螺母，直至确认全部螺母拧紧后再安装饰面板。

4）技术推荐：浙江裕丰建材有限公司

41. 建筑用低烟无毒无卤屏蔽套管

1）主要技术性能

该产品是采用低烟、无毒无卤聚烯烃塑料制成的建筑用穿线套管。管内设置有金属层和排流线，金属排流线附着在金属层外，贯穿套管全长。金属层能吸收管内外辐射的电磁波，并由排流线引导入地，起到屏蔽电磁波的作用，从而使管内电线传输电流时产生电磁辐射不会对周围环境产生污染，而外界电磁波也不可能对管中弱电线路产生干扰。聚烯烃塑料本身具有无毒无卤、低烟的特点，在燃烧时也不会产生毒气，是绿色环保材料。该套管电气性能优良，化学性能稳定，不易老化，制造长度达200m以上，重量轻、易弯曲、不易破碎。

2）适用范围及条件

适用于建筑电气安装工程中的电线套管。管内不得同时穿强电和弱电两种传输电线。

3）施工（安装）方法

（1）根据实际需要确定长度，并留出 15 ~ 20cm 余量；

（2）套管端头除去塑料层，保留金属层和排流线 5cm，将金属层反转包在套管外层，利用ϕ0.5mm 圆铜线与排流线连接后引出铜线接地；

（3）套管需要弯曲时可直接慢速冷弯，弯曲半径应符合产品要求；

（4）套管需要接头时，应将排流线焊接，两端头尽可能靠近，金属层靠紧；

（5）套管铺设前应穿入细钢丝作为牵引绳；

（6）套管铺设时应对端头封堵，防止进入杂物。

4）技术推荐：无锡市光通信息材料有限公司

42. 铝合金节能门窗

1）主要技术性能

铝合金门窗采用的型材为热处理强化铝合金，可通过阳极氧化、涂漆、化学氧化等表面处理提高其耐蚀性、耐磨性和耐候性，而且热塑性好。铝合金门窗型材为薄型结构，与钢门窗相比具有自重轻、外形美观、强度高、耐腐蚀、保温隔热等特点。铝合金型材壁厚不得小于 1.4mm，地弹簧门型材不得小于 2mm。为满足保温隔热要求，通常采用多孔腔、隔断冷桥等措施提高门窗的保温性能。铝合金门窗采用的密封条通常采用合成橡胶类材料制成，缓冲件采用硬度较高的硬橡胶或尼龙制成。门窗可根据设计要求采用三层中空玻璃、双层中空玻璃或单层玻璃，玻璃材质可选平板玻璃、镀膜玻璃、钢化玻璃等，开启方式有推拉、平开、提拉等。

2）适用范围及条件

适用于多种类型建筑，对于防腐要求较高的环境应慎重采用。

3）施工（安装）方法

（1）门窗洞口质量检查。根据洞口水平和垂直中心线及施工图检查洞口尺寸是否与门窗尺寸匹配；

（2）门窗定位。用墨线弹出洞口水平和垂直基准线、中心线；

（3）安装固定钢副框。在室内抹灰施工前将钢副框放入洞口中，校正后利用固定片和膨胀螺栓与墙体连接固定，固定后将螺栓钉头与副框焊接；

（4）副框与墙体缝隙采用水泥砂浆封堵，抹灰收口；

（5）铝合金主框固定。将主框放入洞口，根据设计安装要求将主框与副框通过螺栓连接固定；

（6）门窗框密封处理。将门窗框预留槽清理干净后填充发泡条、发泡剂等具有保温和弹性的软填料，发泡剂要连续、密实。外面发泡剂打过 10 分钟后用手按平，再注入嵌封密封胶封面；

（7）根据设计图纸安装窗扇及玻璃，应注意门窗扇开启方向及玻璃密封条安装到位；

（8）安装配套五金件。应确保安装牢固、位置端正、使用灵活；

（9）门窗清洁保护。

4）技术推荐：北京东亚铝业有限公司、北京鸿恒基幕墙装饰工程有限公司、北京嘉寓幕墙装饰工程（集团）有限公司、宁波蓝光实业股份有限公司、苏州罗普斯金铝业股份公司、青岛腾龙铝业有限公司、广东伟业铝厂有限公司、沈阳远大铝业工程有限公司、云

南三轨道门窗有限公司

43. 钢质防盗安全门

1）主要技术性能

钢质防盗安全门采用机械锁、内部填充材料和膨胀型防火防烟密封条，并通过门框的隔热孔设计，使产品具有防盗、保温、隔声、防火等功能。

其中，机械锁可实现关门自动上锁、遇突发情况可在室内紧急开启等功能，具有闭锁方便、防盗级别高等特点。另外，通过锁舌处设置的间隙补偿装置，可实现锁舌晃动间隙自动补偿，减少门体晃动；内部填充材料是由石膏、水泥、玻璃纤维等材料制成的无机多孔保温、防火材料。填充材料和双槽膨胀型防火防烟密封条的使用，以及产品结构中的隔热孔的设计，有效提高了门体的防火、隔烟性能，并具有保温、隔声功能。

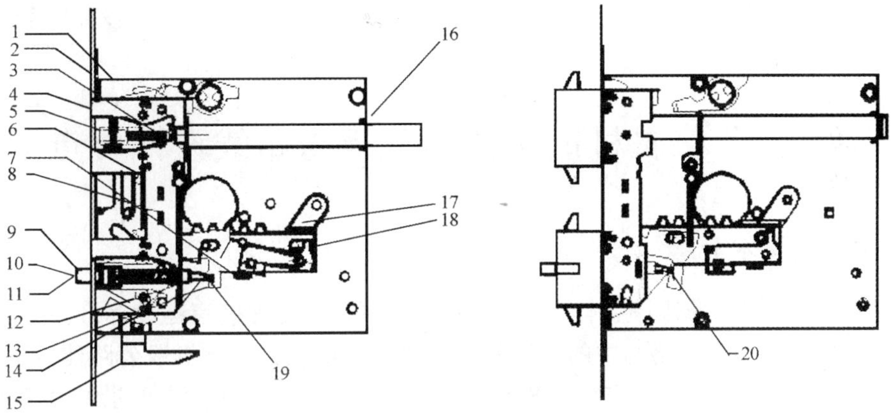

图 4-2　机械锁原理结构图

1—锁壳；2—面板；3—中间固定板；4—旋扭止回键；5—补偿舌；6—钩舌；
7—止回挡片；8—主锁舌；9—控制杆；10—控制轮；11—控制轮轴；12—控制销；
13—上锁键；14—探杆复位片；15—传动舌；16—弹簧导管；
17—齿条；18—齿推键；19—上锁点；20—上锁点

2）适用范围及条件

适用于各类建筑。

3）施工（安装）方法

（1）门洞口质量检查，根据洞口水平和垂直中心线检查洞口尺寸是否与门尺寸匹配；

（2）将门放入洞口内，采用木楔对门框进行临时固定，并调整位置；

（3）采用膨胀螺栓将门体与洞口固定；

（4）去除木楔垫块，在门框与洞口缝隙处和空心门框内填充水泥加固，在填充水泥前将门扇闭合；

（5）安装锁具及其他配件，确保门扇开闭，锁具闭合、开启顺利；

（6）门体清洁保护，待水泥固化后方可正常使用。

4）技术推荐：亚萨合莱——王力保安制品有限公司

重点推荐技术及相关资料详见附送光盘。

第五章 道路与交通

农村道路是我国公路网的重要组成部分，是广大农村地区最主要甚至是唯一的运输方式，是新农村建设的重要基础设施。目前，我国农村道路由于建设资金不足，技术标准不高，交通安全设施不完备，养护技术水平低下，失养状况较为普遍，经常出现“一年修、二年丢、三年变成大水沟”的情况。

农村道路建设技术指标应该规范化，不得因考虑造价随意降低。路基路面和桥涵工程建设时要严把质量关。在一些特殊路段要重视交通安全设施的设置。建设完成的道路应及时养护和绿化，以满足新农村生产建设需要。

第一节 农村道路技术分级与路线设计要点

一、农村道路技术分级

农村道路建设应根据因地制宜、实事求是的原则，合理确定建设标准。县际公路建设，应根据工程项目在公路网中的作用及交通量发展前景，按照等级公路建设标准建设；通乡（镇）、通行政村公路，应结合各地资金落实情况及交通量发展前景综合考虑，按照等级公路建设标准建设；村道的建设标准，特别是路基、路面的宽度，应根据当地实际需要和经济条件确定。

我国现行公路技术标准对县乡道路没有明确的技术标准要求，县乡公路所连接的行政区域不同，所处的地理位置不同，其交通量和路基宽度等也会有较大差异；为了便于交通量难以预测的县乡公路在设计时能合理选用技术等级，表5-1列出了连接不同行政区域的农村公路与公路技术等级的对应关系；表5-2给出了不同技术等级的农村公路与交通量、设计行车速度和预测使用年限的关系。

县乡公路技术分级 **表5-1**

公 路 类 型	市-县公路 县-县公路 县-乡公路	县-县公路 县-乡公路 乡-乡公路	乡-乡公路 乡-村公路 村-村公路
相应公路技术等级	二级、三级	三级、四级	四级

注：1. 连接县、市、乡的公路若为国、省道或与国、省道相连接，则宜选择较高的等级。
2. 若道路连接的行政区域有矿产或交通频繁，应选用较高技术等级。

农村公路的等级设计指标 **表 5-2**

公路等级	适应的交通量 （辆/日）	设计行车速度 （km/h）	预测使用年限 （年）
二级公路	5000～15000	80	15
		60	15
三级公路	2000～6000	40	15
		30	15
四级公路	双车道：<2000 单车道：<400	20	10

注：适应的交通量是指对应等级的公路在预测年限所能适应的各种车辆折合成小客车的年平均昼夜交通量。

二、路线设计要点

路线设计应结合沿线的地形、地貌、地质、水文条件，根据工程造价、社会环境等因素进行路线方案比选及技术经济论证，合理运用技术指标，综合考虑平、纵、横三个方面要素，保证线形连续、均衡，行车安全。在路线设计时，应贯彻保护耕地、节约用地的原则；少拆房屋、少动迁公用事业管线；充分利用旧路，安全利用原有桥隧，避免大改大调或大填大挖，防止诱发新的地质病害；方便农（牧）民出行，服务城镇化。尽量避免穿越滑坡、泥石流、软土、沼泽等地质不良地段和沙漠、多年冻土等特殊地区。必须穿过时应缩小穿越范围，并采取必要的工程技术处理措施。

路基宽度应执行《公路工程技术标准》JTG B01—2003 规定，具体见表 5-3。各级农村公路一般行车道宽度和路肩宽度应符合表 5-4 的规定。受限路段双车道路面宽度应不小于 5m，单车道路面宽度应不小于 3m。采用单车道路面的，单侧路肩宽度应不小于 0.75m。单车道公路应在适当距离内设置错车道。错车道应设在驾驶人员能看到相邻两错车道间驶来车辆的有利地点，路基宽度不宜小于 6.5m，有效长度不应小于 20m。连续的长陡下坡路段，危及行车安全处应设置避险车道。

农村公路的路基宽度 **表 5-3**

公路等级		二级公路				三级公路		四级公路	
设计行车速度（km/h）		80		60		40	30	20	
车道数		2		2		2	2	2	1
路基宽度（m）	一般值	12.0（15）	10.0（12）	8.50	7.50	6.50	6.00	5.50	4.50
	最小值	10.00	8.50	—	—	—	—	—	—

注：表中括号内数值为非汽车交通量较大且地形条件许可时采用的路基宽度。

农村公路的一般行车道宽度和路肩宽度　　表 5-4

公路等级	二　级	三　级	四　级
车道数	2	2	1 或 2
路面宽度（m）	9	7	3.5～6.0
路肩宽度（m）	0.75～1.5	0.5～1.0	0.5～1.0

四级公路采用单车道路基时，应在适当距离内设置错车道，错车道路基宽度不小于6.5m，有效长度不小于20m。

受限路段的停车视距、会车视距、最小圆曲线半径、最小坡长、不同纵坡的最大坡长、竖曲线的最小半径等技术指标，经技术经济论证可适当降低。但不应出现不利因素的组合，并设置交通安全设施，保证行车安全。当受限路段采用回头曲线时，其技术指标宜参照《公路工程技术标准》JTG B01—2003 有关规定，经技术经济论证合理确定，并应设置交通安全设施和必要的限速标志。

第二节　路基路面工程

一、设计基本要求

路基路面设计应根据使用功能、技术等级、交通量、地形、地质、材料和施工方法等因素综合考虑，尤其应重视排水与防护设施设计，既要有足够的强度和稳定性，又要经济合理。

路基宜采用水稳性好的材料填筑，一般路段路肩边缘应高出路基两侧地面积水0.5m以上，确保路基最小填土高度。沿河及受水浸淹的路段路基标高应高出设计洪水频率的计算水位加壅水高、波浪侵袭高和0.5m的安全高度。其中，四级公路设计洪水频率由各地根据实际情况自行确定。采取有效措施控制路基压实，对于非黏土路基一般建议采用振动压路机进行压实。路基强度和稳定性达不到要求，或因缺乏压实机械及未做分层碾压导致压实度不足的填方路段，应暂缓实施路面工程或采取简易路面过渡，待路基自然沉降稳定后再铺筑新路面。如果路基土为中、强膨胀土和盐渍土，应先用土石固化剂对其路用性能进行改性，使其达到筑路要求。

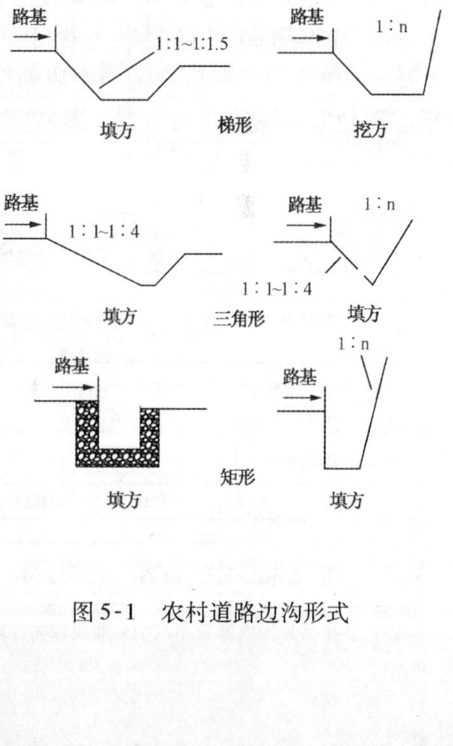

图 5-1　农村道路边沟形式

路基路面排水应结合沿线气象、地形、地质、水文等自然条件，设置必要的明沟排水、暗管排水设施，并与沿线桥涵排水、农田水利排灌系统相结合，形成良好的排水系统。明沟排水设施的一般路段应设置梯形土边沟，冲刷严重的山区路段应设置硬化边沟，边沟底宽和沟深不宜小于0.4m。村镇路段可采用水泥混凝土预制板、浆砌片石（或卵石）等固化边沟，形式可根据地形、降雨强度等因素采用矩形、梯形、V形或浅碟式等，如图5-1；易发生冲刷或存在坍塌等地质灾害隐患的挖方路段，宜在边坡上方设置截水沟，如图5-2；路基高度较低的路段可采取加设渗水盲沟、加大和加深边沟等多种措施，降低、截断或排出路基地下水。暗管排水设施包括街沟、雨水口、连接管、干管、检查井、出水口等主要部分。其中检查井盖建议采用塑料检查井盖。

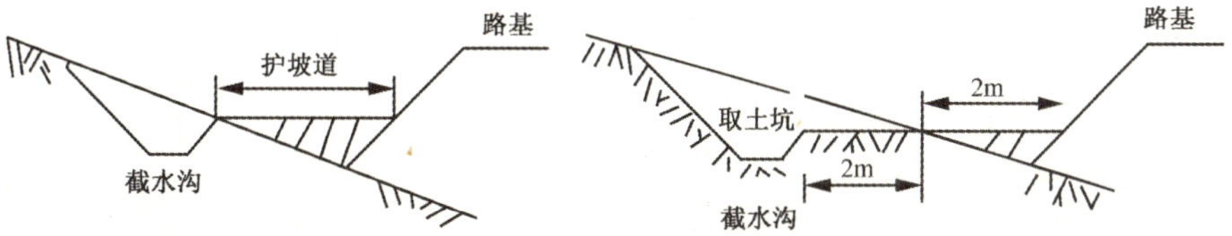

图5-2　截水沟断面形式

各级农村公路应根据当地水文、地质、筑路材料及周围环境，针对易塌方的高边坡、不稳定的高路堤、受冲刷较大的沿河路段等重点路基部位，采用护岸、挡土墙、石砌护坡、石笼、抛石（如图5-3）等工程防护和种植灌木等植物防护相结合的综合防护措施。防治路基病害、保证路基稳定，并注意与周围景观协调，将路基防护和路基边坡的绿化、美化相结合（如图5-4）。特别是沿江、沿河及沿湖地段、洪涝灾害严重地区尤其要做好路基防护工程。

图5-3　抛石防护图

图5-4　路基边坡的绿化美化相结合

道路路面类型分刚性路面和柔性路面。刚性路面主要指水泥混凝土路面，柔性路面主要指沥青混凝土路面。沥青路面的主要形式有沥青表处、沥青贯入式、沥青碎石、沥青混凝土等。沥青路面使用的材料主要有沥青、碎石、砂、矿粉等。路面类型应根据交通量、自然和社会环境、地产材料和建设资金状况等因素合理选用。农村公路典型路面结构如表5-5。

农村公路典型路面结构及适用条件 表5-5

农村公路等级	结构类型	各结构层材料及厚度	适用条件	结构和类型	各结构层材料及厚度	适用条件
二级、三级	刚性路面	水泥混凝土板（22～26cm）	经济条件较好、交通量需求很大地区或经济条件较好、交通量需求较大地区	柔性路面	细粒式沥青混凝土（3～4cm）	一般经济条件、交通量需求很大地区或经济条件较好、交通量需求较大地区
		水泥稳定碎石/二灰稳定碎石（18～20cm）			中粒式沥青混凝土（4～7cm）	
		二灰土/级配碎（砾）石（15cm）			水泥稳定碎石/二灰稳定碎石（20cm）	
					二灰稳定土/水泥石灰综合稳定土（20～30cm）	
		土基			土基	
三级、四级	刚性路面	水泥混凝土板（20～22cm）	经济条件较好、交通量需求中等地区	柔性路面	细粒式沥青混凝土（3～4cm）	一般经济条件、交通量需求中等地区
		水泥稳定碎石/二灰稳定碎石/沥青			水泥稳定碎石/二灰稳定碎石（20cm）	
		稳定碎石/高级级配碎石（18～20cm）				
		二灰土/级配碎（砾）石（15cm）			二灰稳定土/水泥石灰综合稳定土（20～30cm）	
		土基			土基	
四级	刚性路面	水泥混凝土板（16～18cm）	经济条件较好、交通量需求为中等或一般地区	柔性路面	细粒式沥青混凝土（3～4cm）	一般经济条件、交通量需求中等地区
		水泥稳定碎石/二灰稳定碎石（16～20cm）			水泥稳定碎石/二灰稳定碎石（13～20cm）	
		石灰土或二灰土（18～20cm）			天然砂砾（25cm）	
		土基			土基	

使用功能有特殊要求的农村公路，如重载交通的柔性路面，其沥青路面材料建议掺加重交通沥青路面专用抗车辙剂；如路面需要装饰的刚性路面，建议在新浇筑混凝土表面铺洒一层耐磨地面硬化剂，以提高地面使用寿命和使用效果。

二、施工要点

农村道路路基路面施工要符合相应规范要求。路基填筑施工一般工艺流程见图 5-5。

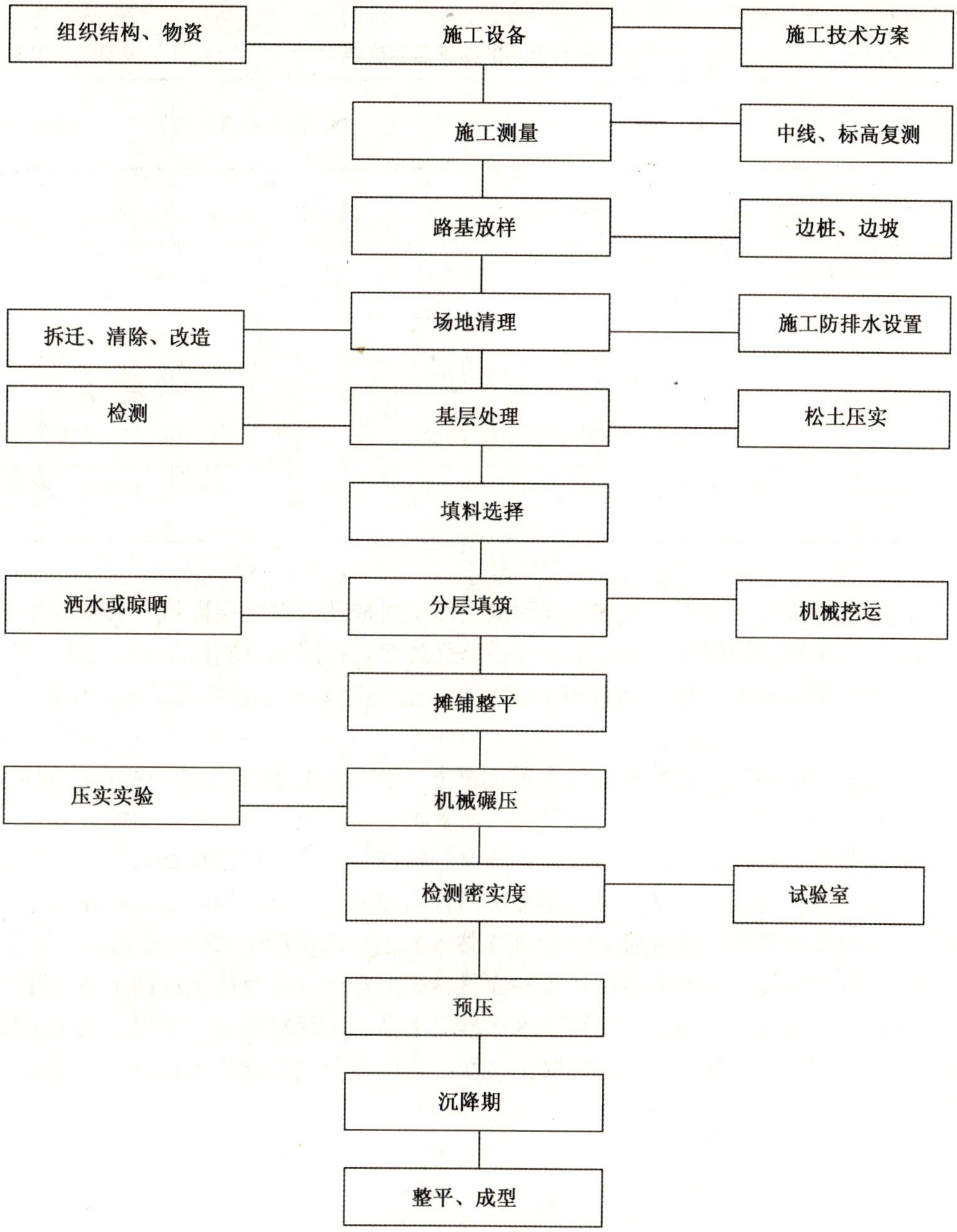

图 5-5　路基填筑施工工艺流程图

当遇到水稻田及多雨潮湿地区、黄土地区、膨胀土地区及其他一些特殊地区的路基施工时，应根据当地不同地质、水文、土质等情况，采用与之相适宜的施工处理方法，保证路基施工的稳定性。

压实度是路基填筑时的重要控制指标，所谓压实度就是工地实测干容重为 γ，与室内标准击实试验得到的 γ_0 值之比的相对值。路基要求的压实度根据填挖类型和公路等级及路堤填筑的高度而定。农村公路的路基压实度应满足表 5-6 要求。

农村公路的路基压实度要求 **表 5-6**

填挖类别	路床顶面以下深度（cm）	二级公路（%）	三、四级公路（%）
零填及挖方	0～30	—	≥94
	0～80	≥95	—
填　方	0～80	≥95	≥94
	80～150	≥94	≥93
	>150	≥92	≥90

路基强度和稳定性达不到要求，或因缺乏压实机械及未做分层碾压导致压实度不足的填方路段，应暂缓实施路面工程或采取简易路面过渡，待路基自然沉降稳定后再铺筑新路面。农村道路路基路面工程的路基施工应符合《公路路基施工技术规范》JTG F10—2006 要求。

进行沥青路面施工，必须做好施工前的准备工作，确定料源及进场材料的质量检验，检查施工设备，进行施工前的配合比设计。沥青类路面的施工包括施工前的准备工作；沥青混合料的拌和、摊铺、碾压；路面施工质量的检查与验收。根据道路的等级及施工工艺的不同，沥青类路面的施工又可分为层铺法沥青路面施工与热拌沥青混合料路面施工。沥青路面面层施工应符合《公路沥青路面施工技术规范》JTG F40—2004 要求。

进行水泥路面施工，首先要准备各种原材料、配合比设计及施工前的准备工作，在农村公路上修建水泥混凝土路面，路面技术标准要求高，工程数量大，要保证施工进度和工程质量，宜采用机械化施工。水泥混凝土路面施工应符合《公路水泥混凝土路面施工技术规范》（JTG F30—2003）的相关要求。

第三节　桥 涵 工 程

一、桥涵的组成及基本类型

（一）桥涵的组成

桥涵一般分为上部结构和下部结构。上部结构由主要桥跨结构和桥面系组成；下部结构由墩（台）和基础组成。不同桥型的桥跨结构不一样，如梁桥的桥跨结构是主梁（板），拱桥的桥跨结构为拱圈。桥面系包括桥面铺装、人行道、栏杆、伸缩缝、排水系统、路灯等部分，其概貌如图5-6。

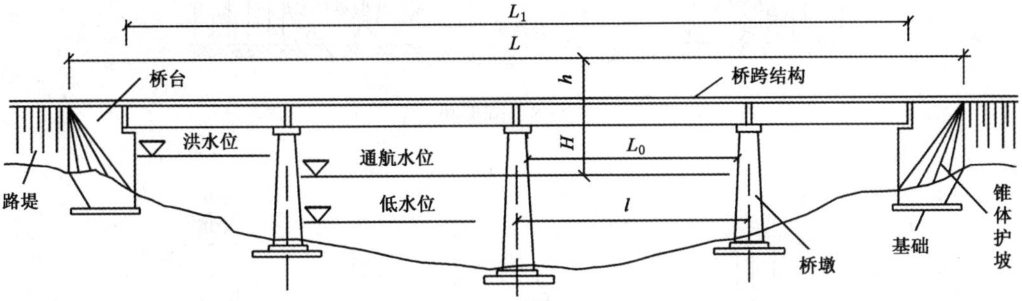

图5-6　桥涵各部分概貌

（二）桥涵的基本类型

1. 按受力体系划分

梁桥、拱桥、刚架桥、悬索桥、组合体系桥。

1）梁桥

梁桥在竖向荷载作用下，只产生竖向反力，如图5-6。梁桥又分简支梁桥、连续梁桥和悬臂梁桥。

2）拱桥

拱桥在竖向荷载作用下有竖向反力和拱脚推力，如图5-7。拱桥按桥面与拱圈的相对位置又分为上承式、中承式和下承式。

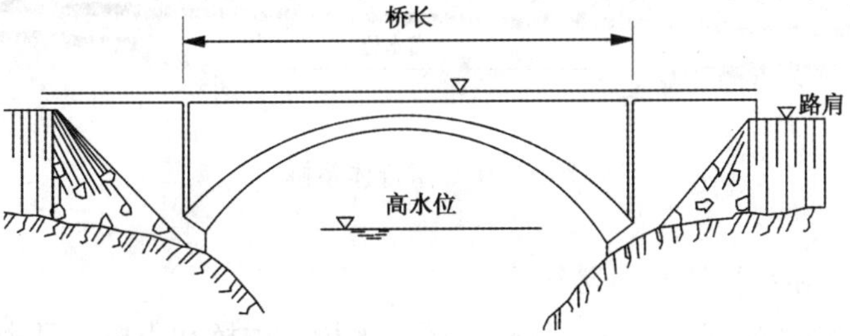

图5-7　拱桥

3）刚架桥

刚架桥的显著特点是桥跨和墩台刚性连接成整体，在竖向荷载作用下和拱一样，有竖向反力和水平反力，无铰刚架还有支承弯矩，如图5-8刚架桥概貌图。

4）悬索桥

桥以缆索跨过索塔顶锚固在河岸上作桥的承重结构，在缆索上悬挂吊杆，吊着桥面系供行车行人，如图5-9。

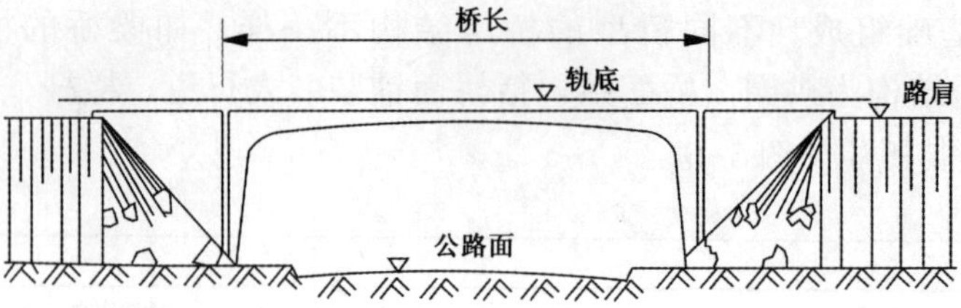

图 5-8　刚架桥

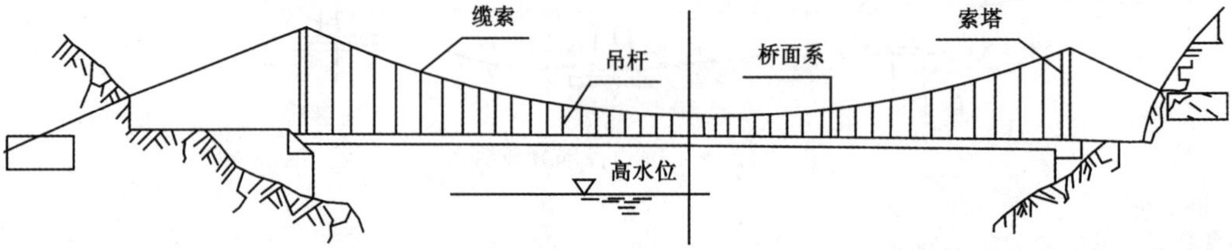

图 5-9　悬索桥

5）组合体系桥

组合体系桥是由不同体系组合而成的桥梁。主要有梁拱组合、梁索组合（斜拉桥），如图 5-10。

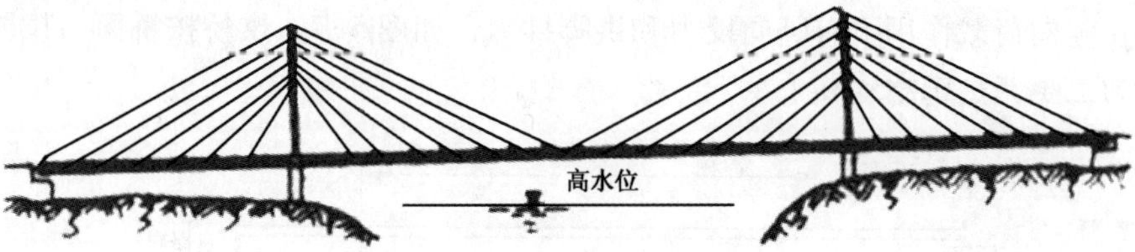

图 5-10　组合体系桥

2. 按桥涵全长和跨径的不同划分

按桥涵全长和跨径的不同划分为特殊大桥，大桥，中桥和小桥，见表 5-7。

按长度和跨径分类　　　　表 5-7

桥涵分类	多孔桥全长 L（m）	单孔跨径 l（m）
特殊大桥	$L>1000$	$l\geqslant150$
大　桥	$100\leqslant L\leqslant1000$	$40\leqslant l<150$
中　桥	$30<L<100$	$20\leqslant l<40$
小　桥	$8\leqslant L\leqslant30$	$5\leqslant l<20$
涵　洞	$L<8$	$l<5$

农村公路新建桥涵推荐采用标准跨径、技术成熟的桥（涵）型。对于大、中桥要优先采用桩基础梁（板）式结构，对于小桥可以采用扩大基础，但必须考虑基础冲刷；跨径大于（或等于）16 m 的梁式桥应采用预应力结构；针对在役拱桥病害的特点，山区公路基础承载力满足要求可修建钢筋混凝土拱桥，如果需要修建片石混凝土拱桥时必须经过充分论证，在材料和施工技术都充分满足要求的条件下才可以进行，并且要按高一级的设计洪水频率进行基础冲刷验算。

二、桥涵基本要求

农村公路中的新建桥涵应根据所在农村公路的等级，兼顾因地制宜、便于施工、就地取材和利于养护等因素，根据所在公路的功能要求、性质和预期发展的需要，按照安全、适用、经济和美观的原则，合理选用适当的桥（涵）型，进行结构设计。

农村公路桥位的选择原则是路桥综合考虑，既要考虑路线尽量顺直，同时也要尽量将桥位选择在河道顺直、水流稳定、地质良好的河段上。农村公路桥涵设置应考虑路基综合排水和农田排水灌溉的需要。靠近村镇、铁路及水利设施的桥涵要适当考虑综合利用，必要时应修建导流构造物或防护构造物。涵洞设置应满足路基排水的要求，涵顶填土应满足最小厚度要求，涵洞类型宜采用圆管涵等经济实用的涵洞形式。

新建桥涵设计的汽车荷载等级应采用公路Ⅱ级以上标准（包括公路Ⅱ级）。原有利用的大中桥和重型车辆少的四级公路新建桥涵设计可采用公路Ⅱ级车道荷载效应的0.8倍，车辆荷载效应可采用0.7倍。

桥面宽度一般不宜小于6m，单车道路段桥面宽度不宜小于4.5m；当桥涵宽度小于路基宽度时，桥头引道应设置渐变路段，单侧渐变长度不小于20m。村镇行人密集区桥涵应设人行道，宽度不宜小于0.75m。大桥及50 m以上（包括50 m）中桥应设置防撞墙（或护栏），其余中、小桥应设置安全带（或低栏杆）。桥上纵坡不宜大于4%，桥头引道纵坡不宜大于5%，交通繁忙地段均不宜大于3%。桥下净空应根据计算水位加安全高确定，河流中有漂浮物或有淤塞时，桥下净空应适当加大。在通航的河流上，桥下净空应符合通航标准。

设计新桥时还要注重桥涵防护工程的综合设计：

①桥涵防护工程严禁采用干砌片石结构，大桥锥坡基础及其设计水位以上 2 m 部分应采用稳固的防护型式，避免垮塌。小桥如采用轻型桥台应采用八字墙挡土；

②根据实际需要设置必要的丁坝、石笼、护坡、锥坡、河底铺砌等调治构造物，确保桥头引线和桥涵不受水损害；

③小桥涵迎水面翼墙设计长度应顺路基方向加长，单侧不小于 5 m。

第四节　道路交通安全设施

农村道路交通安全设施是农村道路建设的组成部分。农村道路沿线交通设施主要有安全护栏、示警设施、交通标志、标线等。

交通工程及沿线设施应遵循“确保安全、经济适用”的原则，根据公路的使用功能、等级、交通量，结合当地的自然条件与路基路面的具体情况进行设置，做到醒目、牢固。受限路段交通安全设施应与公路主体工程同步完成。农村道路交通工程及沿线设施应达到 D 级或以上等级。农村道路应配置必要的交通安全设施，应在不同的路段设置不同的警示标志。

在高路堤、桥头引道、陡坡、急弯等危险路段，应在路侧设置限速、警示、警告标志，如图 5-11。有条件的地方可设钢质护栏；桥头引道、漫水桥、过水路面等路段应设置警示标志；漫水桥、过水路面上应设置标杆。

图 5-11　急弯常用标志

交通量较少的小型平面交叉路口，支路应设置减速让行标志或停车让行标志、标线，如图 5-12。

图 5-12　平面交叉路口常用标志

上陡坡（下陡坡）标志用以提醒车辆驾驶人小心驾驶。道路纵向坡度三级公路大于 7%，在纵坡坡脚和坡顶以前 20 ~ 50m 设置上陡坡、下陡坡警告标志，见图 5-13。公路纵坡小于技术标准最大纵坡，但由于不利地形或连续地上、下坡可能危及行车安全的地方也可设置。下陡坡路段也可根据地形险要程度在曲线外侧设置限速标志，钢护栏或浆砌片石护墙设施。

图 5-13　陡坡常用标志

当路侧处在有悬崖、深谷、深沟、江河湖泊等路段，一般路侧沟深超过 6m 且特别险峻，路侧紧靠悬崖、江河，而路外侧树木稀少，树径较细，无安全感，应设置傍山险路、堤坝路警告标志，见图 5-14。并在曲线外侧及直线段路险侧设置钢护栏。

(*a*) (*b*) (*c*) (*d*)

堤坝路 傍山险路

图 5-14 悬崖、深谷、深沟、江河湖泊等路段常用标志

挖方、填方边坡较陡达不到设计标准或土质不良、地质条件较差路段对此应在有落石危险的傍山段前 20～50m 设置“易滑”，“注意落石”标志，见图 5-15。

(*a*) (*b*)

注意落石 易滑

图 5-15 落石危险的傍山段常用标志

对事故易发路段可设置“事故易发路段”警告标志。也可根据地形条件在道路曲线外侧险要路段设置钢护栏或限速、禁止超车标志，也可设置单实黄线标线和视线诱导标志，见图 5-16。

事故易发路段

图 5-16 事故易发路段常用标志

前方车行道或路面或桥涵变窄，车道数减少，提醒车辆驾驶人注意减速，谨慎驾驶。应在车道数减少，窄桥前 20～50m 设置“窄路”“窄桥”警告标志，见图 5-17。同时可根据需要设置限速和禁止超车标志。根据路段危险程度可设置钢护栏，宽路窄桥处应设钢护栏作好过渡。

图 5-17　车行道变窄常用标志

应在进入学校、幼儿园、医院、养老院门前之前，没有行人过街设施处画人行横道线并在前 20 ~ 50m 设置“注意儿童”警告标志；在通过村庄、集镇且视距不良的路段前应设置“村庄”警告标志。在横向干扰严重的路段可设置“注意行人”“慢行”等警告标志，见图 5-18 。

图 5-18　学校、幼儿园、医院、养老院门前常用标志

为了交通安全，在靠近城镇的农村道路应安装照明系统。考虑农村地区供电比较不便和价格昂贵，建议采用智能照明节能控制系统来照明。

第五节　养护和绿化

道路养护就是对道路的保养与维护，保养侧重于从建成通车开始的全过程养护，维护侧重于对被破坏的部分进行修复。绿化是指在道路两侧边坡、分隔带及沿线空地栽种各种乔木、灌木及花、草，用来提高交通安全性和舒适性、保护自然环境、美化路容、降低噪声干扰和防止环境污染。

一、养护

农村公路路面、路基和桥涵都必须要达到相应的养护质量标准。

（一）路基、路面养护质量标准

农村公路路基养护质量评价总体要求：

① 路肩无车辙、坑洼、隆起、深陷、缺口、横坡适度、边缘顺直、表面平整、整洁；路基横断面形状及尺寸应符合规范要求。

② 边坡稳定、平顺、无冲沟，坡度达到规定要求。

③ 边沟、截水沟、排水沟无淤塞，纵坡适度，排水通畅。

④ 挡土墙、护坡等防护设施完整无损坏，砌体伸缩缝填料完好，泄水孔无阻塞。

⑤ 对易翻浆的路段做好防治工作，对塌方、滑坡、泥石流等病害及时做好防护抢修。

⑥ 保持路基结构具有足够的整体稳定性、强度、水稳定性。

农村公路路面养护总体要求：

① 保证路面平整、横坡适度、线形顺直、排水良好。

② 及时清扫泥土、杂物，清除可能损坏路面或妨碍交通的堆积物等，保持路面清洁。清除路面上的积水、积雪和积冰。

③ 及时、经常地对路面进行保养和修理，防止路面松散、裂缝和壅包等各种病害的产生和发展。及时修补沥青路面的坑槽和裂缝，防止地表水渗入基层。

④ 通过路面的保养和维修，保持路面的平整度和抗滑能力，确保路面安全、舒适的行驶性能。

⑤ 通过路面的保养和维修，保持和提高路面的强度，确保路面的耐久性。

根据公路的破损状况，农村公路养护通常分为小修保养、中修和大修补强三个级别，每种养护级别采用的养护对策有所不同，农村公路沥青混凝土路面养护维修常用对策见表5-8。

农村公路养护维修常用对策 **表5-8**

养护级别	维修对策
小修保养	清扫保洁，修补坑槽、沉陷，处理波浪、啃边、泛油、壅包、裂缝、松散等轻微病害
中修	中修挖补
	稀浆封层或同步碎石封层或微表处或纤维土工布表处
	罩面2.0cm
	罩面3.0cm
	薄层加铺4cm（4cm贯入式）或开普封层
大修补强	15~18cm基层+3cm沥青混凝土或4cm沥青贯
	18~23cm基层+3cm沥青混凝土
	18~23cm基层+4cm沥青混凝土
	冷再生基层+3cm沥青混凝土

（二）桥涵养护质量标准

公路桥涵养护应做到：桥涵外观整洁，桥面铺装坚实平整、横坡适度，桥头连接顺适，排水畅通，结构完好无损，标志、标线等附属设施齐全完好。

桥涵养护总体要求：

①总体处于完好、良好状态；重要部件功能与材料均良好；次要部件功能良好，材料允许有少量（3%以内）轻度缺损或污染；桥涵承载能力和桥面行车条件符合设计指标。

② 墩台各部分完好；基础及地基状况良好。

③ 支座各部分清洁完好，位置正确；支座工作状态正常。

④ 砖、石、混凝土上部结构完好，无渗水，无污染；允许次要部位有少量短细裂纹，裂纹宽度小于限值。

⑤ 人行道栏杆完整清洁，无松动，允许少数构件存在局部有细裂纹、麻面。

⑥铺装层完好、平整、清洁；防水层完好、泄水管完好、畅通；伸缩缝完好、清洁；桥头平顺，无跳车现象。

⑦ 调治构造物构造设置合理，功能正常；构造物完好。

⑧ 翼（耳）墙完好无损，清洁；锥（护）坡完好，无垃圾堆积，无草木滋生；桥头排水沟和行人台阶完好。

⑨ 照明、标志、附属设施完好无缺，布置合理。

涵洞养护的要求：

确保涵洞部位行车安全，排水顺畅和排放适当，保持涵洞结构及填土完好，维护涵洞表面清洁、不漏水。

根据桥涵的破损状况，首先把桥涵划分为5个基本技术等级，再根据桥涵所处的技术等级进行养护分级，农村公路桥涵养护通常分为正常保养、小修、中修、大修或重建四个级别，每种养护级别采用的养护对策有所不同，农村农村公路桥涵养护维修常用对策见表5-9。

农村公路桥涵的养护对策 **表 5-9**

评定等级	一类	二类	三类	四、五类
桥涵状态	桥涵的承载能力完全满足使用要求，桥涵只存在轻微缺损，对桥涵的承载能力几乎没有任何影响	桥涵已出现少量结构性缺损，已影响桥涵的承载能力	桥涵已出现较严重的缺损，结构承载能力降低	桥涵主要构件出现严重的结构性缺损，再继续使用有倒塌的危险
养护分级	正常保养	小修	中修	大修或重建
养护对策	正常的养护、清扫和保养，不必考虑加固措施	及时采取阻止或延缓桥涵结构性缺损发展的养护维修措施。修补缺损部位，修理或更换附属构件	修补缺损部位或采取加固主体结构中的个别构件，酌情进行交通管制	对影响行车安全的四、五类桥涵，需立即停止交通，进行整体加固或重建

二、绿化

农村道路绿化应采取“因地制宜，因路制宜，宜乔则乔，宜灌则灌，宜花则花，宜草则草”的原则进行设计。做到乔木与灌木，针叶与阔叶，常青与落叶，木本与草本，草坪与花卉相结合。公路绿化要和公路沿线的自然景观相协调，达到人工设计和自然景观和谐统一。

考虑到农村道路多为混合交通，车速较低，进行绿化设计时，可采取行列对称式的栽植方式。为增加两侧透视度，应加大株间距离，株距一般 5 ~6 m 为宜。

公路绿化应讲究艺术性，力求内容丰富、形式多样，但又要避免过于杂乱。一般每 5 ~10km保持一种形式为宜。

（一）绿化基本要求

1. 栽植方式

根据不同的绿化目的和用途，可采用封闭式、半封闭式、开放式、自然式等多种栽植方式。林台宽度不足 1m 或公路两侧已实施绿色通道的路线，以栽植灌木和花草为主，超过 1m 以上的视具体情况可乔灌结合进行绿化。

考虑到农村公路多为混合交通，车速较低，进行绿化设计时，可采取行列对称式的栽植方式。为增加两侧透视度，应加大株间距离，株距一般 5 ~6 m 为宜。

公路绿化宜推广应用草养路基，草养路基范围，公路路肩、林台、边坡、边沟、路堑边坡均可养草。

2. 植物品种的选择

根据不同地区及绿化路段的实际情况选用适宜绿化品种，要选择适宜本地生长的、耐寒、耐旱、耐盐碱的乡土树种，优先选用抗粉尘、抗污染、保护环境，耐干旱、耐瘠薄、易于养护，观赏价值高且价格适宜的植物品种，同时要积极引进驯化成功的新品种。

3. 栽植时间和方法

要保证栽植时间，公路绿化应以春季绿化为主，有条件的可实施雨季植树或秋季植树。各地要总结多年来的植树经验，实施科学植树。可采取灌水栽植，沾浆栽植，先栽后灌水等方式。严格遵守相关技术规程，推广应用先进的造林绿化技术手段，保证绿化成活率。

4. 绿化管护

公路绿化“三分栽、七分管”，要积极施用浇水、修剪、松土、施肥、抚育、防治病虫害等管护措施，加强绿化管护，有效保证公路绿化质量。

5. 路肩绿化

为保证行车的安全，路肩上不许种植树木。在没有进行路肩硬化的路段，均宜维护野生草的生长，并通过人工措施，保持一种草的生长。路肩草高不准超过 20 ㎝。每逢冬季前要用耙子清理草根周围土，以免路肩增高影响路面排水。

6. 路堤、路堑坡面的绿化

要设计覆盖力强的植物。路堤、路堑边坡设计固土能力强的植物，使裸露的边坡得以覆盖，并起到美化作用。也可采取工程手段和绿化手段相结合，即在边坡上修上网格，在格内种草。

（二）农村公路不同区域的绿化

农村公路处在不同的区域，采取的绿化方式应有所不同：

①山区及易水毁路段：应设计具有防护效能的绿化工程，如防护林，水土保持林等；在林带上可采取上乔下灌式，在边坡上可采取固土式；同时多设计些固土能力强的灌木，耐旱草本植物等。

②平原及风沙区：在风沙危害地区，应选择固沙耐干旱，根系发达的树种，以防风、固沙林带为主；配合绿色通道工程建设，设计单行或多行防护林带，以减轻或消除风、沙、雪、水等对公路的危害；同时应配合农田水利建设和园林化的总体规划要求。

③盐碱区：应选择抗盐碱、耐水湿的乔木、灌木数种，配栽成多行的绿化带，以降低地下水位，改善土壤结构。

（三）农村公路特殊路段绿化

农村公路处在特殊路段，如村屯路、平交道口处，采取的绿化方式也应有所不同：

①村屯路、高压线路路段应以花灌木和栽植绿篱为主，主要解决视线不良和与电业部门的矛盾，确保车辆和行人安全。

②平交道口及丁字路口路段：各种形式的平交道口（公路与铁路），丁字路口，均应按照各级公路停车视距的要求进行绿化设计，原则上在不影响行车视距的前提下，距道口 50～100m 之内只栽灌木和花草，以保持良好的透视性。

③弯道外侧宜栽植成行的乔木以诱导汽车行驶，内侧在不影响行车视距的前提下，只栽低矮灌木及花草。

④桥涵两端 5 m 距离之内不宜栽植树木，两端有引道的应栽植常绿树木及花卉，起到美观作用。

⑤竖曲线路段一般应在凸曲线（峰形）段的顶部栽植低树，逐渐往下栽植高树，起到诱导视线的作用；在凹曲线（谷形）路段，栽树时宜避开谷形底部，由上往下逐渐栽植低树至高树，以缩小谷深感，使视野开阔。

第六节 推荐技术

1. 塑料检查井盖

1）主要技术性能

塑料检查井盖根据原材料不同，可分为再生树脂复合材料检查井盖和聚合物基复合材料检查井盖。与传统的钢筋混凝土检查井盖、铸铁检查井盖相比，塑料井盖具有以下几方面优点：

（1）防盗。由于塑料检查井盖主要原材料为混凝土、树脂、玻璃纤维等，无回收价值，减少被盗可能。

（2）外观新颖、品种多样，可根据顾客要求，推行个性化设计。

（3）自重轻、耐腐蚀，方便运输。

（4）价格低。复合材料产品与铸铁检查井盖相比，价格便宜。

2）适用范围及条件

适用人行道、绿化用地等场所的检查井。

3）技术要点

（1）应按道路的设计等级（承载要求）选用相应等级的检查井盖，严禁将轻型井盖安装在重型车道上；

（2）塑料检查井盖的规格应根据检查井的形状和规格确定；

（3）避免施工机械直接碾压支座。安装支座时，如是混凝土路面应在水泥砂浆铺完碾实后安装，沥青路面应在粗沥青铺完碾实后安装；

（4）支座安装时，在井口的砖砌体上须用细石混凝土找平，以保证支座周边着实、整体平稳，支座外围用高标号水泥砂浆护成坡状。支座内径与井口尺寸一致，用砂浆抹平。在安装井盖时，应清扫支座支承面上的沙石，以保证井盖的平稳；

（5）为保持井盖外表的美观，确保表面花纹和字迹的清晰，在沥青路面施工时，应将备用的薄钢板覆盖在井盖上，或用废机（柴）油刷涂盖面，防止沥青油直接喷在井盖上。在水泥路面施工时，应用塑料薄膜将井盖盖好，以防水泥砂浆沾污井盖表面花纹、字迹；

（6）混凝土砂浆浇铸后或沥青铺设后，应及时将井盖打开清扫一次，避免砂浆或沥青将检查井盖和支座浇成一体，影响日后开启。

4）技术推荐：盐城镇中亿交通设施有限公司、北京路盾科技发展有限公司、成都明广市政道路设施有限公司、河南永威（集团）有限公司、青岛百特玻璃钢有限公司

2. 节能型智能照明控制系统

1）主要技术性能

节能型智能照明控制系统由控制中心（包括控制设备、服务器、大屏幕投影显示设备等）、智能控制终端（RTU）、节能路灯控制管理终端（LCM）、路灯单灯节能控制器（LCU）及通讯系统等组成。其降功率节能运行在光通量减少不大于50%的前提下，实际节电率可达到30%左右。

系统采用无线通信技术（无线数传、GPRS、USSD等）和扩频电力载波通信技术相结合，可实现对公共照明设备进行大区域联网智能化监控、电缆防盗报警和节能控制，完成了监控与节能的一体化管理，系统设计整体性强。系统通过动态照明控制，直接可控制每盏路灯的输出功率及照度，实现按需照明，避免能源浪费。并采用单灯降电流节能控制技术，对电网工作电压无影响，杜绝了路灯自熄的可能性，在实现节能的同时既保证对电网不产生谐波干扰和对环境无电磁污染，又保证不影响灯具及光源的使用寿命。

2）适用范围及条件

适用于道路、广场照明系统。

3）技术要点

设备安装由系统提供单位负责具体安装。

4）技术推荐：上海耐杰科技实业发展有限公司

3. 智能道路照明节能控制系统

1）主要技术性能

智能道路照明节能控制系统主要由照明节能控制装置、公用通信网络及监控中心组成，适用于道路照明的智能化节能控制。

该系统具有如下主要功能：

（1）软启动功能。在正常使用情况下，通过降低启动电流，有效控制瞬间冲击电流，达到延长光源寿命的目的；

（2）稳压功能。节电器可根据电网即时电压的波动，自动调整调压幅度使灯具在最佳电压下工作，达到保护光源、降低电耗的目的；

（3）低电压保护功能。当回路不具备节电空间，即单项输入电压不大于200V时，自动退出节电状态，转入旁路；

（4）低电流旁路功能。当节电器输出电流≤3A时，自动转入旁路，可消除空载损耗；

（5）在线调整与断电自动记忆功能。系统可在线调整节电设置，在节电电压调整切换时无“闪断”现象，当断电后再次供电时，设备可自动恢复至断电前的设置。

2）适用范围及条件

适用于道路、广场照明系统。

3）技术要点

设备安装由系统提供单位负责具体安装。

4）技术推荐：广州正力通用电气有限公司

4. 重交通沥青路面专用抗车辙剂

1）主要技术性能

该抗车辙剂通过利用集料增粘作用、沥青改性作用、纤维加筋作用、集料骨架作用和变形恢复作用，对现有沥青混合料的抗车辙能力进行改性，可显著提高沥青混合料的车辙动稳定度，并能使沥青混合料的抗水损坏性能有所提高。

主要技术指标如下：

（1）维卡软化温度：	54.0 ℃
（2）密度：	0.925 g/cm^3
（3）吸水性：	0.051 g
（4）白度：	23.0
（5）普通沥青混合料动稳定度（掺量0.3%）：	6480 次/mm
（6）普通沥青混合料动稳定度（掺量0.5%）：	9053 次/mm

2）适用范围及条件

适用于高等级公路的沥青路面施工，在普通沥青混合料中按照0.3% ~0.5%比例掺加本产品。

3）技术要点

（1）沥青混合料的拌合。将不同规格的冷集料按确定比例（由实验室确定，符合某一级配规格）进入烘干筒，集料烘干温度一般为180 ~ 190℃，在正常搅拌工艺下，将一定的抗车辙剂加入到拌合缸内与集料进行干拌，再喷入已加热到160 ~ 170℃的热沥青，进行湿拌。

（2）沥青混合料的运输。将拌好的沥青混合料，用自卸车运输到摊铺现场。

（3）将摊铺机熨平板预热到120℃左右，将沥青混合料卸到受料斗内摊铺，摊铺速度一般为2 ~ 3m/min，松铺系数一般为1.15，摊铺温度为160 ~ 170℃。

（4）沥青混合料的轧实。对于骨架密实型沥青混合料，可以用紧跟摊铺机，采用紧跟慢轧工艺轧实。对于悬浮密实性沥青混合料，初轧温度为150 ~ 160℃，初轧为12T左右的钢轮压路机静压一遍，然后26T胶轮压路机碾轧2遍，用12T钢轮震动压路机震轧2遍，最后用12T钢轮压路机静压一遍，其终轧温度不低于120℃，直到达到规定的轧实度为止。

4）技术推荐：深圳海川工程科技有限公司

5. 土石固化剂

1）主要技术性能

该土石固化剂是由矿渣、石灰、水泥、石膏、添加剂等材料按配方比例混合、搅拌、粉化而成，能在土石颗粒界面上与之发生化学物理反应，生成钙矾石的针状结晶，随着结晶体的日渐长大，相互连成片网，从而固结并形成高强度的路基整体板块。该固化剂对中、强膨胀土和盐渍土等都有良好的固结作用，可用于固结含沙量大于15%的沙土，且不会风化分解。固化土的干缩系数和干缩应变都很小很低，特别对半刚性路基起到抗干缩开裂作用，也可对旧公路路面和路基废弃材料进行再生利用，既节约了资源又环保，同时施工快捷、简便。

主要技术指标：

（1）密度　0.75～0.85g/cm^3；

（2）细度（0.074mm孔径标准筛取下物）≥97.0%；

（0.150mm孔径标准筛取下物）≤1.5%；

（3）无侧限抗压强度　（R_7），≥1.50MPa。

2）适用范围及条件

适用于各种粘土、沙土、淤泥、固石土、盐渍土的路基与旧路路面的修建与新建。

3）技术推荐：上海同基材料科学研究所

6. 耐磨地面硬化剂

1）主要技术性能

耐磨地面硬化剂是由特种胶凝材料、硬质高耐磨材料和改性添加剂等加工配制而成。该产品与基层混凝土结合牢固，地面整体性好，具有高强、耐磨、抗冲击、防渗和易于清洁的特点。

2）适用范围及条件

可取代铺装类面材及现浇水磨石地面。适用于厂房、仓库、车库、超市、车站、图书馆、实验室、码头等场所和路面装饰工程等。

3）技术要点

在新浇筑混凝土表面铺洒一层硬化剂，待表面硬化后用抹光机将表面抹光，提高地面使用寿命和使用效果。

4）技术推荐：北京奥雷科技开发有限公司

7. 振动压路机

1）主要技术性能

振动压路机生产应用技术是为适应我国工程建设的发展而开发的替代进口设备，具有性能先进、操作安全、简便的特点。

设备主要性能如下：

（1）最大工作质量（kg）	12000
（2）前/后轮负荷分配（kg）	6000/6000

(3) 激振力（kN） Ⅰ档120 Ⅱ档80

(4) 振动频率（Hz） Ⅰ档40 Ⅱ档50

(5) 振幅（mm） Ⅰ档0.87 Ⅱ档0.38

(6) 爬坡能力（不振动时） 35%

(7) 最小转弯半径（m） 7.5

(8) 工作速度（km/h） 0~7.1

(9) 行驶速度（km/h） 0~14.2

(10) 振动轮（直径×宽度）（mm） ϕ1250×2000mm

(11) 发动机型号 BF6M1012

(12) 额定功率（kW） 88

(13) 额定转速（r/min） 2500

2）适用范围及条件

适用于高等级公路、停车场等场所混凝土稳定层、沥青层的精密压实。

3）技术要点

(1) 变换行驶速度时，必须先分离主离合器或换向离合器，才可扳动变速手柄进行换挡；

(2) 变换行驶方向时，需先将换向手柄由前进（后退）位置扳至中位，待机器停稳后再将手柄扳至后退（前进）位置。不可一次扳到位，以免因突然变换行驶方向而损坏机件；

(3) 作业行驶中，若发现换向离合器或起振离合器有打滑现象，应立即停机，并分离主离合器；须对换向离合器或起振离合器进行检查、调整及排除故障。不可加大油门、试图以高转速大功率来勉强行驶，否则将烧毁离合器片；

(4) 压实松散物料时，应先经过1~2次静压后再进行振动碾压；

(5) 压路机的起振或停振，应在运行中进行，以免损坏路面。严禁在硬质路面上起振，以免损坏减振装置或其他机件；

(6) 在平整路面上作近距离转场时可用高速挡，但若距离较远，则须用其他运输工具载运；

(7) 上、下坡时应提前换好低速档，禁止以高速上、下坡；

(8) 进行高速碾压作业时，禁止开动起振装置。

4）技术推荐：湖南江麓浩利工程机械有限责任公司

8. 废砂、炉渣复合防盗井盖

1）主要技术性能

该井盖是由废砂、炉渣、废轮胎、废塑料为基料，加入一定量添加剂，经严格的工艺流程用模子加压而成。制备的ϕ630mm的井盖，承载静压大于190kN，最高承载静压达310kN。耐酸（碱），常温下在20% H_2SO_4（NaOH）溶液中浸泡48小时，表面无变化。

2）适用范围及条件

可用于市政、自来水、煤（燃）气、供电、邮电、交通等领域机动车道及人行道等窑井用盖。

3）技术要点

（1）井盖安装在面层沥青混凝土铺筑前进行；

（2）井盖的井座先用3～4块混凝土垫块或机砖铺以干硬性水泥砂浆，按路面高程找平。安装误差0～2.5mm；

（3）在井筒内侧支模，模板要严密，支撑牢固；

（4）在井盖座周围灌注C20混凝土。混凝土应分两步灌注。第一次先灌注井盖座以下部分，灌注时应做好插捣或振捣，保证井盖座下混凝土密实，混凝土坍落度值应能保证井盖座下混凝土密实。第二步灌注井盖座以上部位，与井盖顶面保留40mm的距离，并振捣密实；

（5）井盖座混凝土终凝后可拆除内侧模板，有缺陷的应进行整修。

4）技术推荐：江苏丹阳市泰宝特种井盖有限公司

9. 利用造纸脱墨污泥为填充剂制备PP-N塑料护栏

1）主要技术性能

该技术利用串联烘干、超声波粉碎及风力浮选法等技术把造纸脱墨污泥制备成填充剂；以马来酸酐接枝聚丙烯为相溶剂，结合脱墨污泥填充剂对聚丙烯以改进组合性能；用一种新型实用的管材连接技术，制备用途广泛、性能可靠的“PP-N”护栏。该技术特点是对造纸脱墨污泥进行无残留物地有效消化利用。

PP-N复合材料在常温下缺口冲击强度达到174J/m，拉伸强度>25MPa，弯曲程度>31MPa。

2）适用范围及条件

适用于社区和园林绿化和交通护栏及社区灯柱等。也能加工成管材、板材广泛用于农业蔬菜、苗圃大棚支架，高速公路防护栏、护墙板等。

3）技术要点

隔离护栏应按工艺图纸组装，各种连接件和装饰件必须配合紧密，不得松动和遗漏。隔离护栏各部件组装后，应进行外观检查、尺寸检查和连接检查。安装后的护栏，横向部分应水平顺直，竖向部分应垂直，圆弧部分应顺圆。安装应牢固，不得出现松动、摇晃现象。

该隔离杆的设计、施工及验收应当符合《PP-N塑料隔离护栏》Q/TCQJ 01—2002、《PP-N塑料隔离护栏应用技术规程》DBJ/CT 024—2004、《聚丙烯复合塑料隔离护栏应用技术规程》CECS：176—2005等标准的要求。

4）技术推荐：上海挪亚环境资源开发有限公司

10. 绿色环保型橡胶植草砖（树木维护砖）

1）主要技术性能

该技术将报废的轮胎粉碎成5～12目的橡胶颗粒，加入胶粘剂，模压制成各种规格、各种颜色的绿色环保型橡胶地砖、植草砖、树木围护砖。本技术循环利用黑色资源，变废为宝，美化环境，是一项环保型的技术。

该橡胶植草砖具有良好的吸音性、吸震性、渗水性和透气性，无毒符合环保、卫生要求，同时铺设容易、易施工安装。产品表观密度0.6～0.9kg/m^3，渗水率≥85%，拉伸强度≥80N/cm，压缩变型≤10%；颜色有红、绿、蓝、黑等。

2）适用范围及条件

适用于各类场所的停车场，也可用于行道树盖板。

3）技术要点

（1）路基：按照设计和规范的要求，开挖路床，清理土方，并达到设计标高；检查纵坡横坡及边线，是否符合设计要求；修整路基，找平碾压密实，压实系数达95%以上，施工时应注意地下埋设的管线。

（2）基层：铺设150～180mm厚的级配砂石（粒径0.5～60mm），并找平碾压密实，密实度应达95%以上。

（3）缓冲层：用粒径0.3～5mm的级配中砂找平，20～30mm厚。

（4）面层：按照设计图案铺设，铺设时应轻轻平放，用橡胶锤锤打稳定、平整，然后用营养土填充砖孔，再植草，浇水养护。

4）技术推荐：江阴市人人达塑胶有限公司

11. 植被恢复与环境的生态性防护技术

1）主要技术性能

该技术是针对各种岩石、硬质土、砂质土等植物生长困难，且采用常规绿化技术和手段难以恢复植被的地方进行植被恢复，达到保护环境生态目的的植被恢复技术。

该技术利用恢复生态学原理，采用湿式喷播技术、人工作业等方式进行植被恢复。该技术除具有坡面防护功能外，还能恢复被破坏的生态环境，培育出稳固的边坡和与周边环境和谐一致的植被，恢复生态平衡、净化空气、美化景观、保护环境。

该技术采用经特殊生产工艺制成的客土材料，加入植物种子和多种添加剂，采用喷播、人工作业等方式制成适于植物生长的生育基盘。该基盘通过土壤颗粒与添加剂的团粒化反应，形成高次团粒结构，具有保水性、透水性、透气性等特点，适于植物生长。另外，该基盘具有适宜植物根系生长的微生物群落，可促进木本植物的根系快速发育。

该项目研发了专用的喷播设备。利用该设备进行施工作业，形成的基盘具有良好的稳定性，能有效防止水土流失。

2）适用范围及条件

适用在常规绿化技术和手段难以恢复植被的地方，如荒地或被破坏的岩质、土质坡体。

3）技术要点

（1）坡面基础处理。彻底清除坡面上的危浮石、危岩体；调查坡面是否有涌水，假如有涌水，需铺排水垫导出涌水。

（2）铺网。当坡度大于45°时，原则上应铺设金属网；小于45°时，原则上不铺网。

（3）喷播。要求喷播的基盘层要紧贴在坡面，无分离和脱开现象，喷播的种子应有国家法定种子检验机构初具检验合格报告。

（4）苗期养护。种子萌发、幼苗生长期间应注意浇灌，保持基盘具有一定的含水率；做好病虫害的防治；对植被稀疏及破损区域，应及时补播、补苗。

（5）植被恢复效果评价。

4）技术推荐：青岛兰园绿色工程公司、四川省励自生态与环境工程技术有限公司

12. 抗旱观赏植物应用技术

1）主要技术性能

该技术选择在干旱、半干旱地区（年降雨量400mm以下）能正常生长的野生观赏植物或其杂交种，进行了适应性、抗旱节水性研究，并开展了引种、工厂化育苗与栽培的工作。通过实验研究，提出了“节水耐旱园林观赏植物”的概念，确认了金叶莸和互叶醉鱼草两个新品种，掌握了金叶莸、互叶醉鱼草、蒙古莸、黄花矶松、马蔺五个乡土品种；建立了金叶莸、互叶醉鱼草等推广品种的工厂化育苗技术体系。

该技术筛选的金叶莸是马鞭草科莸属的杂交植物种，兰香草（*Caryopteris Incana*）和蒙古莸（*Caryopteris mongholica Bunge*）的杂交后代中选育出的金叶品种，是一个极具观赏价值的彩叶灌木树种，有极强的适应性、耐土壤瘠薄、耐盐碱性，在pH值9、全盐含量0.24%以内的土壤中可正常生长；筛选的互叶醉鱼草，属马钱科醉鱼草属，是优良的观赏型沙旱生花灌木树种，抗旱、耐严寒、耐高温、耐盐碱。

节水耐旱性观赏植物用水量和管护成本远远低于草坪和其他喜水园林，具有良好的社会和经济效益。

2）适用范围及条件

适用于我国西北、华北、东北及中原等地高速公路中分带、道路两侧绿化、生态建设，还可点缀于庭院绿化之中。

3）技术要点

（1）现场勘测及土壤化验。施工前应对现场周围环境、施工条件等进行勘测；对土壤结构、质地、有机质含量、pH值、地下水位等进行分析；

（2）苗木的装车、运输、卸苗、假植。要求苗木在装车时应轻吊轻放，不损伤苗木；运输力求最短时间内完成；

（3）种植穴槽的开挖、施肥和散苗；

（4）苗木的修剪和种植；

（5）苗木的养护管理。包括苗木的灌溉排水、中耕除草、施肥、修剪成型、防护设施建设等。

4）技术推荐：宁夏林业研究所（有限公司）、国家经济林木种苗快繁工程技术研究中心

13. 吸扫式扫路车

1）主要技术性能

吸扫式扫路车配备有清扫系统和由风机（或其他抽气装置）、吸嘴、风道、垃圾箱等组成的气力输送系统。在清扫作业时，利用扫刷将路面垃圾扫至吸嘴前面，利用风机（或其他抽气装置）的运转在气力输送系统中所产生的动压和静压，通过吸嘴将垃圾吸入垃圾箱内，以达到清除路面垃圾的目的。

吸扫式扫路车以真空吸附原理为基础，采用扫吸结合的方式来保证清扫效率，其中清扫效率≥90%，最大吸入粒度大于或等于30mm。该设备能够改善环卫工人的作业条件，改善因清扫而给公众带来的不便，极大提高清扫作业的效率，减少扬尘等二次污染，避免清洁工因打扫道路而发生的交通事故。

2）适用范围及条件

可用于城镇街道、广场、体育场馆、工业园区、住宅小区、校园以及厂区等平坦的水

泥、沥青路面的清扫和保洁工作。

3）技术推荐：北京三兴汽车厂、福建龙马专用车辆制造有限公司、长沙中联重工科技发展股份有限公司

重点推荐技术及相关资料详见附送光盘。

第六章　给水排水工程

农村给水排水工程是农村基础设施的重要组成部分。农村给水设施的完善程度直接影响着广大农民的饮水安全；农村排水设施的完善程度直接影响广大农民的生存环境。目前，我国农村给水排水工程设施的完善程度还不够。在给水方面，农村自来水的普及率还有待提高，缺少适用于农村的经济实用的水质净化技术和设备，饮用水的水质难以得到保证。在排水方面，管道系统不完善，污水集中处理率低，污水随意排放，给农村环境造成了污染。

农村给水工程主要包括水源、管网、净化设备、给水设备等；排水工程主要包括排水管道及附属设施、污水处理厂或污水处理设备等。

第一节　给 水 工 程

一、给水设施

（一）供水水源的保护要求

供水水源包括地表水和地下水两种。地表水水源主要包括小溪和河流、池塘和湖泊、泉水、雨水等。地表水容易被污染，水质得不到保证，而地下水通常水质较好，一年四季都能得到。因此，在农村地区，应优先选择地下水作为生活饮用水水源。给水水源必须设置卫生防护带，其范围和防护措施有较详细的规定。

地表水源卫生防护要求：

①取水点周围半径100m的水域内严禁捕捞、停靠船只、游泳和从事可能污染水源的任何活动，并应设有明显的范围标志和严禁事项的告示牌。

②河流取水点上游1000m至下游100m的水域内，不得排入工业废水和生活污水；其沿岸防护范围内不得堆放废渣、不得设立有害化学物品的仓库、堆栈或装卸垃圾、粪便和有毒物品的码头；不得使用工业废水或生活污水灌溉及施用有持久性毒性或剧毒的农药，并不得从事放牧等有可能污染该段水域水质的活动。

③水厂生产区外围不小于10m的范围内，不得设置生活居住区和修建畜禽饲养场、渗水厕所、渗水坑；不得堆放垃圾、粪便、废渣或铺设污水渠道；应保持良好的卫生状况和绿化。

地下水源卫生防护要求：

①在单井或井群影响半径范围内，不得使用工业废水或生活污水灌溉和施用有持久性毒性或剧毒的农药，不得修建渗水厕所、渗水坑、堆放废渣或铺设污水渠道，并不得从事破坏深层土层的活动。如取水层在水井影响半径内不露出地面或取水层与地面水没有互相补充关系时，可根据具体情况设置较小的防护范围。

②在地下水水厂生产区范围内，应按地面水水厂生产区要求执行。

（二）取水构筑物及施工要点

1. 地下水取水构筑物及施工要点

农村地下水取水构筑物以管井和大口井最为常见。管井主要由井壁管、过滤器、沉淀管、人工填砾、井口封闭组成，其结构见图6-1。

管井施工是用专门钻凿工具在地层中钻孔，然后安装滤水器和井管。在松散岩层、深度在30m以内的深井通常采用机械钻孔。

管井施工要点：

①泥浆护壁时泥浆面不能低于地面0.5m，成井后必须尽快洗井，以免含水层被泥浆封死。

②清水水压护壁适用于结构稳定的黏性土及含水量不大的松散地层，且具有充足水源的凿井施工。

③如果井管自重过大，下管时应采取措施尽量减轻井管自重所产生的影响。

④回填砾石的颗粒大小一般为含水砂层颗粒有效直径的8～10倍。

⑤洗井必须在下管、填砾、封井后立即进行，否则将会形成孔壁泥皮固结，造成洗井困难。

大口井一般由井筒和进水结构组成，井深一般不大于15m，井径一般为4～8m，其结构见图6-2。

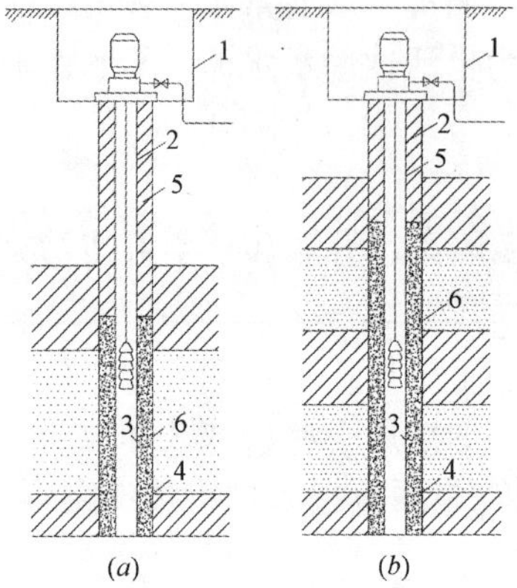

图6-1 管井的一般构造

（a）单层过滤器管井；（b）双层过滤器管井

1—井室；2—井壁管；3—过滤器；

4—沉淀管；5—粘土封闭；6—规格填砾

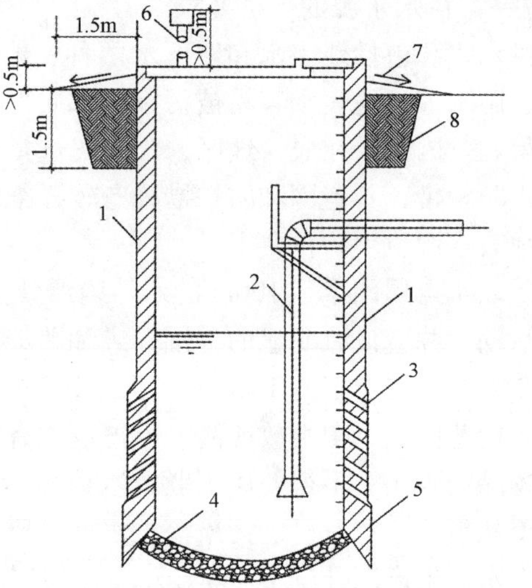

图6-2 大口井的构造

1—井筒；2—吸水管；3—井壁透水孔；

4—井底反滤层；5—刃脚；6—通风管；7—排水坡；

8—粘土层

大口井的施工方法主要有基坑开挖和沉井施工两种，井深较浅的可以采用基坑开挖，一般多采用沉井施工。

大口井施工要点：

①采用基坑开挖法施工的大口井，井筒下沉到位后要恢复井壁周围已破坏的透水地层。

②大口井应设置相应的防止污染水质的措施：检查孔应采用密封的盖板，高出地面不得小于0.5m；井口周围应设不透水的散水坡，其宽度一般为1.5m；在渗透土壤中，散水坡下面还应填厚度不小于1.5m的黏土层。

③井筒下沉就位后应按设计要求整修井底，并经检验合格后方可进行下一工序。

④当井底超挖时应回填，并填至井底设计高程。井底进水的大口井，可采用与基底相同的砂砾料或与基底相邻的滤料回填；封底的大口井，宜采用粗砂、砾石或卵石等粗颗粒材料回填。

⑤大口井周围散水下填黏土层时，黏土应呈松散状态，不得含有大于5cm的硬土块，且不含有卵石、木块等杂物；不得使用冻土；要分层铺设并压实；黏土要与井壁贴紧，且不漏夯。

2. 地表水取水构筑物及施工要点

1）小溪和河流的取水口

小溪和河流的取水方式有渗水井、水泵直接吸水式取水口和重力流取水口。图6-3为修建在河边附近的渗水井；图6-4为水泵直接吸水式取水口；图6-5为重力流取水口。

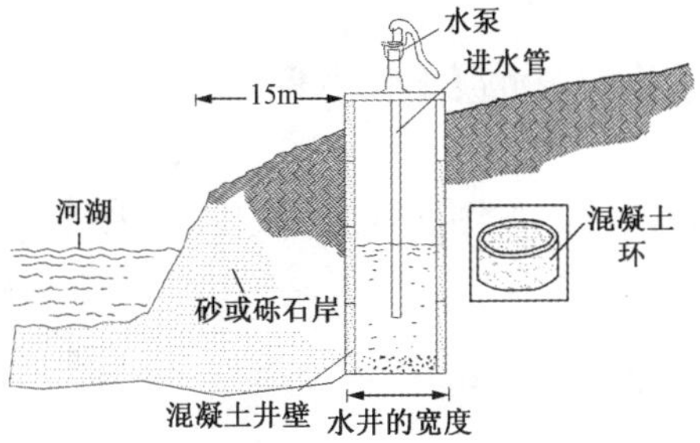

图6-3　修建在河边附近的渗水井

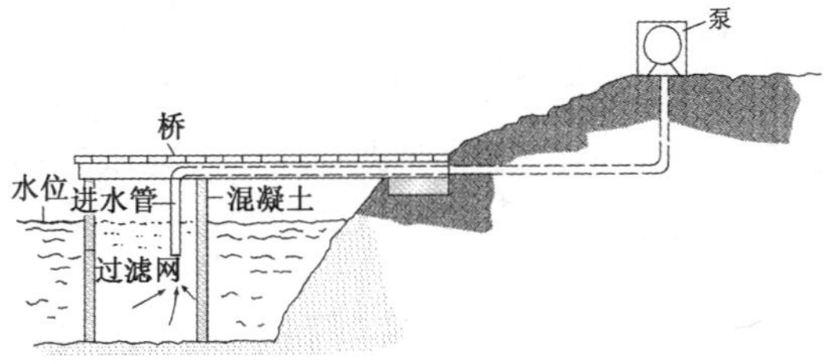

图6-4　水泵直接吸水式取水口

渗水井施工要点：

①在井边$2m^2$大小的范围内铺上5cm厚的砾石，在砾石上面按砂和水泥4:1的比例抹上混凝土，确保表面光滑平整。

②在井口应设置防护圈，防止井边塌陷。

③每挖进1m须校正，防止偏差。

水泵直接吸水式取水口施工要点：

①取水管应放置在直径为1.5m，高度为1m的钢筋混凝土管内，钢筋混凝土管应沉入河床下0.3~0.5m，确保其稳定在河床中。

②取水管可以采用软塑料或镀锌钢管，最低点要高于河床0.3m，以免大颗粒和沉淀物进入给水管内。

重力流取水口施工要点：

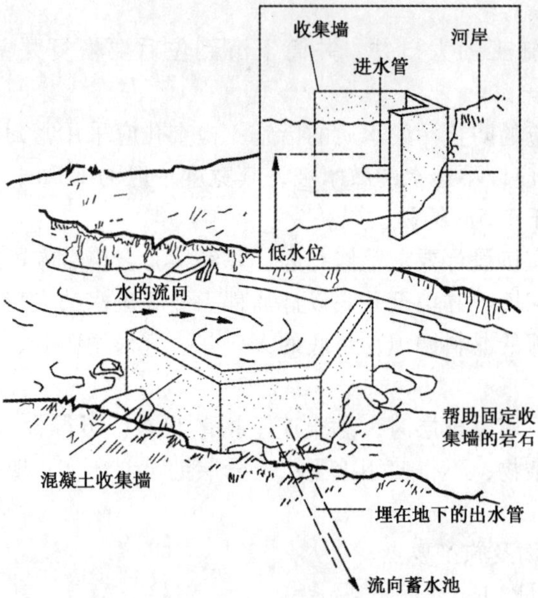

图6-5　重力流取水口

①浇筑混凝土收集墙时要捣实，防止混凝土内含有空隙或气泡。

②混凝土硬化7天后方可拆除模具。

③混凝土收集墙的外侧要堆放大块岩石，防止水流冲击混凝土收集墙。

2）池塘和湖泊的取水口

池塘和湖泊的取水方式有浮动式取水口和固定式取水口。图6-6为固定式取水口。

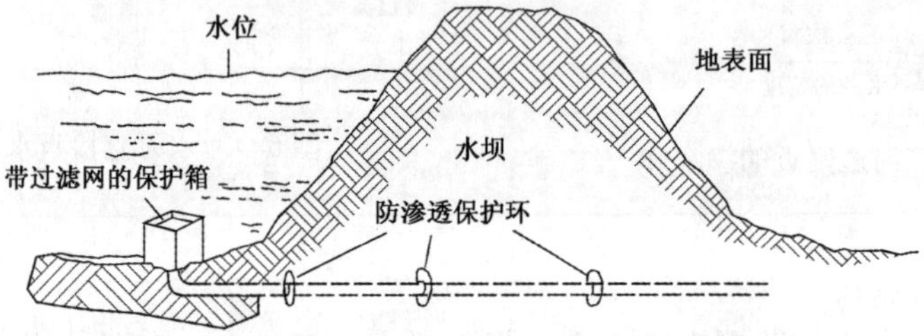

图6-6　固定式取水口

固定式取水口施工要点：

①引水管应铺在坝下0.45m处。

②堤坝下的管线，每隔7m要设置1个防渗环。

③保护箱的尺寸为1 m×1 m×0.6m，壁厚0.1m。

3）泉水的取水构筑物

泉水的取水方式有泉水箱法、水平井法和渗水池法，常用的是泉水箱。图6-7为侧面开口泉水箱示意图。

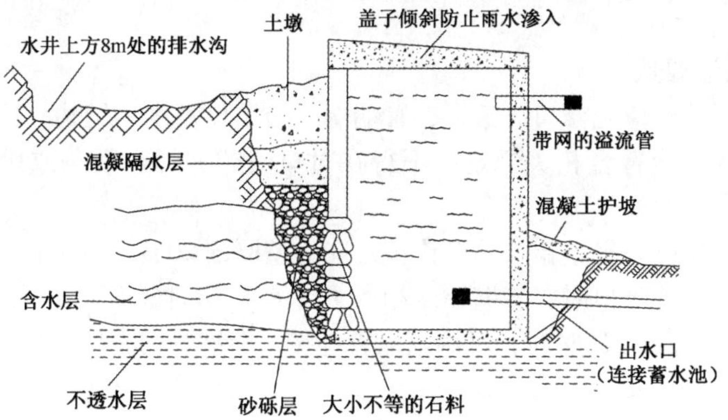

图 6-7　侧面开口泉水箱示意图

泉水箱施工要点：

①在泉水以上大约 8m 处挖掘引水渠，排走地面径流。

②使用混凝土对泉水箱与地面接触的地方进行密封，防止水从泉水箱底部渗出。

③泉水流入泉水箱前应采用砂砾过滤。

④在泉水箱上安装溢流管和出水管。

⑤泉水箱使用前应进行消毒。

（三）给水管网及管道施工要点

配水管网有环状网和树状网两种，环状网供水可靠性高。村庄可布置成树状网，规模较大的镇，有条件时，宜布置成环状或环、树结合的管网。

1. 管道材料

农村常用的给水管是塑料管。目前常用塑料管材包括：聚乙烯管（PE）、聚丙烯管（PP-R、PP-B）、硬聚氯乙烯管（PVC-U）、丙烯酸共聚聚氯乙烯管（AGR）等。在泵房内、洼地及穿越河流有时使用钢管。

2. 给水管道施工要点

1）塑料管的安装要点

①采用承插式（或套筒式）接口时，宜人工布管且在沟槽内连接；槽深大于 3m 或管外径大于 400mm 的管道，宜用非金属绳索兜住管节下管；严禁将管节翻滚抛入槽中；采用电熔、热熔接口时，宜在沟槽边上将管道分段连接后以弹性铺管法移入沟槽；移入沟槽时，管道表面不得有明显的划痕。

②管道连接时必须对连接部位、密封件、套筒等配件清理干净，套筒（带或套）连接、法兰连接、卡箍连接用的钢制套筒、法兰、卡箍、螺栓等金属制品应根据现场土质并参照相关标准采取防腐措施。

③承插式柔性接口连接宜在当日温度较高时进行，插口端不宜插到承口底部。应留出不小于 10mm 的伸缩空隙，插入前应在插口端外壁做出插入深度标记。

④电熔连接、热熔连接、套筒（带或套）连接、法兰连接、卡箍连接应在当日温度较低或接近最低时进行，接头处应有沿管节圆周平滑对称的外翻边，内翻边应铲平。

⑤安装完的管道中心线及高程调整合格后，即将管底有效支撑角范围用中粗砂回填

密实。

2）钢管的安装要点

①管节组对焊接时应先修口、清根，管端端面的坡口角度、钝边、间隙，应符合设计要求，设计无要求时应符合相关规定；不得在对口间隙夹焊、帮条或用加热法缩小间隙施焊。

②对口时应使内壁齐平，错口的允许偏差应为壁厚的20%，且不得大于2mm。

③不同壁厚的管节对口时，管壁厚度相差不宜大于3mm。不同管径的管节相连时，两管径相差大于小管管径的15%时，可用渐缩管连接。渐缩管的长度不应小于两管径差值的2倍，且不应小于200mm。

④直线管段不宜采用长度小于800mm的短节拼接。

⑤组合钢管固定口焊接及两管段间的闭合焊接，应在无阳光直照和气温较低时施焊；采用柔性接口代替闭合焊接时，应与设计协商确定。

⑥在寒冷或恶劣环境下焊接应清除管道上的冰、雪、霜等；当工作环境的风力大于5级、雪天或相对湿度大于90%时，应采取保护措施；焊接时，应使焊缝可自由伸缩，并应使焊口缓慢降温；冬期焊接时，应根据环境温度进行预热处理。

⑦管径大于800mm时，应采用双面焊。

⑧钢管采用螺纹连接时，管节的切口断面应平整，偏差不得超过一扣；丝扣应光洁，不得有毛刺、乱扣、断扣，缺扣总长不得超过丝扣全长的10%；接口紧固后宜露出2～3扣螺纹。

二、水质净化技术

集中式供水工程的生活饮用水水质应符合《生活饮用水卫生标准》（GB 5749-2006）的要求；受水源、技术、管理等条件限制的Ⅳ型、Ⅴ型供水工程，生活饮用水水质应符合《农村实施<生活饮用水卫生标准>准则》的要求。生活饮用水的净化方法很多，这里介绍一些村镇供水中常用的一些工艺与技术。

（一）地表水的处理技术

对于水质能够满足地表水水源水水质标准的地表水，集中式供水的净水厂多采用如下的净水工艺，见图6-8。

图6-8 常规的净水工艺

1. 混凝

混凝的目的是通过投加混凝剂，增大颗粒粒径，加速悬浮杂质的沉淀，去除胶体物质。常用的混凝剂主要有铝盐和铁盐。投加时配成5%～20%的溶液。

2. 沉淀

沉淀的目的是去除水中的悬浮物质及胶体物质。村镇净水厂常用的沉淀池有平流式、竖流式以及斜板和斜管式沉淀池等。

3. 过滤

过滤的目的是进一步去除沉淀不能去除的悬浮物质。村镇净水厂常用滤灌过滤，应根据运行情况定期对滤灌进行反冲洗，以防止堵塞。

4. 消毒

消毒的目的有两个：一是消灭水中的细菌和病原菌；二是保证净化后的水在输送到用户之前不致被再次污染。

村镇净水厂常用的消毒方法是投加消毒剂，无配水管网的规模较小的水厂也可采用紫外线消毒。

1）消毒剂

村镇净水厂常用的消毒剂有液氯、次氯酸钠、二氧化氯、漂白粉或漂粉晶等。

消毒剂与水应充分混合，其接触时间不应小于30分钟。消毒剂投加点宜设在清水池或高位水池的进水口处；无水池时，可在泵前或泵后管道中投加。采用氯消毒时，出厂水游离性余氯应不低于0.3 mg/L，管网末梢水游离性余氯应不低于0.05mg/L。采用二氧化氯消毒时，出厂水二氧化氯余量应不低于0.1mg/L，管网末梢水二氧化氯余量应不低于0.02mg/L。

消毒剂投加间及其仓库应相互隔开和毗邻，并与其他工作间隔开，应设观察窗、直接通向外部的外开门和通风设施。

另外，单过硫酸氢钾饮用水消毒粉也可用于饮用水消毒处理。该方法在中小型集中式供水和分散式供水消毒处理中具有便于储藏和运输、使用简便等特点。

2）紫外线消毒

紫外线消毒是利用专门紫外线消毒器进行消毒。紫外线消毒器是将紫外线灯套在石英管中，跟水流成垂直或水平位置。紫外线消毒水效果好，设备简单，运行管理简单，但无持续消毒作用。

对于遭受生活污水、粪便、雨水以及有机物轻度污染的水源，采用常规净水工艺难以保证处理水质达到供水标准，因此，必须采用适当的处理方法，提高处理效果。目前常用的处理工艺有两种，一是在常规净水工艺前增加预处理，如生物预处理、高锰酸钾预氧化、臭氧预氧化等（如图6-9）；二是在常规净水工艺后增加深度处理工艺，如活性炭吸附、生物活性炭法、膜处理等，更复杂的就是前面加预处理，后面加深度处理（见图6-10）。

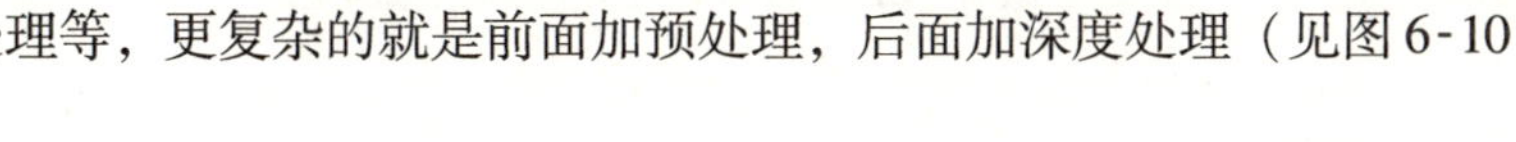

图6-9　微污染水处理工艺一

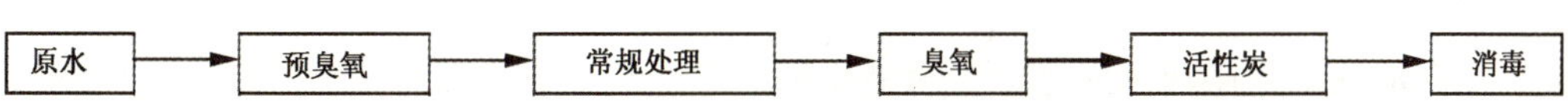

图6-10　微污染水处理工艺二

微污染水的处理工艺还有高锰酸钾复合剂净化微污染水源水技术、微污染高浊度水净化技术等。

（二）地下水的处理技术

以地下水为生活饮用水水源时，其水质能满足《生活饮用水卫生标准》（GB 5749-2006）时一般只需消毒即可。但当水中锰、铁、氟等含量超标时应增加相应处理工艺。

1. 含铁、锰地下水处理技术

以地下水为生活饮用水源时，当铁、锰的含量超过《生活饮用水卫生标准》的要求时，应根据以下条件确定除铁除锰工艺：

①当原水含铁量低于 2.0～5.0mg/L（北方采用 2.0、南方采用 5.0）、含锰量低于 1.5mg/L 时，可采用图 6-11 所示的工艺：

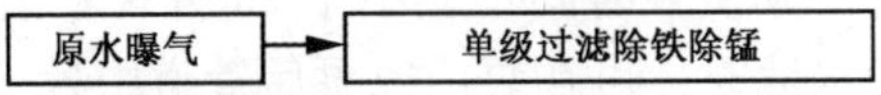

图 6-11　曝气—单级过滤除铁锰工艺

②当原水含铁量或含锰量超过上述数值且二价铁易被空气氧化时，可采用图 6-12 所示的工艺：

图 6-12　曝气—二级过滤除铁锰工艺

③当除铁受硅酸盐影响或二价铁空气氧化较慢时，可采用图 6-13 所示的工艺：

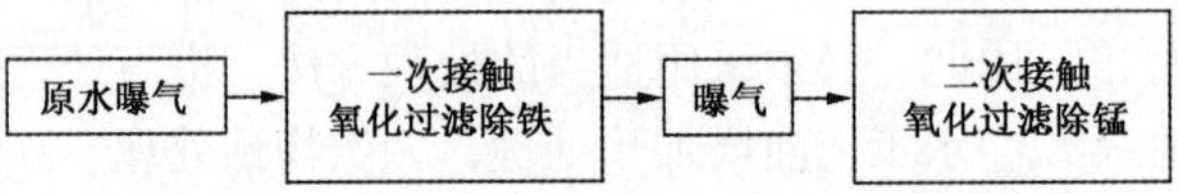

图 6-13　曝气—二级接触氧化过滤除铁锰工艺

2. 含氟地下水处理技术

以地下水为生活饮用水源时，当氟的含量超过《生活饮用水卫生标准》的要求时，应根据以下条件确定除氟工艺：

①当原水含氟量小于 10mg/L、浊度小于 5NTU 时，可以采用升流式固定床活性氧化铝吸附法除氟，工艺流程见图 6-14。

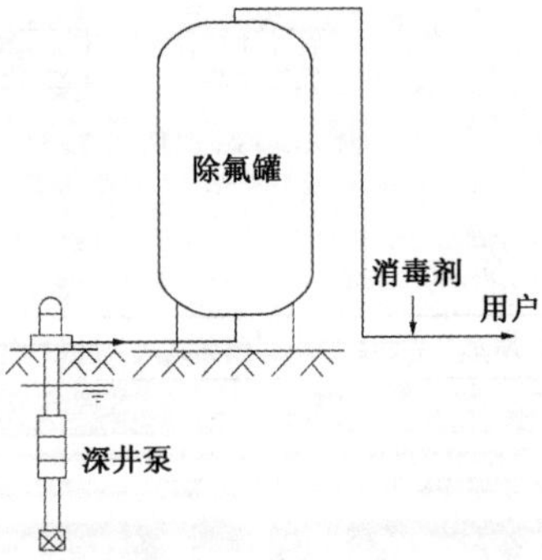

图 6-14　氧化铝交换除氟工艺流程图

②当原水含氟量小于 4mg/L，处理水量小于每天 $30m^3$ 时，可以采用混凝沉淀法除氟。混凝剂可采用三氯化铝、硫酸铝或聚合氯化铝，投加量（以三价铝计）

可为原水含氟量的10~15倍。

第二节 排水工程

一、排水设施

(一) 排水管道及施工要求要点

排水管道系统采用重力流排水，管网布置为树状网。雨水管道系统布置遵循就近就地排放的原则，减少管道长度，同时要尽量顺坡埋设，减小埋深。

1. 排水管道（渠）的断面形式和材料

排水管道的断面形式多为圆形。排水沟渠的断面形式可以采用矩形、弧形流槽的矩形、带低流槽的矩形和梯形等，如图6-15所示。

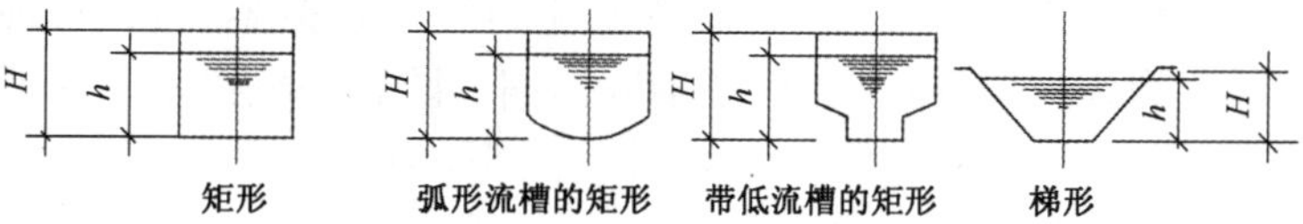

图6-15 常用沟渠断面

排水管道主要有混凝土管、钢筋混凝土管、塑料排水管和陶土管等。塑料排水管应用越来越广泛，常用品种包括：硬聚氯乙烯（PVC-U）排水管、高密度聚乙烯（HDPE）排水管。排水沟渠可以采用砖、石头（条石、方石、毛石）、混凝土板砌筑。

2. 排水管道（渠）的施工要点

1）钢筋混凝土管施工安装要点

(1) 一般采用“四合一”安管法，即将平基、安管、管座、抹带四道工序合在一起，一气呵成。具体步骤是：安装模板、下管、浇筑平基、安管、注管座、接口抹带。

(2) 水泥砂浆抹带接口的水泥砂浆应选用粒径0.5~1.5mm，含泥量不大于3%的洁净砂，水泥砂浆配比为：水泥: 砂=1: 2.5。抹第一层砂浆时注意管带与管缝对中，厚度为带厚的1/3。待第一层砂浆初凝后抹第二层。抹带完成后应立即用吸水性强的材料覆盖，3~4小时后洒水养护。

(3) 钢丝网水泥砂浆抹带接口选用网格10mm×10mm、丝径为20号的钢丝网。钢丝网端头应在浇筑混凝土管座时插入混凝土内，在混凝土初凝前，分层抹压钢丝网水泥砂浆抹带；抹带完成后应立即用吸水性强的材料覆盖，3~4小时后洒水养护。

(4) 胶圈接口的应将承口内工作面、插口外工作面清洗干净；套在插口上的橡胶圈应平直、无扭曲，应正确就位；橡胶圈表面和承口工作面应涂刷无腐蚀性的润滑剂；冬期施工不得使用冻硬的橡胶圈。

2）塑料排水管施工要点

(1) 塑料管粘接时不可在具有水分的塑料管上涂刷胶黏剂（不可在雨雪中施工）；管材、管件、胶黏剂在使用前至少在施工环境温度下搁置1小时；最好使用管材、管件生产厂提供和推荐的胶黏剂，一些通用的胶黏剂必须经过严格的检验，合格后方可使用；

（2）塑料管与法兰阀门、装置、容器连接时，应采用法兰连接。

（3）用热熔对接连接工具加热待连接的端面时，加热时间、加热温度应符合管材、管件生产企业的要求。

3. 检查井的施工要点

为便于对管渠系统作定期检查和清通，必须设置检查井。检查井通常设在管渠交汇、转弯、管渠尺寸或坡度改变、跌水等处以及相隔一定距离的直线管渠段上。

检查井的施工要点如下：

①井室一般用红砖砌筑在专用混凝土基础上。

②井室内的流槽砌砖，应交错插入井墙，使流槽与井墙形成整体。不应先砌井墙，然后砌流槽，造成两者分离。流槽应砌（砖）、抹（面）成与上下游管径相同的半圆弧形，不应无流槽，也不应砌成梯形或矩形。

③圆井的砌筑，应掌握井墙竖直度和圆顺度；方井要掌握井墙竖直、平整、井室方正，掌握井室几何尺寸符合质量标准；砌筑砂浆应饱满（包括竖缝），特别是污水管道的检查井（包括雨、污合流检查井），更应使砌缝饱满，防止井壁渗水，保证带井闭水试验成功。

（二）污水处理厂的选址

污水处理厂位置的选择，应符合村镇总体规划和排水工程总体规划的要求，并根据下列因素综合确定：

①位于村镇水体的下游；

②在村镇夏季最小频率风向的上风向侧；

③有良好的工程地质条件，厂地形不受水淹，有良好的排水条件；

④少拆迁、少占农田，有一定的卫生防护距离；

⑤便于污水、污泥的排放和利用；

⑥有方便的交通和水电条件。

二、农村常用污水处理技术

（一）一级强化处理技术

一级强化处理是在普通一级处理的基础上，通过采用物理化学方法或生物处理方法强化预处理和一级处理的效果，使污水达到一定的处理标准，同时节省投资和运行费用。物化法可采用混凝沉淀、过滤技术；生物法可采用不完全生物处理，如高负荷活性污泥法、水解酸化法等。应用结果表明，通过一级强化处理，化学需氧量 COD 的去除率可达 70%，生物化学需氧量 BOD 去除率可达 60%。一级强化处理适应于水环境状况亟待改善而经济尚欠发达的地区，是一种高效而低投入的新型技术，有着较高的实用价值和良好的应用前景。

（二）生物接触氧化处理技术

生物接触氧化法，就是在曝气池中填充块状填料，经曝气的废水流经填料层，使填料颗粒粒表面长满生物膜，废水和生物膜相接触，在生物膜生物的作用下，废水得到净化。生物接触氧化又名浸没式曝气滤池，也称固定式活性污泥法，它是一种兼有活性污泥和生物膜法特点的废水处理构筑物，所以它兼有这两种处理法的优点。

生物接触氧化法具有生物相很丰富、活性微生物浓度高、占地面积小、抗冲击负荷能力强、污泥生成量少、不产生污泥膨胀、净化效果好等优点。因此，被广泛用于流量较小的生活污水处理，如小区生活污水处理和农村的污水处理。

（三）氧化沟处理技术

氧化沟是活性污泥法的一种，又称循环曝气池。曝气池呈封闭渠道形，污水和活性污泥在循环水流的作用下混合接触，完成有机物的净化过程。氧化沟平面多为椭圆形或圆形，总长为 90 ~ 600m。

氧化沟具有水力停留时间长、去除效果好、污泥龄长、泥土量少、污泥不需单独处理等特征。同时不设初沉池、消化池，因此，氧化沟适用于农村污水处理。

图 6-16 所示是曝气—沉淀一体化氧化沟。在氧化沟的一个沟渠内设沉淀槽，在沉淀槽的两侧设隔墙。其底部设一排三角形的导流板，同时在水面设穿孔集水管，以收集澄清水。氧化沟内的混合液从沉淀区的底部流过，部分混合液则从导流板间隙上升进入沉淀区，而沉淀下来的污泥从导流板间隙下滑回氧化沟。曝气采用机械表面曝气。

（四）氧化塘处理技术

氧化塘又称稳定塘或生物塘，是天然的或人工修成的池塘，是构造简单，易于维护管理的一种废水处理设施，废水在其中的净化与水的自净过程十分相似。图 6-17 为某氧化塘的实景图。

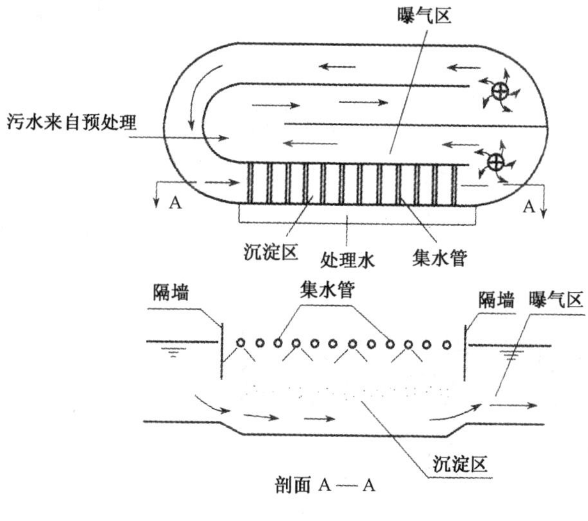

图 6-16　曝气—沉淀一体化氧化沟

图 6-17　氧化塘

采用氧化塘处理废水时，废水在塘内的停留时间长，有机污染物通过水中微生物的代谢作用而降解。细菌所需的氧气主要是塘内繁殖的藻类供给，这是利用细菌呼吸作用的代谢产物 CO_2、NH_3 等做原料进行光合作用，促使藻类繁殖，而向水中放出氧气。这样在氧化塘内细菌与藻类有着共生关系。因此，氧化塘中的藻类繁殖，对废水处理是有利的。其次是水面大气富氧或人工供氧。也有一些氧化塘的处理过程是厌氧的。

根据氧化塘内溶解氧的来源和塘内有机污染物降解的形式，氧化塘分为兼性塘、厌氧塘、好氧塘、曝气塘等多种形式。不同形式的单塘可以不同的组合方式形成多级串联塘系统。多级串联塘系统不仅有很高的COD、BOD去除率和较高的氮、磷去除率，还有很高的病原菌、寄生虫卵和病毒去除率。稳定塘系统不仅在发展中国家广泛应用，而且在发达国家应用也很普遍。我国也建造了越来越多的污水处理氧化塘，如黑龙江省齐齐哈尔氧化塘系统、山东省东营氧化塘处理系统、广东省尖峰山养猪厂氧化塘、内蒙古集宁市氧化塘系统等。

氧化塘处理工艺具有基建投资省、工程简单、处理能耗低、运行维护方便、成本低、污泥产量少、抗冲击负荷能力强等诸多优点，不足之处就是占地面积大。稳定塘适用于土地资源丰富，地价便宜的城镇污水处理，尤其是有大片废弃的坑塘洼地、旧河道等可以利用的农村，可考虑采用该处理系统。

（五）人工湿地处理技术

人工湿地是人工建造的、可控制的和工程化的湿地系统，其设计和建造是通过对湿地自然生态系统中的物理、化学和生物作用的优化组合来进行废水处理的。为保证污水在其中有良好的水力流态和较大体积的利用率，人工湿地的设计应采用适宜的形状和尺寸，适宜的进水、出水和布水系统，以及在其中种植抗污染和去污染能力强的沼生植物。

根据污水在湿地中水面位置的不同，人工湿地可以分为自由水面人工湿地和潜流型人工湿地。

表流人工湿地是用人工筑成水池或沟槽状，然后种植一些水生植物，如芦苇、香蒲等（见图6-18）。在表流人工湿地系统中，污水在湿地的表面流动，水位较浅，多在0.1~0.6m之间。这种湿地系统中水的流动更接近于天然状态。污染物的去除也主要是依靠生长在植物水下部分的茎、杆上的生物膜完成的，处理能力较低。同时，该系统处理效果受气候影响较大，在寒冷地区冬天还会发生表面结冰问题。因此，表流人工湿地单独使用较少，大多和潜流人工湿地或其他处理工艺组合在一起。但这种系统投资小。

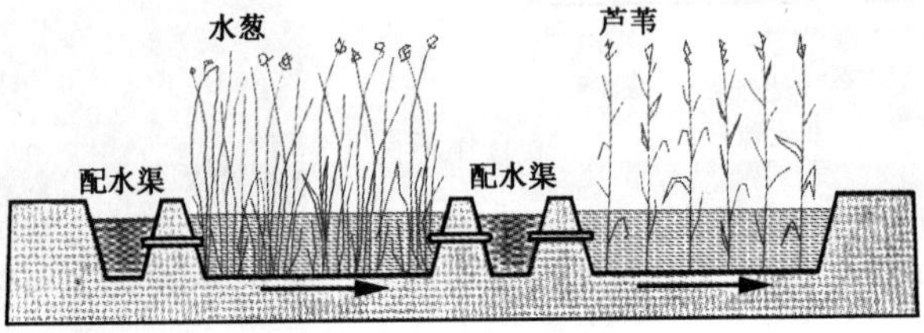

图6-18　表流人工湿地

潜流人工湿地的水面位于基质层以下。基质层由上下两层组成，上层为土壤，下层是由易于使水流通的介质组成的根系层，如粒径较大的砾石、炉渣或砂层等，在上层土壤层中种植芦苇等耐水植物。床底铺设防渗层或防渗膜，以防止废水流出该处理系统，并具有一定的坡度（见图6-19）。潜流人工湿地比表流人工湿地具有更高的负荷，同时占地面积小，效果可靠，耐冲击负荷，也不易滋生蚊蝇。但其构造相对复杂。

人工湿地污水处理技术是20世纪70~80年代发展起来的一种污水生态处理技术。由于它能有效地处理多种多样的废水，如生活污水、工业废水、垃圾渗滤液、地面径流雨水、合流制下水道暴雨溢流水等，且能高效地去除有机污染物，氮、磷等营养物，重金属，盐类和病原微生物等多种污染物。具有出水水质好，氮、磷去除处理效率高，运行维

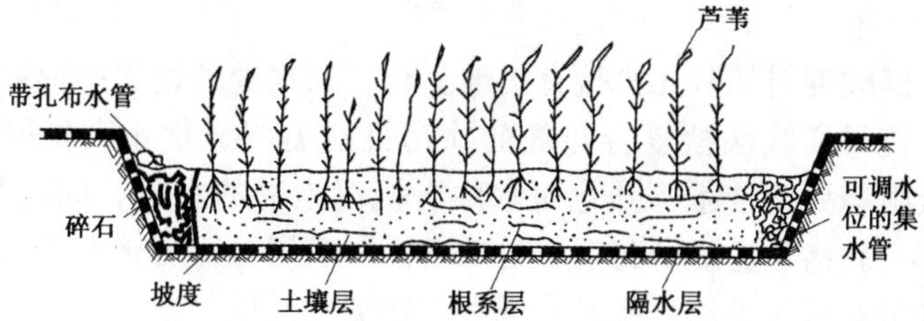

图6-19　潜流人工湿地

护管理方便，投资及运行费用低等特点，近年来获得迅速的发展和推广应用。

采用人工湿地处理污水，不仅能使污水得到净化，还能够改善周围的生态环境和景观效果。农村周围的坑塘、废弃地等较多，有利于建设人工湿地处理系统。

北方地区人工湿地通过增加保温措施能够解决过冬问题，只是投资要高一些，湿地结构要复杂一些。

另外，在经济发达的农村，也可以采用 A/O 法、间歇式活性污泥法（SBR 法）及其变形工艺、膜生物反应器（MBR）处理污水。

第三节　推 荐 技 术

1. 单过硫酸氢钾饮用水消毒粉

1）主要技术性能

该消毒粉是由单过硫酸氢钾、氯化钠、十二烷基硫酸钠等原料配制成的复合粉状药剂。该产品在固态时不发生反应，具有较好的存储安全性。当产品溶于水后通过系列反应产生游离态氧、过氧化氢自由基、羟基自由基、微量次氯酸等多种活性成分，并通过动态平衡反应保证其稳定性和持久性。活性成分具有极强的氧化性，其氧化作用对水中的微生物有较强的灭活作用，起到对饮用水的消毒、净化作用，从而达到净化水质的目的。

该产品属氧化型消毒剂，消毒过程不产生传统氯消毒法存在的氯代消毒副产物问题。在中小型集中式供水和分散式供水消毒处理中具有便于储藏和运输、使用简便等特点，效果明显，可用于饮用水消毒处理。

2）适用范围及条件

适用于饮用水消毒，污水净化和生活工作场所的消毒灭菌，特别适用于中小型集中式供水、分散式供水中消毒处理。

3）技术要点

对于饮用水消毒，单过硫酸氢钾饮用水消毒粉可按 0.2～0.6PPm（mg/L），即按每立方米水 0.2～0.5g 的投加量直接投放在水中，15 分钟后即可使用，特殊水质酌情增减。当水厂用药时，可使用投药设备投加。

该消毒粉为外用消毒剂，对金属有腐蚀性，应在避光、阴凉、干燥处保存，置于儿童不能触及处。

4）技术推荐：成都润兴消毒药业有限公司

2. 高锰酸钾复合剂净化微污染水源水技术

1）主要技术性能

该技术利用高锰酸钾与某些无机盐有机地复合，在水处理过程中形成具有极强氧化能力的中间态成分，使得高锰酸盐复合药剂的除污染能力明显优于高锰酸钾氧化、臭氧氧化、粉末活性炭吸附等处理技术，强化对水中有机污染物的去除，同时起到除藻、除嗅、除色、除浊等作用。高锰酸盐复合药剂与粉末活性炭联用可显著地改善饮用水水质，有效地去除水中各种微量有机污染物，明显降低水的致突变活性。

高锰酸盐复合药剂预氧化处理工艺投资要小于臭氧预处理工艺。

2）适用范围及条件

适用于微污染水源水的净化处理。

3）技术要点

该药剂能够和其他净水工艺组合使用，如与粉末活性炭、颗粒活性炭、生物活性炭、生物滤池、臭氧等联用去除有机物污染。高锰酸钾复合剂最佳投放量由进水条件和实验确定，通常为0.3～2.0mg/L。

4）技术推荐：哈尔滨工业大学市政环境工程学院

3. 微污染高浊度水净化技术

1）主要技术性能

该技术是建立在常规给水净化工艺的基础上，采用强化混合絮凝的工艺净化微污染高浊度水的新技术。其技术原理及特点为：

（1）突破传统的脱稳吸附的物化混凝机理，采用新型高效药剂，引入了强氧化晶体析出和化学吸附共沉新概念。

（2）充分利用我国高浊度水泥沙浓度高、颗粒细、比表面积大和吸附各类有机物能力强的自身优势，以及其混凝沉淀后，形成整体网状结构对原水进行悬浮接触过滤净化之特点，实现对水中有机物的高效去除与净化目的。

（3）采用新型药剂联合投加，快速混合清水回流，强化絮凝的高密度旋流絮凝技术与设备，强化常规工艺的混凝分离，达到经济、实用和有效去除水中有机污染物的目的。

试验证明，该技术处理受污染高浊度水的处理效果为：COD去除率90%以上，氨氮去除率30%～50%。

2）适用范围及条件

适用于对高浊度水的净化处理，对其他非高浊度水中有机物的去除同样适用。

3）技术要点

该技术在保持原给水处理工艺和处理设施不变的基础上，增设了重力投药装置、清水回流装置和高密度旋流絮凝装置三套新技术系统。本技术利用重力投药装置投加有机高分子聚丙烯酰胺到回流清水，使得高浊度水在旋流絮凝装置中形成絮体沉淀，从而实现了浊度和水中有机物的去除。

对于聚丙烯酰胺的投加顺序，应先投加聚丙烯酰胺，经充分混合后，再投加普通凝聚剂。

对于聚丙烯酰胺的投加量，由于生活饮用水中，聚丙烯酰胺的投加剂量与原水中的稳定泥砂含量，要求达到的浑液面沉速、混合方式及处理构筑物的形式等因素有关，因此聚丙烯酰胺的投加量需要通过试验或参照相似条件下的运行经验确定。

由于聚丙烯酰胺具有一定的毒性，其纯量最大浓度，在非经常使用情况下（每年使用时间少于一个月）小于2mg/L，在经常使用情况下小于1mg/L。

4）技术推荐：中国市政工程西北设计研究院

4. 低压膜法超净化水处理技术

1）主要技术性能

低压膜法超净化水处理技术核心是运用分离技术原理，根据水体中颗粒界面理论，在低压状态下实现不同粒径过滤分离，对水体中的污染物进行分离、处理，完成对水的逐步净化。低压膜水分离技术在处理方法上属物理法工艺过程，不添加任何化学药剂，并且占地面积小，能有效降低工业运行成本。本技术可单独自成处理体系，也可以与其他物理法、化学法、生物法配套应用，形成深度处理系统。

低压膜水分离设备主要技术参数：

（1）工作压力0.05～0.2MPa

（2）环境温度5～30℃（高温条件另作处理）；

（3）膜孔隙率85%；

（4）过滤率5～6m^3/m^2；

（5）过滤速率1.4m/s；

（6）反洗周期6小时；

（7）反洗水压力0.2～0.3MPa；

（8）反洗强度35～80$m^3/h\cdot m^2$；

（9）反洗延续时间10分钟；

（10）压缩空气压力0.2～0.35MPa

低压膜水分离技术净化效果（以城镇生活污水为例）如表6-1：

低压膜水分离技术净化效果 **表6-1**

项　目	进水水质（mg/L）	出水水质（mg/L）	去除率（%）
COD	≤500	≤30	94
SS	≤500	≤20.0	96
色　度	≤500	≤10	98
浊　度	≤500	≤20	96
石油类	≤50	≤1.0	98
pH值	6～8.5	6.5～7.5	

2）适用范围及条件

（1）可用于3、4、5类地表水直接处理为生活饮用水或其他用途用水；

（2）现有自来水厂改造，使自来水达到直接饮用水水质标准；

（3）现有的一级或二级污水处理厂出水的深度净化处理，实现水回用，如果进一步处理，还可达到生活用水标准；

（4）苦咸水的处理、电厂锅炉软化工业废水处理；

（5）新建污水处理厂应用，可使城镇污水实现回用。

3）技术要点

（1）加强预处理措施，如粗、细砂过滤、紫外杀菌、保安过滤等措施，可保护膜原件，延长低压膜的使用寿命。

（2）在正常运行条件下，膜也可能被无机物垢、胶体、微生物、金属氧化物等污染，这些物质沉积在膜表面上会引起反渗透装置水通量下降或脱盐率下降、压差升高，甚至对膜造成不可恢复的损伤，因此，为了恢复良好的透水和除盐性能，需要对膜进行周期的化学清洗。

4）技术推荐：鞍山高新区归元净化技术研究院

5. 地下水生物固锰除锰净化技术

1）主要技术性能

地下水生物固锰除锰净化技术通过筛选具有氧化铁、锰能力的细菌，利用生物培养的手段进行扩增，接种于除铁除锰滤池中，建立生物滤池，不仅对地下水中的铁有很好的处理能力，而且有很强的除锰能力。

2）适用范围及条件

适用于含铁含锰地下水的净化，并且具有良好的稳定性。

3）技术要点

生物除铁除锰滤池从培养驯化到成熟及至稳定运行需要一定的时间，只有当生物滤层成熟后，滤池才能保证对锰的去除。运行中应保证生物滤池的稳定运行。

对于生物除锰滤池，可控制的运行参数主要是滤速和反冲洗。为保证微生物稳定适宜的生存环境，发挥滤池正常处理效率，应严禁突然加大滤速，如果需要，要考虑滤层的适应过程，每次滤速变化量不超过1m/h。

4）技术推荐：中国市政工程东北设计研究院

6. 分散式终端饮用水净化技术

1）主要技术性能

分散式终端饮用水净化技术利用截留分子量为1万~10万，孔径为0.01μm的超滤膜截留细菌、铁锈、大分子有机物、藻类、胶体等，同时保留对人体有益的微量元素。该技术属于纯物理净化，避免化学消毒剂可能产生的二次污染，而且可增强水分子活性，提高渗透力、溶解力及热传导力。该技术采用垂直交叉流过滤，将超滤膜制成毛细管式，以管壁作为过滤介质，使净水渗出壁外，截留物在管内随时被自来水冲出，实现了自动排污免清洗，避免了一般净水器的易脏堵、产生二次污染的问题。

2）适用范围及条件

适用于各种场所的自来水净水处理，满足生饮及全方位使用净化水的需要。在水质特别差地区或农村需加预滤器。

3）技术要点

（1）首次使用滤机时，应全部打开滤水龙头，半开直通自来水出龙头，将滤芯的保护剂冲洗掉（约需20~30分钟），没有泡沫后，即可正常使用。

（2）日常使用中，应提高普通水的用水量，适当缩短净化水每次连续使用的时间，有利于减少超滤膜表面污染，保持较高的净水通量。为了让超滤机中被截留物彻底排出，可定期对超滤机进行正向冲洗。

（3）滤芯不能干燥保存，也不能放入冰箱中冷藏，短时间保存应浸泡在超滤水和防霉剂的混合溶液中，长时间保存应做干化处理。日常运行外部环境温度为5~45°C，并避免阳光直射。

（4）紧急停水时，应及时将超滤机前的阀门关闭，以防停水后铁锈、杂质等在来水时冲入滤芯，损伤毛细管膜，来水后应先在超滤前的排水处排污后再开超滤机前阀门；如果超滤机前没有安装其他自来水出口，则注意先打开普通水阀，排水后再打开超滤水龙头，有利于脏物排出。

（5）滤机暂时不用时应关闭超滤机前阀门，若3天以上再使用时应先排污冲洗，若有少许异味，可进行消毒处理。

4）技术推荐：海南海口立升饮料设备有限公司

7. 简易砂滤技术

1）主要技术介绍

利用细砂过滤去除水中悬浮物，保障饮用水安全，可供给村镇集中人口使用，适用于各类水质。不需药剂。

2）适用范围及条件

简易饮用水处理设施，适用于偏远山区。

3）技术要点

（1）建造砂滤池。用砖和水泥砌成方形或长方形水池，可按每平方米滤池每昼夜产水3000L计算（约可供100～200人饮用），以实际用水人口计算砂滤池面积。

（2）池底部铺设水管。在管上钻有许多小孔，外包棕皮或编织布，此管可将滤过水导出。

（3）垫层铺设。池下部填入垫层，垫层为粒径1～16mm的豆石、碎石或卵石。较小的放在上层。具体步骤如下：

最下层放8～16mm粒径的石子100mm厚，其上放粒径4～8mm的石子100mm厚，再放上粒径2～4mm的石子100mm厚，最上放粒径1～2mm的小石子50mm厚。垫层总厚度为350mm。

4）技术推荐：哈尔滨工业大学市政环境工程学院

8. 混凝沉淀技术

1）主要技术介绍

混凝沉淀技术能去除悬浮物和胶体杂质，包括水中悬浮的粘土颗粒以及细菌、病毒、蛋白质、腐殖酸等，使水质得到初步净化。目前通用的混凝剂包括：硫酸铝、明矾（硫酸铝钾）、硫酸亚铁、三氯化铁、碱式氯化铝、聚合氯化铝铁、聚合硫酸铝和聚合硫酸铁等。混凝剂投加量宜按表6-2进行。

混凝剂投加量表　　单位：mg/L　　表6-2

原水浊度（度）	明　矾	硫酸铝	氯化铁	碱式氯化铝
100	16	14	8	8
200	21	19	11	10
300	27	25	14	13

续表

原水浊度（度）	明　矾	硫酸铝	氯化铁	碱式氯化铝
400	33	32	18	16
500	39	37	20	19
600	45	43	22	22
700	51	49	24	25
800	57	53	26	28
900	63	59	28	31
1000	65	62	31	32
1100	69	63	33	34
1200	73	67	37	36
1300	77	71	42	38
1400	82	76	46	41
1500	85	82	50	42

混凝剂投加量根据原水浑浊度、pH、水温、混凝剂种类等多种因素，最好先进行试验以确定适宜投加量。

2）适用范围及条件

适用于农村饮用水水质净化。

3）技术要点

使用固体药剂时，先加水溶解配成2%～5%的溶液，在溶解时先加水进行搅拌慢慢加料，而后将配成的溶液加入到欲处理的水中；使用液体药剂时一般直接向处理水加药。向处理水中加入一定量的药剂溶液，控制最终浓度在要求范围内（例如，使用聚合硫酸铝铁一般控制最终加药量每吨水20～30g），加药后要快速充分搅拌一分钟左右，然后再缓慢搅拌5～10分钟，静沉1小时后，即可做后续处理使用。

4）技术推荐：哈尔滨工业大学市政环境工程学院

9. 井水消毒技术

1）主要技术介绍

该技术将漂白粉或漂白粉精倒入简易消毒器中，置于井水中。采用简易投加的方式，去除水井内的有害细菌、病毒等病原微生物。一个大口水井每次消毒可维持半月左右。

2）适用范围及条件

适用于井水消毒。

3）技术要点

简易消毒器可用商品简易消毒器，也可自制，方法如下：取两个空竹筒，用绳连接，下部竹筒内装消毒剂，并钻有数个小孔，投入井中。也可用两个空塑料瓶，以绳连接，其中之一装消毒剂并钻数小孔，投入井中。

消毒剂的投加量根据原水状况、消毒剂的种类和质量确定。可从以下几方面估算：消毒剂放入水中后氧化水中有机物，水中可氧化物越高消耗消毒剂越多。一般而言，洪涝灾害地区，处理水的需氯量约为5~10mg/L。经处理后的水中余氯应不少于0.7mg/L。

使用漂白粉，每吨水可加6~10g，添加时先用少量水将漂白粉溶解调成糊状，再加入水中搅匀，静置澄清30分钟后即可使用；对于使用漂白粉精片，则每100斤水加入一片即可，漂白粉精片需先捣碎，用水调成糊状，然后加水搅拌，静置澄清30分钟后即可使用；对于使用含氯消毒泡腾片消毒，方法与使用漂白粉精片相同，100斤水加一片（约0.65g/片）。

4）技术推荐：同济大学环境科学与工程学院

10. 家用沙滤缸+消毒技术

1）主要技术介绍

家用沙滤缸+消毒技术属于家庭范围使用的简易沙滤技术，适用于各类水质，具有产水量稳定可靠，材料方便易得等优点。

家庭可以用缸或大桶作为沙滤容器，桶下部打孔引水，在底部铺数层棕垫，沙层厚度为400mm左右，沙层上再铺2~3层棕垫，防止倒水时冲击沙层。在滤缸（桶）下放清水容器，以接、盛过滤的清水。

使用该慢沙滤池时需注意以下几点

（1）滤池建成后应洗净；

（2）所垫入沙石料等均应用水洗去泥、细砂粒；

（3）滤池使用时应保持有一定水层，不能使水排完而有空气进入沙层；

（4）滤过速度以不超过每小时0.1~0.2m为宜，可用出水管上阀门调节；

（5）过滤后水用漂白粉或消毒片消毒，投药量为每吨水加漂粉精片10片或漂白粉10g。投药时将所需的漂白粉或碾碎的漂粉精片放在碗内，加少量冷水搅匀，取漂白粉上清液或漂粉精片原液倒入水中，用吊桶将井水上下搅动数次，半小时后即可取用。

2）适用范围及条件

适用于无自来水到达地区，家庭范围使用净水技术。

3）技术推荐：哈尔滨工业大学市政环境工程学院

11. 简易饮用水电解消毒器

1）主要技术性能

简易饮用水电解消毒器由电解池、电源、食盐溶解器和水泵组成，在消毒器后接一个消毒出水的储存池，用以储存消毒后的水。本设备通过电离食盐水，产生具有强氧化性氯离子，次氯酸根离子从而起到了杀菌的作用。当水温在5~30℃，水中氯离子浓度为50~100mg/L时，消毒器反应时间约2分钟，电解电流密度为5mA/cm^2，杀菌率达到99.9%以上。而且简易饮用水电解消毒器消毒后的出水中含有余氯，具有一定的持续杀菌能力。

2）适用范围及条件

在有电的地方都可以使用，适合在边远乡镇和技术水平较低的地方应用。

3）技术推荐：清华大学环境科学与工程系

12. 紫外线消毒设备

1）主要技术性能

紫外线主要是通过对微生物（细菌、病毒、芽孢等病原体）的辐射损伤和破坏核酸的功能使微生物致死，从而达到消毒的目的。紫外线对核酸的作用可导致键和链的断裂、股间交联和形成光化产物等，从而改变了 DNA 的生物活性，使微生物自身不能复制，这种紫外线损伤也是致死性损伤。

紫外线可用于室内空气、物体表面和水及其他液体的消毒。由于紫外线消毒具有不添加任何化学物质、消毒效果好及不产生消毒副产物等优点，越来越受到人们的重视。

2）适用范围及条件

适用于分散用户和高位水箱的饮用水消毒。

3）技术推荐：深圳市海川实业股份有限公司、清华大学环境科学与工程系

13. 给水用塑料管道

1）主要技术性能

与传统金属管材相比，塑料管具有重量轻，耐腐蚀，水流阻力小，节约能源，安装简便等显著优势。在建筑给水（冷水）管道系统中，塑料管材安装方便，工效高、耐腐蚀，使用寿命长。目前常用塑料管材包括：铝塑复合管（PAP）、聚乙烯管（PE）、交联聚乙烯管（PEX）、聚丙烯管（PP-R、PP-B）、PP-R 稳态管、纤维增强 PP-R 复合管、硬聚氯乙烯管（PVC-U）（非铅盐稳定剂生产）、丙烯酸共聚聚氯乙烯管（AGR）等。在选用产品时，性能应符合相应的国家或行业标准要求，卫生性能应符合 GB/T 17219 要求。设计施工时，立管应做防伸缩和固定处理，并应符合相应的工程技术规程要求。

在城乡供水系统中要求塑料管材输送流体阻力小，能耗低，耐腐蚀，使用寿命长。目前在该领域常用品种包括：聚乙烯管（PE）、硬聚氯乙烯管（PVC-U）（非铅盐稳定剂）、玻璃钢夹砂管（GRP）、钢骨架聚乙烯复合管、钢塑复合管（PSP）。在选用产品时，性能应符合相应的国家或行业标准要求，卫生性能应符合 GB/T 17219 要求。设计施工时，应符合相应的工程技术规程要求，且复合管端头金属外露处必须做好防腐处理。

2）适用范围及条件

适用于建筑给水和市政供水管道系统。

3）技术要点

目前，塑料管的连接方式主要有胶粘连接、熔焊连接、机械连接及橡胶圈连接。

（1）胶粘连接：将管材与管件的待连接部分表面涂覆胶粘剂（主要成分为管道材料的溶剂），连接部分表面被溶解后，再紧密接触，在管材和管件接合面处接受外加的压力，从而形成分子间紧密结合。

胶粘连接主要用于硬聚氯乙烯（PVC-U）管，氯化聚氯乙烯（CPVC）管等卤代烯烃类材料以及 ABS 管道。

施工工艺：在涂刷粘胶剂之前，先用砂纸将粘接表面打毛，并用干布擦净，做到粘接表面不沾有尘埃、水迹、油污。当表面沾有油污时，用棉纱沾丙酮等清洁剂擦净。涂刷粘胶剂时，应注意用量，不宜过多，否则影响粘接强度。承插口涂刷粘胶剂后找准方向将管子轻轻插入承口，在找准位置后直接插到插入深度的标记处，并保持外力至固化后。

(2) 熔焊连接。根据管件结构不同，操作工具和操作方法不同，熔焊连接分为热熔连接和电熔连接两种。

热熔连接使用的为热熔管件，将管材和管件连接面用加热器加热到熔融状态后将管材插入管件并施加一定的压力，达到连接的目的。电熔连接使用的是电熔管件，管件内表面嵌有电阻丝，将管材插入管件，接通电路后加热熔化管件外表面和管材内表面，达到熔接的目的。熔焊连接主要适用于聚乙烯（PE）管、聚丙烯（PP-R）管、聚丁烯（PB）管等聚烯烃材料。

施工工艺：采用热熔或电熔连接的给水塑料管应使用厂家提供的专用熔接工具。连接前，应清洁管材接口位置和管件，保证其清洁、干燥、无油。在管材和管件上做出标记，熔合温度要定期检查，确保维持在正确值，熔合时应防止管件和管材向外滑动，加热后严禁转动，严格遵守保持时间和冷却时间。

(3) 机械连接。机械连接可分为压缩型管件连接（挤压夹紧连接）、法兰连接和螺纹连接。

压缩性管件的接头是通过向管件的外壁压紧垫圈或套环而成的，管件有无附加密封件和内部支撑均可。法兰连接指通过两个法兰盘之间用螺栓锁紧使之密封的连接方式。螺纹连接其连接部位的管径一般不大于63mm。注塑成型的螺纹塑料管件与金属配件连接时，将塑料作为外螺纹，金属管配件为内螺纹。若塑料管件作为内螺纹，宜使用在注塑螺纹外部嵌有金属加固圈的塑料连件，或内螺纹为镶铜件的制品，宜采用聚四氟乙烯生料带作密封填充物。

挤压连接管道适用于铝塑复合管、钢塑复合管、PE-X管等；法兰连接通常用于口径较大塑料管与阀门、水表、铸铁管、钢管之间的连接；螺纹连接适用于小口径塑料管与钢管连接。

施工工艺：法兰用螺栓连接时应将螺孔对准后在法兰接触面中间垫橡胶衬片，拧紧螺栓时应对角交错进行。法兰连接时必须有一端允许少许位移。

(4) 橡胶圈连接。橡胶圈连接应使用专用橡胶圈，出厂时已装入管材承口中（由于承口为管材胀扩而成，也称扩口头），规格形状必须与所用管材的承插口形状尺寸配套，应利用专用工具将管材插口插入承口中，利用橡胶圈的弹性变形量进行密封。

橡胶圈连接适用于PVC给排水管道、ABS给排水管道及玻璃钢等，对于大口径管道使用这种方式连接更显优势，且接口处允许2°~5°的转角。

施工工艺：

a．检查管材、管件以及橡胶圈质量，并根据作业项目准备工具。

b. 清理干净承口橡胶圈沟槽、插口端工作面及橡胶圈，不得有尘埃、杂物。

c．将橡胶圈正确安装在承口的橡胶圈沟槽内，不得装反或者扭曲，为了安装方便，可先用水浸湿橡胶圈。

d. 橡胶圈连接的管材在施工中被切断时，须在插口端另行倒角，并应划出插入长度的标线。

e．用毛刷将润滑剂均匀地涂在橡胶圈内侧和管材承插口端外表上，但不得将润滑剂涂到管材承口端的橡胶圈沟槽内，润滑剂可采用洗衣粉水、肥皂水，禁止用黄油或其他润滑剂。

f．将连接管道的插口对准承口，保持插入管段的平直，用拉管器或手动葫芦将管一次插入至标线。若插入阻力过大，切勿强行插入，以防止橡胶圈扭曲变形而漏水。

g．用塞尺顺承插口间隙插入，沿管周检查橡胶圈的安装是否正常。

塑料管道的连接方式对一种材料来说可以有几种方式，可以根据实际需要进行选择。

4）技术推荐：广东联塑科技实业有限公司、华亚东营塑胶有限公司、北京航天凯撒国际投资管理有限公司、江阴市星宇塑胶有限公司、河南安彩华林化学建材有限责任公司、江苏法尔胜新型管业有限公司、河北宝硕管材有限公司、武汉金牛经济发展有限公司

14. 无负压供水设备

1）主要技术性能

无负压供水设备是由不锈钢水箱/罐、水泵、切换装置、增压装置、引水装置、控制柜等构成的智能化供水设备。该设备在市政管网压力充足时，直接从市政管网取水向用户管网供水；当市政管网压力下降至设定值时，通过增压装置将常压水箱中的水增压到与市政管网相同的压力后向用户供水。

该设备设置的枝状球头引水装置，增加了水箱内部水的流动性，解决了传统水箱出现滞留、死水和污染水质等问题。

2）适用范围及条件

适用于自来水管网用户端二次供水。

3）技术要点

（1）基础制作。水箱底部组焊时留出水泵安装位置确保水泵安装与水箱底盘分离。

（2）组焊底盘、顶板，对壁板进行组装，并用拉筋组装焊接箱体。

（3）整体焊接。对箱体进行施焊，必须严格按照焊接工艺执行，确保焊接熔合良好，整体焊接完毕后必须粉刷再用煤油试漏，确保水箱盛满水后无渗漏。

（4）组装水泵。水泵与基础之间必须加减振器，水泵进出口必须装软连接，组装水泵时要从中间定位往两边分布。

（5）煤油试漏，酸洗钝化及清洗。水箱及进出水箱管口等所有焊缝必须严格进行煤油试漏，杜绝渗漏。所有焊缝涂酸洗钝化膏，并擦净用清水清洗干净。

（6）箱顶焊接。水箱内立柱与主拉筋交叉处焊牢，并将立柱与底板焊牢。检查顶板是否均匀覆盖水箱上面，最后将与壁板相接处的焊缝全部满焊。

（7）安装爬梯，清理现场。

4）技术推荐：北京威派格科技发展有限公司、江苏华达建设有限公司

15. 无平衡回水高节能立式多级离心泵

1）主要技术性能

该离心泵为立式单吸多级节段离心泵结构，配用低速立式电动机（4极，每分钟1450转），具有结构紧凑、安装方便、振动噪音低、运行平稳、无平衡回水损耗等特点。该离心泵采用非接触受控膜流体动压节能装置不仅避免了平衡回水损耗，而且还有效的平衡了水泵的轴向力，节能效果明显。

该离心泵采用便拆式结构，无需吊拆立式电机，使用扳手、起顶螺栓等轻便工具直接通过电机支架两边的窗口即可完成易损件拆卸，拆装维护便捷。此外，采用立式多级离心

泵无泄漏组合结构密封，避免了外泄漏水现象。

2）适用范围及条件

适用于居民小区、高层建筑、乡镇水塔供水，以及其他公共建筑的生活和消防供水系统，工矿企业生产消防供水系统等。

应用条件：用于输送80℃以下清水及理化性质类似水的液体，而热水型泵能输送≤100℃的热水。

3）技术要点

提前预制好规定尺寸的水泥底座，预埋好地脚螺栓，做好校平。水泵底座安放在水泥底座上，用地脚螺栓牢固固定好水泵，防止松动。安装时管路重量不得承受在泵体上，为维护方便和使用安全，在泵的出口管路必须安装闸阀和压力表，并在闸阀前安装止回阀。

4）技术推荐：无锡梦宇高节能泵有限公司

16. 取水构筑物自动防堵塞技术

1）主要技术性能

自动防堵塞式取水头是根据流体力学原理，通过研究不同水源流速和水泵流量情况下，取水头部负压场的形状及其最大边界尺寸，开发出的一种能自动将堵塞物清除至负压场边界之外并使其在水源流速的冲击下流走的防止取水头部堵塞的装置。该装置解决了从流动水源取水的水泵取水头部堵塞的问题。其技术性能如下：

（1）该装置工作时，水泵进水管真空度、水泵出水量、水泵电机电流三项参数均保持在取水头部完全无堵塞状态时的参数值，误差不超过5%；

（2）每次清除堵塞物的时间不超过60s，重复性好；

（3）全自动、周期性工作，周期可调，无需人工介入。

2）适用范围及条件

本产品应用于城镇供水行业的给排水设施，广泛适用于从0.1m/s以上流速的流动地表水源取水的移动式和固定式取水构筑物。

3）技术推荐：襄樊供水总公司

17. 大口径管道内涨圈堵漏技术

1）主要技术性能

该技术采用得堵漏材料是由置于管道内的内涨圈和橡胶套组成。施工时剔除管道漏水点附近的内衬，用砂轮打磨光滑，用不锈钢内涨圈将橡胶套固定于需修复的管道内壁。施工方法简便、安全，施工周期短，避免了土方开挖。

2）适用范围及条件

适用于管道公称尺寸800mm以上钢管、球墨铸铁管、铸铁管。

3）技术推荐：北京市自来水集团有限责任公司

18. 排水用塑料管道

1）主要技术性能

在建筑排水塑料管道系统中，塑料管道具有节能，环保，安装方便，工效高，耐腐蚀，使用寿命长等特点，常用品种包括：硬聚氯乙烯（PVC-U）建筑排水管（含实壁管、芯层发泡管、中空壁管、内螺旋管）、高密度聚乙烯（HDPE）排水管、硬聚氯乙烯

(PVC-U)建筑雨落水管。在选用产品时，产品性能应符合相应的国家和行业标准要求，设计施工应符合相应的工程技术规程要求。

在城镇排水塑料管道系统中，塑料管道具有重量轻、耐腐蚀，管材环刚度可根据需要设计；接口密封性能好，不渗漏，可有效防止对地下水的污染等特点，常用品种包括：高密度聚乙烯双壁波纹管、高密度聚乙烯缠绕结构壁管、钢带增强聚乙烯螺旋波纹管、硬聚氯乙烯双壁波纹管、硬聚氯乙烯环形肋管、聚氯乙烯（实壁）管（PVC-U)、玻璃钢夹砂管（GRP）等。在选用产品时，产品性能应符合相应国家或行业标准要求，设计施工应符合相应的工程技术规程要求。管材直径宜采用内径系列，塑料管道排水系统应优先采用塑料检查井。排水塑料管埋地敷设时，一定要遵守“管土共同作用”的原则，切实做好管道周围回填土材料的选择，密实度一定要达到设计要求。否则，会给管道系统长期的安全性埋下隐患。

2）适用范围及条件

适用于建筑排水和城镇排水管道系统。

3）技术要点

管道连接方式同给水管道，对于不同的管材选用不同的连接方式。

4）技术推荐：华亚东营塑胶有限公司、厦门泓皓管业有限公司、广东炜林纳功能材料有限公司、福建师范大学环境材料开发研究所、成都国通实业有限责任公司、北京哈威工程材料有限责任公司、广东联塑市政工程管道有限公司、江苏法尔胜新型管业有限公司、浙江伟星新型建材股份有限公司

19. 居住区排水用塑料检查井

1）主要技术性能

该产品是以注塑、挤出等工艺生产的全塑部件组装而成的排水用检查井。井底托盘选用 PVC-U 或 PP、HDPE 材料，采用注塑成型技术设有排污流道，能有效地防止污物滞留堵塞检查井，提高了排污能力；井筒选用挤出成型的 PVC-U 或 PP、HDPE 管材，采用单层或多层结构，可任意调节检查井高度；接口采用橡胶密封圈柔性连接，既能防止污水渗漏，又能保护检查井不受建筑物微量沉降所产生的应力影响。该产品与其他检查井相比，具有排水流通能力强、密封性能好、施工方便等特点。

根据工程需要，可在检查井井筒上任意方向打孔，配以鞍形接口管件，可连接任意方向的排水管道，以及在特殊场合，采用万向接头连接排水管和检查井，为施工提供了方便。

主要技术性能指标如下：

（1）检查井密封性。常温下，向检查井内注入水至距顶部 25mm 处，保持 5 分钟，检查井无渗漏；检查井浸入水槽内，水面距检查井顶部 25mm 处，保持 5 分钟，检查井无渗漏。

（2）抗轴向偏转密封性。常温下，将检查井井筒轴向偏转 3°，检查井内注水距顶部 25mm 处，保持 5 分钟，井体无渗漏。

（3）抗径向扭曲密封性。常温下，将检查井井筒径向压缩 10%，检查井内注水距顶部 25mm 处，保持 5 分钟，井体无渗漏。

（4）抗径向剪切密封性。常温下，使检查井井筒径向发生 6mm 位移，检查井内注水距顶部 25mm 处，保持 5 分钟，检查井无裂纹、无渗漏。

（5）耐垂直负荷性。加载时，检查井水平方向尺寸变化不大于6%，卸载后无裂纹。

2）适用范围及条件

适用于排水管道工程中的检查井。

3）技术要点

为保证塑料检查井各种物理力学性能及其优良的抗震性，必须正确安装塑料检查井，保证施工安装质量、土壤回填质量。尤其是回填土对塑料检查井的力学性能有很大的影响。

回填土应同时满足三方面要求：必须有足够的承载力，沉降必须均匀，沉降量必须在允许范围之内。因此在回填土时也做到以下两点：

（1）选择回填土时应选择土质均匀、粗颗粒占一定比例、级配连续的优质土，并尽可能少动用原状土，以保证回填土具有足够的承载力。

（2）回填土具有均匀合理的密实度。土体承载力与密实度成正比，回填土后期变形也与回填密实度有关。密实度越高，可能发生的沉降变形量越小，密实度越高越能提高塑料检查井抗震性。

4）技术推荐：常州市河马塑胶有限公司

20. 水处理用浸没式平片膜元件

1）主要技术性能

水处理用浸没式平片膜元件以聚偏氟乙烯（PVDF）为膜材料、甲基吡咯烷酮（NMP）为溶剂、聚乙烯吡咯烷酮（PVP）为添加剂，加入亲水性的有机高分子材料 SPS，经搅拌配制成完全透明的均质溶液，静置脱泡制成铸膜液，使用刮膜机，将膜液均匀覆盖在增强纤维（PET）上，脱水、复卷制成一定厚度膜片。将膜片、导流板、框架组装成膜元件。由于膜片是以增强纤维（PET）为支撑物，PVDF 膜材料渗透在非网状的纤维织物中，增加了过滤层与支持层间的结合强度，保证了过滤精度，提高了膜的抗冲击能力。

该膜元件具有抗污染能力强、通量较大，设计合理，处理效果稳定可长期连续运行，占地面积小，易于施工与安装，运行费用低，清理和维护方便等特点。其技术指标符合《聚偏氟乙烯微孔滤膜》HY/T 065-2002 行业标准要求和产品认定技术条件，已成功应用于城镇生活污水、医院污水、织物洗涤废水、烟草废水处理的 MBR 工程中。

2）适用范围及条件

可广泛应用于生活污水和各种可生化工业废水的处理及中水回用工程。

3）技术要点

（1）安装环境：所有水处理构筑物施工完毕。水温 15～35℃，污水 pH 在 3～12 范围内，环境无腐蚀性气体，池体周围清洁无杂物。

（2）安装准备：检查污泥状态，最佳活性污泥浓度 6000～10000mg/L；检查膜组件情况，膜外观应无划痕、破碎部位；膜片拆除过程中不与尖利物体碰擦。

（3）安装步骤：

a 将检查合格的膜元件延膜组件壳体上的插入口插入，把衬片塞入膜元件上部间隙，并用压条压住、螺丝固定。

b 然后将安装膜元件后的膜组件放入生物反应器中并定位，要求倾角不大于3°。

c 用软管将膜元件的抽吸口、组件上的抽吸总管的抽吸口紧密连接。

d 将组件的曝气管和抽吸管与外部曝气总管和抽吸总管连通。

e 最后将清洗水箱就位，连接清洗管道。

（4）膜组件维护：膜组件在使用过程中必须保持操作条件稳定，以减少膜污染。当膜污染严重而无法恢复设计出水量时，必须进行化学清洗或物理清洗。清洗可采用酸洗或者碱洗方式，物理清洗将膜元件取出膜组件后，用压力水柱冲洗膜表面。

当膜的运行时间达到规定的使用寿命或在使用过程中损坏，而清洗不能恢复其功能，应对膜进行更换。

4）技术推荐：江苏蓝天沛尔膜业有限公司、南京工业大学

21. 生物接触氧化法污水处理技术

1）技术性能

该污水处理技术是将比表面积达到50000 m^2/m^3 的生物带填料作为生物载体，接种复合菌剂，配合微曝气系统，使得复合菌迅速复苏、繁殖生长，并附着在生物带上形成生物膜。生物膜上的生物群以污水中的有机物作为碳源和氮源，可溶性无机盐为磷源和微量元素来源，消耗分解有机物，最终转化为 CO_2、H_2O 和 N_2，并将磷转换成 ATP 形式储存在细胞内，从而达到净化水体的目的。

该技术具有多种微生物与后生动物共同形成高效生物膜，可去除 COD、NH_3^--N、BOD，具有出水水质稳定，产泥少等特点。

2）适用范围

适用于生活污水、工业废水和河道、湖泊、景观水处理。

3）技术要点

河道、湖泊、景观水处理应根据现场具体情况，因地制宜，将生物带、曝气敷在水体中。

4）技术推荐：湖北科亮生物工程有限公司

22. 自然生态活性填料污水生物处理技术

1）主要技术性能

该处理技术在生物接触氧化工艺的基础上，针对其运行过程中填料的堵塞问题和混合流态上的硝化问题，利用废弃蚝壳作为反应池填料，并完成了对河海交汇处河道污染水进行生物处理的生产性试验研究。该试验处理对象分别是河道混合污水和河口交汇污水，通过生物处理辅以适当生态措施，达到生态治污和废物利用的双重目的，从而解决了感潮河段交汇污水含盐浓度高的处理难题。研究结果表明，蚝壳表面能聚集活性微生物，对污水中的 BOD_5、COD_{Cr}、NH_3^--N、SS 去除效果良好，且可显著降低填料费用。

自然生态活性填料污水生物处理技术采用废弃蚝壳作为填料，其孔隙率高，表面极易生长净化污水的微生物，具有良好的去除污染物性能。同时以废治废，价廉易得，可以显著降低填料费用。试验表明其对污染物质去除率高，且耐盐水环境，在填料顶部上面还可种植植物进行生态化处置。

2）适用范围及条件

适用于蚝壳资源丰富地区的河道污染水的处理；也可作为湿地、稳定塘等的前处理。

3）技术要点

蚝壳填料具有空隙率大，不易堵塞，反冲洗周期长的特点。反冲洗可采用分段反冲洗和表面反冲洗相结合的方式，反冲洗时间根据出水状况而定，一般不超过30分钟。反冲洗周期可根据出水悬浮物浓度变化确定，对每个曝气区域轮流集中反冲，反冲洗出水颜色均逐渐由深褐转浅即可。

4）技术推荐：城市建设研究院

23. 射流间歇曝气技术在氧化沟中的应用技术

1）主要技术性能

射流间歇曝气技术在氧化沟中的应用技术主要基于气液传质双膜理论、同步硝化反硝化原理和间歇曝气理论，采用深层射流曝气，研制高效射流曝气装置，利用射流曝气器将气流或气-液混合流导入曝气池，强化气液传质，提高氧的转移效率，改善污泥活性，增大污泥浓度，提高曝气系统动力效率和基质降解速率。同时利用间歇曝气操作，创造时间序列上好氧、缺氧和厌氧环境，实现有机碳源污染物的去除、同步脱氮除磷，简化了工艺，提高氧化沟运行容积负荷和有机物降解能力，节约了曝气电耗和土建投资。

该技术与传统氧化沟方式相比，具有处理效果好、氧利用率高、占地面积少、运行费用低、脱氮除磷能力强、曝气系统寿命长、维修方便等优点。

2）适用范围及条件

该技术可广泛应用于污（废）水生化处理工艺。

3）技术要点

（1）曝气系统及配套设备的选型：低压射流曝气系统的配套设备为循环泵和鼓风机，为降低造价，便于变频调速控制风量，常选用罗茨风机。

（2）确定工艺参数：根据设计水量，设计进水水质，设计出水水质，按照曝气氧化沟参数和试验结果确定间歇流曝气氧化沟工艺设计和运行参数。

（3）各处理构筑物的确定：射流间歇氧化沟工艺构筑物主要由粗格栅、提升泵房、旋转细格栅、曝气沉砂池、射流曝气氧化沟、二沉池、污泥回流池等几部分组成。

4）技术推荐：城市建设研究院

24. 人工湿地潜流碎石植物床污水处理技术

1）主要技术性能

该处理技术筛选培育了适用于我国北方地区的多年生具有一定净化能力和经济价值的水生植物；研究了人工湿地系统越冬运行性能；确定出适用于我国北方地区人工湿地系统诸单元主要各项指标的设计与运行数据，并确定各主要单元各项指标的污染负荷与去除负荷。

在人工湿地工艺中，污水经格栅和沉淀池预处理，再经两级碎石植物床处理后，处理水的各项指标达到甚至优于二级处理技术应达到的水质排放标准。碎石床由床体、床内的碎石层，种在碎石层上的水生植物及床体上的进水口、出水口组成，碎石粒度1~10cm，碎石层厚度60~100cm。通过插片试验观察，湿地中生物膜形成较好，呈深黄色，生物菌群以菌胶团为主，新鲜透明，片状较大有一定的活性。另外，还存活部分丝状菌和原生动物等，说明根区部位氧很充足，适宜多种微生物生长、发育和繁衍，对净化污水起到重要的作用。

2）适用范围及条件

适用于地处北纬41度，年平均气温6.6~7.2℃，极端气温达-29℃的地区的污水处理。

3）技术要点

为保证湿地的处理效果，使污水在湿地床层内流程顺畅，应考虑在湿地整个宽度上均匀布水和集水的问题。穿孔大小及间距取决于进水流量、水质情况、水力停留时间等因素。

在运行过程中，湿地内部会形成一些生物膜等沉积物，为了有效防止堵塞淤积，为此需要在湿地底部设计一套导膜冲洗系统，定期开启，利用快速的水流将这些沉积物从湿地排出。同时，为保证湿地系统的安全稳定运行，需要对系统进行水位控制、进出水装置维护、护堤修整，植物管理，以保证系统各季节的运行效果。

4）技术推荐：赤峰市城镇建设处

25. 一体化氧化沟污水处理成套设备与应用技术

1）主要技术性能

一体化氧化沟又称合建式氧化沟，集曝气、沉淀、泥水分离和污泥回流功能为一体。一体化氧化沟不设初沉池、二沉池、调节池和污泥消化池，不设污泥回流泵站，利用侧沟或中心岛进行泥水分离，实现了污泥无泵自动回流，具有工艺流程短，构筑物和设备少，设备故障率低，投资省、占地少、能耗低、易于操作管理的特点。其造价、占地、运行费用比其他常规法节省三分之一以上。

该处理设施可处理 $COD_{Cr} \leqslant 800mg/L$，$BOD_5 \leqslant 400mg/L$ 的污水，处理后水质指标达到并优于国家污水排放标准 GB 8978—1996。

2）适用范围及条件

适用于城镇污水、生活小区污水、旅游区污水以及工业企业的高浓度有机废水处理。

3）技术要点

侧沟固液分离器是该一体化氧化沟技术的关键，直接决定着出水水质的好坏。分离器宜设置在氧化沟流态较好的区段内，若分离器前设有转刷，则二者之间的距离应足以使气水分离，且二者之间应考虑整流措施。

4）技术推荐：四川华健环保产业有限责任公司

26. 浓缩压榨带式过滤机

1）主要技术性能

该机根据机械浓缩压滤脱水的原理研制而成，具有投药量少、处理能力大、构造紧凑、操作管理简便等特点。含水率为99% ~99.5%的污泥经该机械压榨脱水后，含水率变为76.5% ~80%，处理能力136 ~200（kg·ds/h·m）。

2）适用范围及条件

适用于城镇污水和工业废水处理厂污泥脱水需要。定制机器时，需用单位必须提供污泥性质和处理要求（如物料名称、进料含水率、处理量和泥饼含水率等），还须提供污泥采用的絮凝剂牌号。

3）技术要点

（1）浓缩压榨带式过滤机不宜用于挥发性悬浮固体（VSS）含量高的或含油的污泥脱水；

（2）污泥脱水设计应与污水厂（站）设计相协调；

（3）污水厂内配置压滤机台数不宜少于2台，进入压滤机的污泥含水率一般不应大于98%；

（4）压滤机附属设备包括储泥槽、进泥泵、溶药池、加药泵、污泥凝聚混合设备、空压机、泥饼输送机、滤布冲洗水泵等。各设备应合理布置，组合使用。其次每台压滤机应单独设置耐腐蚀加药泵，并有计量，调节装置。压滤机相应配置空气压缩机和冲洗泵，并至少有一台备用的空气压缩机和备用泵。

4）技术推荐：江苏省启东市鑫杰环境工程设备有限公司

27. 可变微孔曝气器

1）主要技术性能

该曝气器的底盘、托板、压盖及插板采用ABS工程塑料制作；布气板由进口特殊合成橡胶制成，表面布满微细的小孔。曝气器在充氧曝气时，布气板上微孔自行鼓胀胀开，确保空气通过，在停止曝气时，布气板上的可变微孔呈封闭状态，由于布气板的变形及可变微孔的自行扩张和收缩，避免以往曝气器微孔受堵现象。其次在曝气器的底盘设有气阀装置，当管道系统停止供气时阻止混合液进入布气支管，这样，可避免支管内进入混合液而被堵塞。进入的空气不需特殊过滤，间歇曝气均不堵塞。该曝气器并对可变微孔曝气器类普遍出现的布气气板（即橡胶膜片）易吹膜现象进行较大的技术改进，增加了膜片与底盘之间的防锁定装置，使其在长期运行中免去维修之苦。

KBB型可变微孔曝气具有结构新颖、抗腐性能强、防堵塞、防膜片吹脱和免维修的特点。氧利用率和动力效率分别高达23%～31%和5.87～8.15kg/kW·h，阻力损失1500～2500Pa。

2）适用范围及条件

适用于生活污水处理工艺中的曝气需要，也可作为工业废水生化处理工程中的曝气装置。

该产品可安装在支管直径为ϕ63mm、ϕ75mm、ϕ90mm、ϕ110mm的UPVC、ABS等塑料管上，亦可安装在3/4寸的内螺纹管上。

3）技术要点

（1）在安装曝气器时，先将卡扣的上部直接插入布气支管上直径为ϕ20mm的孔内，并用下卡扣推进卡紧。

（2）将固定托架按设计位置用膨胀螺栓固定在池底上，调节管道的水平，以保证全部曝气器布气均匀。然后装上布气支管。

（3）曝气头要等配气管安装完毕，经过反复喷吹将尘土碎屑完全吹净后方可安装，将曝气头直接同布气管上的卡扣内螺纹连接。

在安装时全池曝气头的表面高低应不得超过±5mm，因此，曝气池底部的施工应达到施工精度要求。曝气头安装完毕后，要在池内放水超过曝气头表面50mm左右进行检查，当每个曝气头的供气量为1.5～2.0m^3/h时，看所有接口是否漏气，布气是否均匀。

使用注意事项：

（1）鼓风机前要安装空气净化设备，进入布气干、支管的空气应是无油空气。

（2）布气支管应采用闭路循环，每组支干管应设置阀门，便于调节空气量，并在支管末端设置气压排水管，以排除因安装、调节或停机再曝气而造成的管内积水。

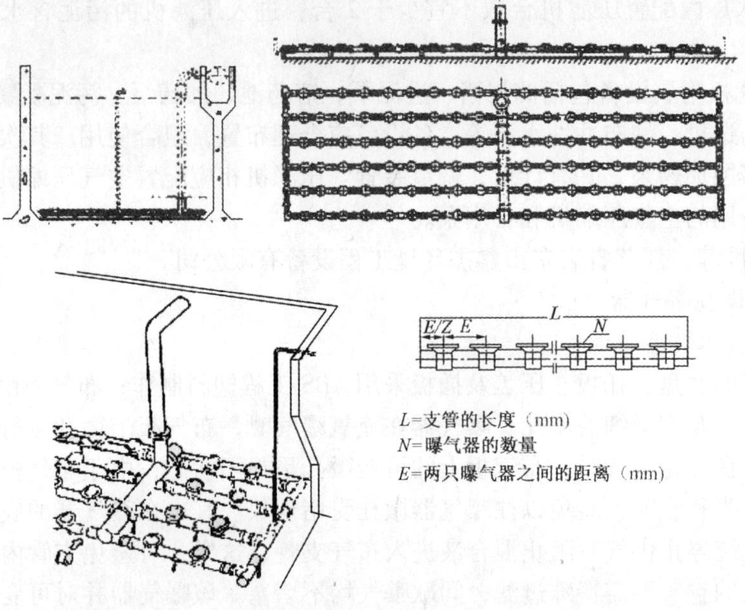

图 6-20　曝气头布置和曝气器与气压排水管安装

（3）空气管设计流速；干管为 10～15m/s；支管为 5m/s。

4）技术推荐：玉环县楚门净化设备厂

28. 水面漂浮物打捞船

1）主要技术性能

该水面漂浮物打捞船的拦截打捞装置主要由喷水导流装置、固液分离器传送装置、螺杆压榨输送装置组成，能高效的将水面漂浮物和半漂浮物打捞到船上。该输送装置具有作业效率高、作业适应面广的优势。

水面漂浮物打捞船具有导流、打捞、压缩、储存、转运、污水收集等综合作业能力，特别适合大面积水生植物污染治理。由喷水导流、固液分离器、螺杆压榨机组成的拦截打捞装置具有作业效率高、作业适用面广的优势。水面漂浮物打捞船的作业宽度不小于 8m、作业效率不小于 $700m^2/h$、压缩后水草垃圾体积不大于原体积的 30%、储存能力不小于 15t。

主要技术参数：

船型：双体船；总长 L：27.55m；型宽 B：8.60m；型深 D：2.60m；吃水 d：1.95m；片体型宽 b：2.80m；船员定额：5 人；自由航速：8.5kN；续航力：40h；漂浮物储存量：15t；污水装载量：20t；吊机起重量/跨距：1.0t/8.0m；打捞作业宽度：8m；打捞作业深度：0.5m；打捞作业效率：$700m^2/h$。

2）技术要点

本船适用于 B 级、C 级航道，适用于大面积水生植物污染治理，并具有综合作业功能。

3）技术推荐：上海市废弃物处置公司

重点推荐技术及相关资料详见附送光盘。

第七章　垃圾及粪便的处理

垃圾和粪便是农村主要的污染源之一，垃圾和粪便的有效处理是新农村建设的重要内容之一。目前我国广大农村垃圾和粪便收集与处理系统还不够完善，也缺乏经济有效的处理方法，因此，给农村环境造成了严重的污染。现阶段农村垃圾和粪便处理最常用处理方法是卫生填埋，但堆肥、厌氧消化、生物质气化、有机垃圾微生物处理等技术也有应用。

第一节　垃圾收集与处理

一、垃圾收集

农村垃圾的收集与处置应遵循村收集、乡运输、县处置的原则，即在村中设计多个固定垃圾收集箱，并统一设置一个垃圾存放站（或垃圾中转站），由乡统一送至由县统一规划设置的垃圾处理厂。

垃圾可分可回收垃圾（资源类垃圾）、不可回收垃圾（有机类垃圾）和有害垃圾。

在垃圾收集转运过程中，常用的装置和设施有自卸式餐厨垃圾收集车、垃圾压缩机、垃圾压缩机系统、小型生活垃圾收集压缩中转站、压缩垃圾中转站等。

二、垃圾处理与处置

农村垃圾的处理与处置主要有卫生填埋、生物质气化技术、有机垃圾微生物处理技术、蚯蚓堆肥处理技术、活性生物复合净化剂净化技术等。

1. 卫生填埋

卫生填埋是从传统的堆放和填埋处理发展起来的一项生活垃圾处理技术。所谓卫生填埋，就是能对渗沥液和填埋气体进行控制的填埋方式。防渗处理是生活垃圾卫生填埋场防止渗沥液污染地下水所采取的基本手段，也是选址和建设要考虑的重要因素之一。在填埋场基底没有天然隔水层的情况下，为防止垃圾渗沥液污染填埋场及其周围的地下水，需要对填埋场采用防渗处理。填埋场的防渗处理应采用水平防渗。填埋场水平防渗人工衬层主要有两类，一类是粘土衬层，另一类是人工合成衬层（又称土工膜），通常采用12mm厚的高密度聚乙烯（HDPE）膜作为衬层材料。

卫生填埋主要内容包括：

①场地防渗处理；

②铺平、压实、覆盖填埋操作工艺；

③渗沥液治理；

④填埋气体治理；

⑤其他防治鸟类、灭蝇、除臭等措施；

⑥封场与封场后土地的合理利用。

2. 生物质气化技术（工艺）

生物质气化技术，主要是以低生物质为原料的气化技术，使低生物质完成从固态到可燃气体的转化。低生物质是以农作物秸秆为主，还可以使用玉米芯、木屑、柴草等。农村垃圾的生物质气化就是通过有机废弃物净化造气炉，利用秸秆、柴草、谷壳等废弃物，经高温热解产生可燃气体。该技术能源转换率高，能耗低，燃烧时间长，火力大而稳定，燃烧时无污染，既改善了农村生产和生活环境，又节约了资源和能源。该产品操作简单，经济合算，具有“炊事、取暖、淋浴”三大功能，和“安全、环保、节能、方便、耐用”五大特点。

3. 有机垃圾微生物处理技术

有机垃圾处理机是通过微生物相关菌群及分泌的各种生物酶，将生活垃圾中的碳水化合物、蛋白质与脂肪等高分子化合物经复杂的生化反应，逐步分解为各类低分子化合物，如 CO_2、NH_3、酒精、有机酸等，这些物质再经分解生成水和 CO_2 从垃圾中蒸发排出，从而使有机垃圾达到减量化、无害化。微生物菌群也利用这些物质不断地得到繁殖，同时释放出能量。

4. 蚯蚓堆肥处理技术

蚯蚓堆肥处理技术的基本原理是利用蚯蚓食腐、食性广、食量大及其消化道可分泌出蛋白酶、脂肪分解酶、纤维分解酶、甲壳酶、淀粉酶等酶类的特性，将经过一定程度发酵处理的有机固体废物作为食物喂食给蚯蚓经过蚯蚓的消化、代谢以及蚯蚓消化道的挤压作用转化为物理、化学以及生物学特性都很好的粪，从而达到无害化、减量化、资源化的目的。

5. 活性生物复合净化剂净化技术

通过对甄选菌株的电子受体和营养源进行改良驯化，使其代谢活力增强，耐受力提高，能适应富氧、厌氧和缺氧的工作环境，承受高浓度污染负荷的冲击。并利用该菌种对液相、固相、气相界面中的有机介质进行充分分解，使得有机物最终转化成 CO_2、H_2O、灰质等无害物质。

第二节　粪便处理

一、堆肥

农村粪便处理最有效的处理方法就是堆肥。通过堆肥不仅可以减轻粪便的环境污染，而且还会得到有机肥。粪便可以单独堆肥，也可以和生活垃圾一起堆肥。

堆肥是利用微生物降解垃圾中有机物的代谢过程，垃圾中的有机物经高温过程分解后成为稳定的有机残渣。好气堆肥工艺通常由前处理、主发酵（一次发酵）、后发酵（二次发酵）、后处理与贮藏等工序组成。当垃圾中有机物含量大于15%时，堆肥处理可使垃圾达到无害化、减量化的目的，一般来说，在堆肥过程中，当垃圾经过55℃以上高温发酵一段时间以后，便可达到无害化目的，同时经过生物氧化过程，可减容1/4～1/3而实现减量化。垃圾堆肥可用于农业生产，以增加土壤有机质含量，因此垃圾堆肥法的资源化效益很显著，但堆肥要求垃圾中有机质含量高，重金属含量低。

二、厌氧消化

厌氧消化法是使有机物在厌氧环境中，通过微生物的消化作用，产生可燃气体—沼气，将有机物转化为能源用作生活燃料，同时产生的沼渣又是优质肥料，因此，该方法能够使有机物充分资源化。发酵原料以人、畜、禽粪便为主。粪便厌氧消化具有废物资源化、管理方便、投资少、容易操作等优点，便于在广大农村地区推广使用。

三、成套处理设备

目前也有一些专门用来处理粪便的成套设备。有的设备是通过粪便分选，将大块物质（石块、塑料袋、玻璃、破布等）和粪液流经格栅区时拦截的粒径大于10mm的物质经排渣螺杆提升、压榨、脱水，然后密封包装运输至垃圾填埋场填埋或焚烧。分离后的滤液及清洗水经导流管流至调节池，排污泵将调节池内的滤液送至污泥脱水装置，经絮凝反应器进入污泥脱水机压榨、脱水，产生的上清液可进入污水管网进一步深化处理，粪泥可制成有机肥产品。

有的设备是利用物理、化学、生物技术相结合的方法，对人粪便进行无害化处理、资源化利用。处理过程中要投加除臭剂、灭病原体剂、水处理剂、降解增效剂等对人粪便进行除臭、灭病原体、水解处理，彻底消除人粪便对环境的污染，并对其进行资源化利用，使其在农业中发挥重要的作用。

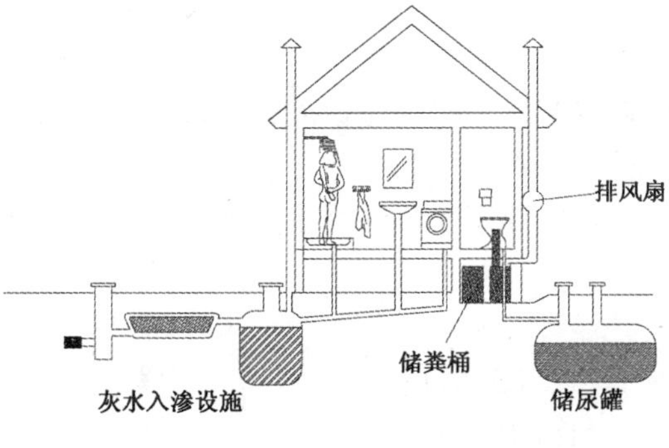

图7-1　粪尿分离式卫生厕所系统图

利用环保卫生厕所也能使粪便得到处理。图7-1为粪尿分离式卫生厕所系统图。这类厕所的实质是将把粪尿分流，尿液流入储尿罐，粪便掉入储粪桶。放置储粪桶的地方要设通风设施。这类厕所的关键是大便器具有粪尿分流功能。

另外，能够利用微生物降解有机废弃物的微生物生态厕所也可以用在农村的一些特殊场所。这类厕所是将专用的微生物菌剂加入到放置于厕所发酵槽内的菌床载体（锯末或刨花等蓬松体）中，当人的排泄物进入发酵槽后通过搅笼式搅拌器搅拌后与菌床充分混合，经好氧菌等菌种进行分解。该厕所在处理过程中，不产生二次污染，是一种具有免水冲功能，可实现粪便无害化、资源化处理的新型生态厕所。

第三节　推荐技术

1. 自卸式餐厨垃圾收集车

1）主要技术性能

自卸式餐厨垃圾收集车在标准汽车二类底盘上增加专用装置，可对餐厨垃圾进行自动装载、压缩减容，实现餐厨垃圾的固液分离、分开储存、密闭运输、分别排卸等功能。其动力源来自底盘发动机，通过取力器带动液压系统工作。主要工作机构包括装载举升机构、压缩机构、装载罐、装载罐顶盖、装载罐后门及其密封锁紧机构等。可伸缩式压缩盘及其密封，可以将餐厨垃圾中含有的污水挤压分离，实现固液分离与压缩减容；垃圾桶自动提升装置，运行平稳无冲击，噪音小，可靠性高，无二次污染；后门密封与锁紧系统，采用全断面密封结构与液压施力、机械楔锁相结合，彻底解决了垃圾车污水滴漏的老大难问题。另外，还设有洗涤冲洗系统，采用直流微型水泵及喷水系统，可在作业后对车辆及其周围环境进行清洗。

性能指标：

整备质量：3900kg；最大装载量1500kg；最大总质量5400kg；外形尺寸（长×宽×高）：5405mm×1900mm×2480mm；有效装载容积：2.5m^3；污水箱容积：400L；洗涤水箱容积：85L；压缩方式：液压压缩（带密封）；垃圾排卸方式：液压推卸（推盘优化）；装车装置：液压举升机构；水分清除（固液分离）：压缩脱水分离；容器密封结构与方式：橡胶密封及专用锁紧机构。

2）适用范围及条件

适用于各种不同含水量、含油、含盐的餐厨垃圾的收集、运输、处置。

3）技术要点

餐厨垃圾运输车应该按照规定的时间和路线行驶，沿途不得滴漏、撒落；餐厨垃圾运输设备和工具应当具有餐厨垃圾运输明显标识，并保持整洁完好。

4）技术推荐：上海环境科技装备有限公司

2. 垃圾压缩转运设备

1）主要技术性能

该种设备通过对垃圾的压缩装箱，增加垃圾装载容重，提高垃圾的运输效率。垃圾的压装由微电脑控制，压缩机由液压系统控制，压力可调。该种垃圾压缩设备有机箱一体式、机箱分离式、预压缩式等多种。一般根据垃圾转运规模的不同可以选择不同规格的压缩机和箱体。

性能指标：

压缩比	1.5R2.5∶1；
液压系统压力	15R18 MPa；
压缩机推头推力	90R400 kN；
工作噪声	≤65dB（A）

2）适用范围及条件

适用于中小城镇生活垃圾的收集转运。

3）技术要点

设备订货后由设备成套供货商提供设备安装条件图，由设计单位进行垃圾收集转运设施的总体、建筑结构、配电、上下水等工程的设计，然后由施工单位进行整体施工。由于设备与土建及其他工程存在较多的交叉，因此在土建及其他配套工程施工时应及时预留、预埋设备安装所需的部件、空洞等。

4）技术推荐：上海纪明环保设备科技有限公司、秦皇岛新谊工程有限公司、珠海联

谊机电工程有限公司、广州市环境卫生机械设备厂

3. 生活垃圾综合利用处置系统工艺技术

1）主要技术性能

该工艺以消解技术为核心，集成了垃圾筛选分类、焚烧、资源利用等过程。它采用气流、水洗分选技术，热降解串联装置，往复式炉排，大容量焚烧炉等设备对垃圾进行热解、焚烧处理。处理后的废渣可用于焚烧供热、可燃物造粒深加工及制砖、造肥。该工艺过程连续、封闭、清洁，整体工艺组合合理。

性能指标：

（1）垃圾热降解处理可在90分钟左右完成，保证垃圾快速化处理；

（2）垃圾经热降解处理即可完成灭菌、除臭，并可减量2/3左右；

（3）垃圾处理过程中产生的气体、液体、废渣全部达标排放，无二次污染，无恶臭产生；

（4）利用可燃垃圾焚烧产生的热能供热降解处理使用，循环利用热量，降低运营成本。

2）适用范围及条件

适用于生活垃圾处理。

3）技术要点

（1）上料皮带机将处理后的可燃物输送到供料斗中，配用水平推料器，连续稳定地向炉膛内供应燃烧垃圾，按要求调节供应量；

（2）采用辅助燃油系统提供的热量，使炉膛内温度不低于200℃时开始进料；

（3）采用二次焚烧法，严格控制炉膛内的温度在850℃以上；

（4）炉膛内设置的水冷壁管直接用火加热后，促进了垃圾的干燥、燃烧、燃烬，产生的蒸汽上升到连通管进入上汽包。打开上汽包阀门，将蒸汽送到热降解罐内；

（5）配套了负压抽风系统，将垃圾贮池、卸料仓、分选车间、热降解产生的废气引至焚烧炉焚烧氧化，然后进入尾气处理系统。

4）技术推荐：山西榆次鼎泽洲环保产业有限公司

4. 生活垃圾消解处理技术

1）主要技术性能

该技术是采用消解技术对垃圾进行工业化处理，垃圾不需要堆放脱水，直接将垃圾用输送设备送入RD消解罐中，向RD消解罐中通入一定温度、压力的热饱和蒸汽和催化剂，经过一定时间的反应后（此过程完成对垃圾的消化降解、灭菌、脱水、脱臭、减容等），排出垃圾脱水产生的反应液，然后将处理后的垃圾喷放到卸料车间。喷放过程对物料具有输送、闪蒸干燥、膨化、混合、粉碎、分离的作用。在消解反应过程中，只是垃圾成分中厨余部分和易腐有机物发生消解反应，保持反应过程pH在7~8之间，对金属、电池不发生反应。垃圾由卸料车间连续输送到成品车间进行筛分，经过筛分形成①可燃物燃料（RDF燃料）；②R型营养土；③塑料类；④金属类；⑤玻璃、砖瓦类。

该项技术可在90分钟时间内最大程度上实现垃圾的无害化、减量化、资源化处理，不造成二次污染，具有投资少、建设周期短（从设计到投入使用仅需6个月完成）、运行成本低等特点。

2）适用范围及条件

适用于城镇生活垃圾、污水处理厂污泥、粪便无害化处理、河道淤泥等的无害化处理。

3）技术推荐：烟台润达垃圾处理开发有限公司

5. 有机垃圾微生物处理机

1）主要技术性能

通过微生物相关菌群及分泌的各种生物酶，将生活垃圾中的碳水化合物、蛋白质与脂肪等高分子化合物经复杂的生化反应，逐步分解为各类低分子化合物，如 CO_2、NH_3、酒精、有机酸等，这些物质再经分解生成水和 CO_2 从垃圾中蒸发排出，从而使有机垃圾达到减量化、无害化。微生物菌群也利用这些物质不断地得到繁殖，同时释放出能量。

有机垃圾处理机能就地消化处理每天产生的有机垃圾，卫生，方便，运行噪声小，无异味，无二次污染，降解后的有机垃圾残存物重量比原重可大大降低。

该种有机垃圾处理机可通过加入通过优化、培养和筛选的微生物菌剂，加快有机垃圾的分解，并可对物料温度、供氧量进行控制，实现有机垃圾的快速、就地处理，减小垃圾的运输成本。

性能指标：

含菌量	$\geq 1.5\times10^9$ 个/g；
菌种生长耐温幅度	20℃～70℃；
菌种生长耐盐范围	2%～25% NaCl

2）适用范围及条件

适用于居民小区分类收集的有机垃圾及餐饮垃圾的处理。

3）技术要点

设备应安装在专门的垃圾房内，不得露天放置。须有 380V 的电源，并配有水源和下水沟。生活垃圾须经过分类（有机、无机、再生资源）。

4）技术推荐：上海恒晔生物科技有限公司、上海复旦浦发环保科技有限公司、北京格泰生物科技有限公司

6. 有机污染物活性生物复合净化剂

1）主要技术性能

本技术通过对甄选菌株的电子受体和营养源进行改良驯化，使其代谢活力增强，耐受力提高，能适应富氧、厌氧和缺氧的工作环境，承受高浓度污染负荷的冲击。并利用该菌种对液相、固相、气相界面中的有机介质进行充分分解，使得有机物最终转化成 CO_2、H_2O、灰质等无害物质。

2）适用范围及条件

有机生活固废的就地生物消纳；垃圾填埋场的生物修复工程；城镇生活污水的生物处理及中水回用；富营养水体的生物修复；通沟污泥的生物消化和资源再生；化粪池和粪尿管道的生物除臭和生物除淤；餐饮废油的生物降解。

垃圾生物消纳须先收集分类；富营养化水体生物修复须先截污。

3）技术推荐：上海玉垒环境生物技术有限公司

7. 生活垃圾卫生填埋场防渗工程施工技术

1）主要技术性能

该技术选用多种土工材料，采用不同的材料搭配，通过铺设安装实现防渗效果，最终达到防止垃圾渗滤液污染地下水及周边环境目的。该技术核心内容是 HDPE 防渗膜的铺设安装，其主要工艺为基层的检查，勘测与规划、材料裁剪及运输、铺设及焊接、检测及验收。

2）适用范围及条件

适用于平原形、山谷形、坡地形、滩涂性城镇生活垃圾卫生填埋场和工业垃圾安全填埋场以及水渠、水池的防渗工程。

3）技术要点

施工时，无四级以上大风、无雨水、泥沙及其他污染物。

4）技术推荐：深圳市胜义环保有限公司、广州市胜义防渗工程有限公司

8. 回转式固液分离机

1）主要技术性能

回转式固液分离机是一种以固液分离为目的，可以连续自动清除流体中各种形状杂物的装置。它可以作为一种专用设备广泛地应用于污水处理、自来水行业、电厂进水口，同时也可以作为纺织、食品加工、造纸、皮革等行业生产工艺中必不可少的专用设备。

该固液分离机是由专用的耙齿装配成回转格栅链，在电机减速器的驱动下，经链轮传动，使耙齿链进行逆水流方向回转运动，以自动清除流体中各种形状的固体杂物。整个工作过程可以是连续的，也可以是间隔的。

设备性能特点：

（1）设备自动化程度高，可在无人看管的情况下连续稳定工作；

（2）分离效率高，动力消耗小，无噪音，耐腐蚀性能好；

（3）设有故障报警装置，可避免设备超负荷工作；

（4）设备具有很好的自净能力，不会发生堵塞现象，所以日常维修工作量很少；

（5）封闭式牵引链设计，避免杂物进入，使运行更稳定可靠；

（6）设备上部有检修孔，不必吊起整机或到水下进行检修；

（7）采用整机吊装，安装方便，土建简单。

技术指标：

耙齿栅隙为 1mm、3mm、5mm、10mm、20mm、30mun、40mm、50mm 八种规格；安装角度 60°～80°；电机功率 0.37～3kW；耙齿链运转速度每分钟 2m（栅前水深为 1m 时）；耙齿链荷载 135ks；过水流量 1850～296400t/d。

2）适用范围及条件

适用于管渠的杂物去除，污水处理的预先筛分，水厂取水点和电厂冷却水出水口处；纺织、印染、化工、屠宰、制革、造纸、酿酒等废水处理的前级筛分。

3）技术要点

设备标准沟深为 1535mm，可根据用户需要及使用实际情况任意加长，特殊规格另行设计。

4）技术推荐：江苏泉溪环保股份有限公司

9. 粪便处理工艺及成套设备技术

1）主要技术性能

该技术通过设置杂物分选、固液分离、絮凝脱水等工序，利用自主研发的成套设备，对城镇粪便进行无害化处理，从而避免对环境造成二次污染。

该成套设备首先在密闭装置中将粪便进行分选，分别将大块物质（石块、塑料袋、玻璃、破布等）和粪液流经格栅区时拦截的粒径大于10mm的物质经排渣螺杆提升、压榨、脱水，然后密封包装运输至垃圾填埋场填埋或焚烧。分离后的滤液及清洗水经导流管流至调节池，排污泵将调节池内的滤液送至污泥脱水装置，经絮凝反应器进入污泥脱水机压榨、脱水，产生的上清液可进入城镇污水管网进一步深化处理，粪泥可制成有机肥产品。

该成套设备增加了大块重物分离、防滤筐溢流等功能，并配有除臭系统，封闭自动化运行，具有占地小、投资少、运行成本低等特点。

2）适用范围及条件

适用于人、畜粪便处理。

3）技术要点

（1）粪便进入固液分离设备先将大块物、重物分拣，再将粪便杂物中粒径大于10mm以上的物质去除；

（2）固液分离后的固体进行封闭包装后送垃圾填埋场填埋，也可直接进焚化炉销毁，产生的灰烬可送堆肥车间做堆肥原料；

（3）固液分离后的液体经调节池进入絮凝脱水设备。絮凝脱水后的液体可直接排入市政管道而不会造成管道的淤积堵塞；

（4）脱水处理后产生的废渣进入堆肥车间，通过堆肥工艺生产出符合国家标准的有机肥料；

（5）脱水处理后的液体进入好氧池和厌氧池进行净化处理；

（6）处理厂配置有除臭系统，用以去除粪便处理过程中产生的臭气。生产过程中，所有臭源采取密闭或半密闭措施，并对臭气产生点进行吸风收集，然后将臭气引入处理设备净化后经烟囱排放到大气中，做到处理厂周边无异味，不会对大气造成污染。

4）技术推荐：北京世纪国瑞环境工程技术有限公司

10. 粪便无害化处理与资源化技术

1）主要技术性能

技术原理及特点：该技术采用物理、化学、生物技术相结合的方法，对人粪便进行无害化处理、资源化利用。该技术采用自行研制的除臭剂、灭病原体剂、水处理剂、降解增效剂对人粪便进行除臭、灭病原体、水解处理，彻底消除人粪便对环境的污染，并对其进行资源化利用，使其在农业中发挥重要的作用。

主要技术指标：

（1）对人粪便处理后的排放水BOD为98mg/L、COD为213mg/L；

（2）处理后的人粪便中无大肠杆菌和蛔虫卵，且无其他病原体；

（3）处理后的人粪便无臭味；

（4）处理后形成的绿色高效有机肥料中含氮6.37%、含磷4.25%、含钾6.28%，含有机质54.9%，并含有大量农作物所需要的中量元素和微量元素。

2）适用范围及条件

适用于城镇旱厕、公厕、化粪池清掏的人粪便及其他来源的人粪便处理。

3）技术要点

（1）开始投产前必须对全厂生产人员进行生产安全教育培训，并制定安全操作规程和管理制度；

（2）生产设备的危险部位应增设防护装置和安装明显标识；

（3）生产区域要配置安全带，生产人员要配备劳动防护用品；

（4）定期保养、维护、检修生产设备，及时排除隐患；

（5）杜绝卸物时的漏、滴现象，保持生产环境清洁；

（6）生产车间内保持足够的通风及换气；

（7）生产人员必须使用劳保用品，并戴口罩，定期进行体格检查；

（8）生产车间内仍然严禁使用明火或抽烟；

（9）厂区内须做好消防安全保障工作，消防通道。

4）技术推荐：天益集团有限公司

11. 智能微生物生态厕所

1）主要技术性能

智能型微生物生态厕所是由微电脑、微生物处理系统以及机械设备组成的一体化粪尿处理装置。该厕所将大小便在源头上直接进入容器，利用特殊的微生物菌种将粪尿进行降解。智能微生物生态厕所采用微电脑控制，将生化处理基质中温度、湿度、空气含量控制在一定的范围内，以利于微生物的生长繁殖，从而能迅速地对粪尿、卫生纸、污物等进行分解。厕所运行无需排污管道和水源，蹲便器、小便斗等洁具采用特殊材料制成，无需水冲、无异味。

产品在自动化的基础上增加了遥控操作装置，自动报警装置，自动处理异物堵塞，提高了产品的科技含量和自动化程度，使产品使用更可靠，维修率更低。

2）适用范围及条件

适用于无给排水管道场所或临时性场所，以及对环保要求较高的场所使用。

3）技术要点

生物填料需要定期更换，当装置对粪便处理效果减弱时需要视情况重新投加微生物菌剂。

4）技术推荐：上海纪明环保设备科技有限公司、北京中科隆泰生物科技有限公司、山东生态洁环保科技有限公司

12. 垃圾清扫转运车

1）主要技术性能

（1）单发动机动力系统。与现有双发动机动力系统比较，具有燃油消耗低污染排放低，故障率低，噪音低等特点；

（2）恒功率液压系统。通过发动机变速箱和副变速箱取力，提供液压系统动力，经压力和流量的变化，反馈调整，使输出的功率达到恒定。恒功率液压系统的优点是扫路车在清扫道路的过程中，不会因车速的降低与升高而影响清扫机构的速度；

（3）后滚清扫装置系统。该系统替代了真空吸式，提高了工作效率，提高了扫路车的清扫速度，降低了扫路车的噪音，是技术创新的核心；

（4）可选择多种标准汽车底盘。标准汽车底盘与自制底盘比较，具有质量高、批量

大，维护修理简单，用户选择范围大，使用方便的优点；

（5）增加除雪、融雪、喷雾降尘装置，可实现对高等级公路的多功能养护。

2）适用范围及条件

适用于城镇固体垃圾收集转运。环境温度 -20 ~ +40℃。

3）技术推荐：天津扫地王专用汽车有限公司

13. 烟雾灭蝇技术

1）主要技术性能

本项目通过在灭蝇药物中加入合适的高分子物质、粘附剂及稀释剂，经过反复试验筛选出了合适的烟雾制剂。该产品在垃圾船上应用时，在盖舱布遮盖严实情况下，雾能渗透到垃圾0.3m以下，灭蝇、灭蛆应用效果十分显著；在位于东海边上海生活垃圾老港处置场进行烟雾灭蝇的试验，结合时间和气象条件，在4级以下的风力作用下，从上风向往下风向放烟，产生的浓烟缓缓向前蠕动，在一定时间区域内形成不上飘、弥漫性好的烟雾。烟雾顺风慢慢地深入到堆场腹地轻松杀死苍蝇，可节约大量的人力、物力。

2）适用范围及条件

适用于城镇生活垃圾倾倒点，中转收集点、生活垃圾运输船、粪便运输船、生活垃圾中转站、箱房等苍蝇栖息繁殖场所。

3）技术要点

灭蝇药物应当存放在干燥、阴凉、避光、防火的库房，使用时注意人畜安全。

4）技术推荐：上海市废弃物处置公司

重点推荐技术及相关资料详见附送光盘。

第八章　新农村可再生能源与新能源利用

改革开放以来，我国的经济建设取得了飞速的发展，但随之而来的能源短缺和环境恶化，已经成为日益突出的矛盾，也越来越受人们的重视。近些年来城市在改善建筑环境与降低建筑能耗这方面已经取得了一定的成果。但是，我国农村地区在改善建筑环境与降低建筑能耗以及能源有效利用方面的工作进展较缓。无论从整个农村能源消费总量还是从农村生活用能的角度，薪柴、秸秆用量依然较大，直接焚烧产生的大量烟尘和余灰污染了生活环境并对农民身体健康产生影响。在农村地区加强可再生能源与新能源利用，不仅有利于改变农民传统生活能源消费模式，减少农民对商品能源的依赖，而且能够有效改善农民生产生活条件，推进农村建设与环境协调发展。

第一节　太阳能利用技术

太阳能一般是指太阳光的辐射能量，它资源丰富，无污染。太阳能在建筑中的应用主要有太阳能热水系统、太阳能暖房、太阳能发电等方式。

一、太阳能热水系统

（一）太阳能热水系统构成

太阳能热水系统由集热器、保温水箱、支架、连接管道等构成。

1. 集热器

集热器是系统中的集热元件，按集热方式不同可以分为如下三类：

1）平板型太阳能集热器

平板型太阳能集热器构造见图 8-1，主要由透明盖板、吸热体（包括吸热表面和传热流体流动管道）、隔热材料、箱体 4 部分组成。

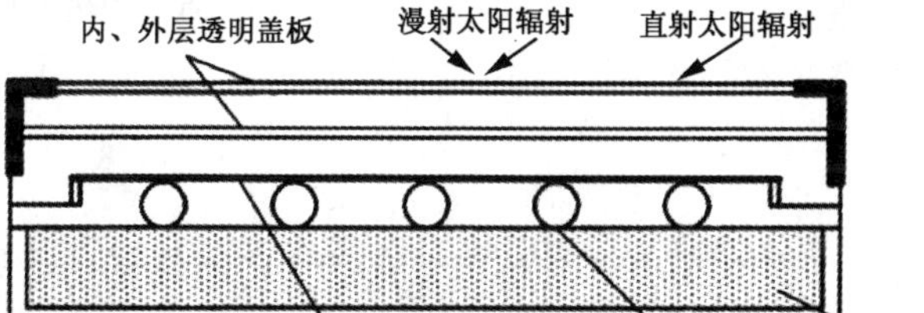

图 8-1　平板型太阳能集热器的基本结构

（1）吸热体。吸热体是一块带有传热流体流动管道的金属薄板。板上有选择性吸收涂料，用以吸收太阳能，转换为热能，并传给吸热液体。

（2）箱体。箱体由金属板、塑料或玻璃钢等材料制成，用来封装和保护吸热体，并与透明盖板和隔热材料一起形成封闭的扁盒。

（3）透明盖板。在吸热体的上方，壳体的顶部，盖有一层或几层能透过太阳辐射的盖板。此盖板可以阻止低温长波辐射，形成温室效应，同时减少对流热损失。

（4）隔热材料。隔热材料填充于吸热体的背面和侧面，减少吸热体向周围环境的传导热损失。

平板型太阳能集热器具有结构简单，运行可靠，成本低廉，热流密度较低等特点，与真空管太阳能集热器相比，承压能力强，吸热面积大，是满足太阳能与建筑一体化要求的集热器类型之一。

2）全玻璃真空管集热器

全玻璃真空管集热器的核心元件是全玻璃真空管太阳集热管，由内外两层玻璃管构成，内管外表面具有高吸收率和低发射率的选择性吸收膜，夹层之间抽成高真空，形成一个类似的细长暖水瓶胆，水注满在内胆内被加热，如图8-2所示。全玻璃真空集热管玻璃材料易得、工艺可靠、结构简单、成本较低、应用前景广阔。采用该集热器的热水器已占我国太阳能热水器生产总量的70%。由于该集热器采用全玻璃真空管作为集热管，具有良好的热性能。但是也存在不承压、易破损的缺点。

3）热管真空管集热器

热管真空管集热器构造如图8-3所示，主要由热管、吸热板、真空玻璃管三部分组成，当太阳光透过玻璃照射到吸热板上时，吸热板吸收热量使热管内的热交换介质汽化，被汽化的热交换介质升到热管冷凝端，放出汽化潜热后冷凝成液体，同时加热水箱内的水，热交换介质又在重力作用下流回热管的下端，如此重复工作，不断地将吸收的辐射能传递给需要加热的水。

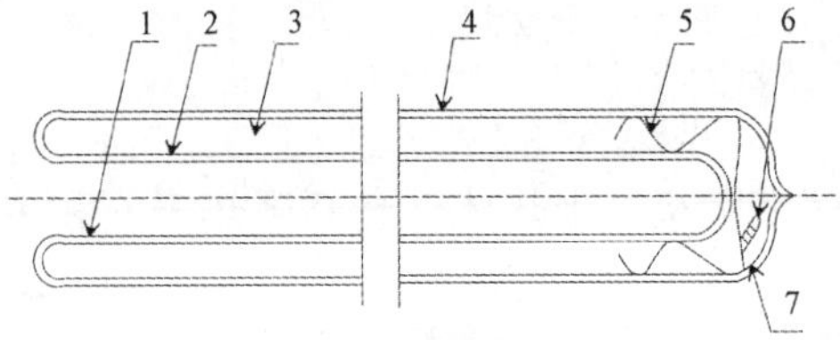

图8-2　全玻璃真空管集热器

1—内玻璃管；2—太阳选择性吸收涂层；3—真空夹层；4—罩玻璃管；5. 支撑件—弹簧卡子；6—吸气剂；7—吸气膜

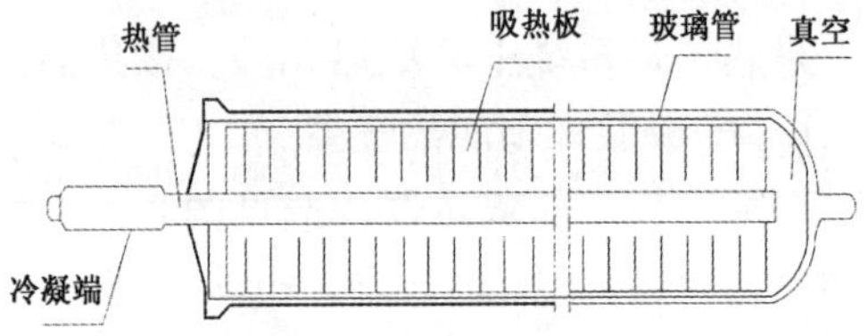

图8-3　热管真空管集热器

热管真空管集热器由于采用了金属材料，且真空管之间也都用金属部件连接，所以除具有全玻璃真空集热管较高的热性能之外，还具有热启动快、抗冻性能好、承压能力大等优点，但价格较高。

2. 保温水箱

保温水箱是用于储存热水的容器。水箱内胆是储存热水的重要部分，其用材料强度和耐腐蚀性至关重要，主要有不锈钢、搪瓷等材质。保温层的好坏直接关系着保温效果，在北方地区尤其重要。外壳一般为彩钢板、镀铝锌板或不锈钢板。

3. 支架

支架是支撑集热器与保温水箱的架子。要求结构牢固，耐老化，不生锈。材质一般为彩钢板或铝合金。

4. 连接管道

连接管道使集热器与保温水箱形成闭合的循环环路。设计合理、连接正确的循环管道对太阳能系统是否能达到最佳工作状态至关重要。热水管道必须按标准做保温处理。

家用太阳能热水器通常按自然循环方式工作，没有外在的动力，设计良好的系统只要有5~6℃以上的温差就可以循环很好。按用水方式不同又分为落水式和顶水式。落水使用方式不受自来水供水影响，其缺点是使用过程中水温先低后高，掌握不好的话容易造成突然缺水的尴尬。顶水方式则是水温先高后低，容易掌握，使用者容易适应，但是要求自来水保持供水能力。在自来水有保证的情况下，推荐使用顶水方式。家用太阳能热水器采用顶水方式时，必须对水箱内部结构进行合理的设计，以保证出水均匀，避免形成水路“短路”或死角。管路最好设计成可以转换成落水式的连接方式，在自来水压力不足或停水时应急用。

（二）太阳能热水器使用维护

1. 日常使用注意事项

1）在使用太阳能热水器的过程中，合理安排上水时间和上水量，会起到事半功倍的效果。根据天气预报决定上水量，可以获得比较满意的水温。如果晴天，可把水上满，阴天或多云，则上多半箱水；有雨，保留原有的水不上冷水。

2）晚上洗完澡后，如果热水器水箱里还有一半温度较高的水，为了防止热量散失过多（温差越大，散热越快），也要根据天气预报决定上水量，晴天，上满水，阴雨天，则上2/3的水。

3）日照强烈，水温较高时，水用尽后严禁立刻加水。最好在早晨日出前或晚上太阳落山两个小时以后上水，同时也要避免空晒。

4）北方严寒地区建议安装带防冻功能的仪表或电子防冻器，当气温始终在零下时，就要开启防冻装置，利用电伴热带加热管道而达到防冻的目的。

5）在冬季晴天正常使用时，当气温低于0℃时，每天最好少量、多次使用热水器里的水。尤其在睡觉前和起床后，放少量水以使管道内的水流动，依靠水温来增加管道温度。气温越低越要多放水，以防水管冻堵。

6）滴水防冻。平时留心天气预报，当气温降到－7℃以下时，晚上用完热水后，将水箱上满水。此后在喷头或水龙头下接一水盆，把热水阀松开一点，使其慢慢滴水，以保持管道内水的流动，一般一晚上一盆水的流量可避免管道冻堵。

7）放空防冻。遇到极寒天气，用完水后，可将热水器放空，并保持放水阀常开，这样管道就不会冻堵了。待气温回升后再使用热水器。

2. 延长使用寿命注意事项

1）热水器安装固定好后，非专业人员不要轻易挪动、卸装，以免损坏。

2）热水器周围不应放杂物，以消除撞击真空管的隐患。

3）定期检查排气孔，保证畅通，以免胀坏或抽瘪水箱。

4）在晴好的天气，常用热水器里的水，控制水温不要过高。

5）大风天一定将热水器上满水以增加稳定性。

6）雷雨天不要使用太阳能热水器，有电加热组件的用户须拔下电源插头。

二、被动式太阳房

被动式太阳能技术是指不借助风扇、泵和控制系统而对太阳能进行收集、贮藏和再分配的系统。被动式太阳房的窗、墙、楼板都尽可能的担负着各种不同的功能，以达到房屋有良好的蓄热性能和温室效果。

（一）农村被动式太阳房形式

目前适合于农村的被动式太阳房形式主要有直接受益式、集热墙式和集热蓄热墙式。

1. 直接受益式

房屋的南向立面有较大面积的玻璃窗，阳光透过玻璃窗进入房间后，直接照射到房间的地面、墙壁和家具等表面上，使其吸收热量而温度升高。被这些围护结构内表面吸收的太阳能，一部分以辐射和对流的方式在室内空间传递，加热室内空气，一部分传导入围护结构内部，然后逐渐放出热量，使房间在晚上和阴天也能保持一定的温度。窗扇的密封性要好，并且配有保温窗帘或窗扇（板），以防止夜间从窗户向外的热损失。此外，要求外围护结构有良好的保温性能和蓄热性能。目前应用最普遍的蓄热建筑材料包括砖石、混凝土和土坯等。在炎热的夏季，有良好保温性能的热惰性的围护结构也能在白天阻滞热量传到室内，并通过合理的组织通风，使夜间的室外冷空气流进室内，冷却围护结构内表面，延缓室内温度的上升。

2. 集热墙式和集热蓄热墙式

在南向墙体外覆盖玻璃罩，玻璃罩和外墙面之间形成空气夹层，墙体上可以加贴保温材料（如聚苯板或岩棉），玻璃罩后加吸热材料（如铁皮），也可以不贴、不加；为区别两者，称贴有保温材料的墙体为集热墙，未贴的墙体为集热蓄热墙。

墙的外表面或吸热材料表面涂成黑色或其他深色，以更多地吸收阳光，墙的上、下侧可开通风孔，风口处设可开关的风门。太阳辐射透过玻璃照射到外墙表面，使其温度升高后加热夹层空气，热空气通过风口进入房间使室温升高；墙体未贴保温材料时，被墙体吸收的太阳热量除加热夹层空气外，还有一部分热量通过墙体热传导进入室内；墙体贴有保温材料时，没有通过墙体的热传导热量，但夹层空气的温度会升得更高。

（二）被动式太阳房地点和朝向

正确确定太阳房的建设地点、朝向，是能否充分利用太阳能、达到冬暖夏凉的关键，建房前一定要在村镇建设规划允许的情况下，合理选择建设地点、朝向。

太阳房的建设地点最好选在背风向阳的地方，在冬至日从上午9时至下午3时的6个小时内，阳光不被遮挡，直接照射进室内或集热墙上。

太阳房的朝向应在南偏东或偏西15°以内，以保证整个采暖期内南向房间里有充足的日照，夏季避免过多的日晒。

三、太阳能光伏发电系统

太阳能光伏发电系统是由太阳能电池，蓄电池组，充放电控制器，逆变器等设备组成。

其中太阳能电池将光能转换成电能，是能量转换的器件。蓄电池组是储能装置，当阳光强烈，太阳能电池产生的电能负载使用有余时，将多余的电能储存起来；当阳光较弱，太阳能电池不能满足负载需求时，甚至夜间太阳能电池无法发电时，就由储存电能的蓄电池组向负载供电，充放电控制器是能自动防止蓄电池组过充电和过放电的设备，是决定蓄电池使用寿命的重要因素，逆变器是将直流电转换成交流电的设备，用以满足交流负载需求。

图 8-4　风光互补路灯

单独的太阳能光伏发电系统无法在阴雨天及夜间正常使用，为弥补其缺点，更具实用价值的风光互补发电系统由太阳能电池、小型风力发电机组、系统控制器、蓄电池组和逆变器等几部分组成，夜间和阴雨天无阳光时由风能发电，晴天由太阳能发电，在既有风又有太阳的情况下两者同时发挥作用，实现了全天候的发电功能，由于太阳能与风能的互补性强，风电和光电系统在蓄电池组和逆变环节又是可以通用的，所以风光互补发电系统比单独的太阳能光伏发电系统更经济、科学、实用，目前主要用于道路照明和景观灯光电力来源。

第二节　热泵技术

热泵技术是近年来在全世界备受关注的新能源利用技术。热泵是以消耗一部分低品位能源（机械能、电能或高温热能）为补偿，使热能从低温热源向高温热源传递的装置。由于热泵能将低温热能转换为高温热能，提高能源的有效利用率，因此是回收低温余热、利用环境介质（地下水、地表水、土壤和室外空气等）中储存的能量的重要途径。

对于一台分体式热泵空调来说，夏天制冷时就是以室外机为冷凝器、室内机为蒸发器，运行时就把室内的热量输送到了室外。而冬季则以室内机为冷凝器、室外机为蒸发器，这样就把室外的热量输送到了室内，通常这些是通过四通换向阀来实现的。在冬季取暖时，先将换向阀转向热泵工作位置，于是由压缩机排出的高压制冷剂蒸汽，经换向阀后流入室内蒸发器（作冷凝器用），制冷剂蒸汽冷凝时放出的潜热，将室内空气加热，达到室内取暖目的，冷凝后的液态制冷剂，从反向流过节流装置进入冷凝器（作蒸发器用），吸收外界热量而蒸发，蒸发后的蒸汽经过换向阀后被压缩机吸入，完成制热循环。

热泵系统可实现供暖、供冷两种功能，一机多用，供暖时省去了燃煤、燃气、燃油等锅炉房系统，没有燃烧过程，避免了排烟污染；供冷时省去了冷却水塔，避免了冷却塔的噪音及霉菌污染。热泵的性能一般用制热系数（COP）来评价。通常热泵的制热系数为3～4左右，也就是说，热泵能够将自身所需能量的3～4倍的热能从低温物体传送到高温物体。下面分别介绍几种常用的热泵系统：

一、空气源热泵

空气源热泵把室外环境的空气作为冷热源，广泛应用于我国冬季气候温和的地区。与水源热泵、土壤源热泵相比，空气源热泵无需打深井、不需要开挖地面，造价低廉，应用广泛。但是空气源热泵也有一些缺点：首先，在冬季供热工况下，如果气温太低空气源热泵的蒸发器表面会结霜，除霜需要消耗额外的能量，气温过低甚至不能启动。其次，空气源热泵的运行特性受室外环境的影响较大，夏季制冷量随着室外空气温度的升高而降低，冬季制热量随室外空气温度降低而降低，与建筑物的冷、热负荷需求的变化趋势恰好相反。再次，空气源热泵体型较大，占地面积大，有噪声污染，排出热量容易引起热岛效应。

二、土壤源热泵

土壤源热泵系统以浅层地热作为冷热源，把传统空调器的冷凝器或蒸发器直接埋入地下，直接与大地进行热交换，或者通过中间介质（通常是水）作为热载体，并使中间介质在封闭环路中循环流动，实现与大地进行热交换的目的。土壤温度相对稳定，变化幅度小，热容量大，蓄热性能好，但是由于土壤的导热系数小，管内载能流体与管外土壤之间的热流密度较小，导致所需地下换热器的面积较大，占地面积大，初始投资高。此外，埋地换热器受土壤性能影响较大。

三、水源热泵

水源热泵主要以地表水、地下水及污水中吸收的太阳能和地热能而形成的低品位热能作为冷热源，根据水的来源的不同（如：地表水、地下水、污水等），又可以进一步将水源热泵分为地表水源热泵，地下水源热泵，污水源热泵等。相对于空气和土壤而言，水的比热最高，传热性能最好，是较为理想的冷热源。但是也都存在一些不足：如地表水源热泵中，换热盘管容易被破坏，由于水温变化较大，也会影响机组的效率；地下水源热泵可供使用的地下水资源有限，处理不当还会造成严重的地下水资源的流失和污染；污水源热泵对污水的流量要求很高，如果流量不稳定，就会严重影响到热泵机组的输出性能。对污水的水质也有一定要求，如果污水水质有强腐蚀性，或含有大量不容易去除的固体、胶体杂质，会大大提高污水处理的费用或者根本就不能利用。

第三节　沼气利用技术

沼气是有机物质在厌氧环境中，在一定的温度、湿度、酸碱度的条件下，通过微生物发酵作用，产生的一种可燃气体。沼气是一种无色、有味、有毒、有臭的混合气体，它的主要成分是甲烷，其次有二氧化碳、硫化氢（H_2S）、氮及其他 一些成分。沼气是一种优质的燃料，热值较高，热效率比较稳定，使用方便，沼气热值因发酵原料种类不同而异，一般为 18841 ~ 25122kJ/m^3。沼气能源在我国村镇分布广泛，潜力很大，凡是有生物的地方都有可能获得制取沼气的原料，人、畜的粪便以及各种作物秸秆、杂草等，通过发酵后，既产生了沼气，还可作为肥料，肥效更高，粪便等沼气原料经过发酵后，绝大部分寄生虫卵被杀死，可以改善村镇的卫生条件，减少疾病的传染。

一、沼气池构造

沼气池是使有机物质经微生物分解发酵产生沼气的装置。户用沼气池种类繁多，形式不一，但其基本构造和发酵原理是相同的。水压式沼气池是我国广大农村目前普遍采用的一种人工制取沼气的厌氧发酵密闭装置，主要由发酵室、储气室、水压箱、池盖、进料管、出料管等组成，如图 8-5 所示。沼气池的池体分上、下两部分。上部分作为储存沼气的气室，下部分作为沼气发酵室。池体两侧有进料管、出料管。为了储存沼气、输送沼气，附加一个储水的水压箱，与出料管口相连。当产气、用气时，水压箱与池内的发酵液面交替上升、下降，便产生一定压力，保证沼气输送、燃烧的压力需求，这就是水压式沼气池的运行机制。

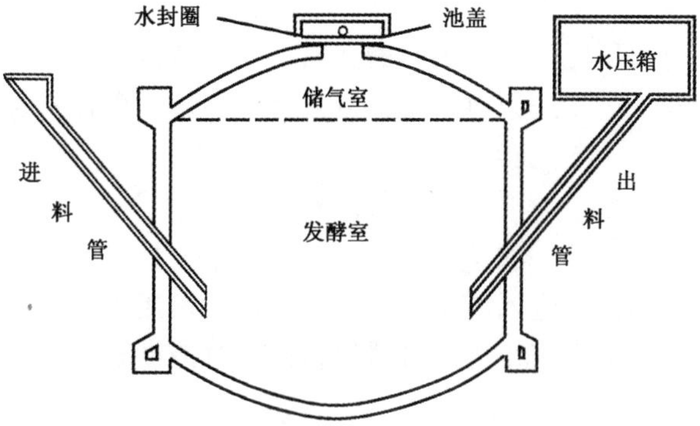

图 8-5　水压式沼气池构造

二、沼气池的设计

总结多年来科学实验和生产实践的经验，设计沼气池，应坚持下列原则：

（一）“四结合”原则

“四结合”是指沼气池与畜圈、厕所、日光温室相连，使人畜粪便不断进入沼气池内，保证正常产气、持续产气，并有利于粪便管理，改善环境卫生，沼液可方便地运送到日光温室蔬菜地里作肥料使用。

（二）“圆、小、浅”的原则

建圆池，省工、省料。主池容积不宜过大，池子太大，往往由于发酵原料不足或管理跟不上去等原因，造成产气率不高。池位浅，可以减少挖土深度，也便于避开地下水，同时发酵液的表面积相对扩大，有利于产气，也便于出料。

（三）直管进料，进料口加箅子、出料口加盖的原则

直管进料的目的是使进料流畅，也便于搅拌。进料口加箅子是防止猪陷入沼气池进料管中。出料口加盖是为了保持环境卫生，消灭蚊蝇孳生场所和防止人、畜掉进池内。

三、沼气池运行维护

用好沼气的关键是“三分建池、七分管理”原则，只有管理得好，才能达到多产气，多用气的目的。

（一）要经常进出料

为保证沼气细菌有充足的食物和进行正常的新陈代谢，使产气正常而持久，就要不断地补充新鲜的发酵原料、更换部分旧料，做到勤加料、勤出料。

1. 进出料的数量

根据农村家用沼气池发酵原料的特点，刚启动后要勤加料，充分发酵后，一般每隔5～7天进、出料5%为宜。对于“四结合”的池子，由于人、畜粪尿每天不断自动流入池内，视情况对料液浓度进行适当的调整即可。

2. 平时进、出料应注意的问题：①原则上是出多少进多少，顺序为先出后进；②出料时应使剩下的料液液面不低于池体料口的上沿，以免池内沼气从池体料口跑掉；③出料后要及时补充新料，若一次发酵原料不足，可多加一些水，以保持原有水位，使池内沼气具有一定的压力。

（二）要经常搅拌

经常搅拌是提高产气率的一项重要措施。如不经常搅拌，就会使池内浮渣层形成很厚的结壳，阻止下层产生的沼气进入气箱，降低产气量。可用下面两种方法：①从进出口搅拌；②从出料间掏出数桶发酵液，再从进料口将此发酵液冲到池内，也能起到搅拌池内发酵原料的作用。

（三）要经常调节水量

沼气池内水分过多或过少都不利于沼气细菌的繁殖和沼气的产生。若含水量过多，发酵液中干物质含量少，单位体积的产气量就少；若含水量过少，发酵液太浓，容易积累大量有机酸发酵原料的上层就容易结成硬壳，使沼气发酵受阻，影响产气量。

（四）沼气池的越冬保温

温度是沼气池产气的必要条件，池温低于8℃，沼气池就会中断产气。以下措施可提高冬季池温，①要多进料、勤进料、适当提高料液浓度；②多进热性发酵原料，如牛马粪等，有条件的地方可进一些酒糟水等；③池体和出料口上方覆盖薄膜或堆沤秸秆和粪便以增加池温。

四、沼气池的安全使用

沼气的安全使用应注意以下几点：

①使用前先接通气源、紧固好各接头，用肥皂水检查各接头是否有漏气现象。

②沼气灯、炉具和输气管，不能靠近柴草等易燃物品，以防失火，一旦发生火灾，应立即关闭开关，切断气源，管路埋入地下。

③禁止在沼气池导气管口和出料口点火试气，以免引起回火，发生爆炸事故；同时不准用明火检查各处接头、开关等漏气情况。

④如在室内闻到臭鸡蛋味时，应迅速打开门窗通风或鼓风，将沼气排出室外，这时千万不能使用火柴、打火机等明火，以防引起火灾。

⑤发现燃烧不正常时，需调节风门来控制。空气适量时，火焰呈蓝色、稳定、透明、清晰。

⑥使用过程中火焰被风吹灭或被水淋熄，应立即关闭气阀，打开窗户通风，此时严禁使用一切火种及电源开关，以免引起火灾。

⑦新建沼气池或新投料的沼气池刚产生一些气后不能使用电子打火，因新池在产生沼气的过程中还有相当一部分空气等杂气，故可燃成分比较低。应先用明火点燃使用一段时间，待风门调节到1/4～1/3时也能正常燃烧不脱火后，才能使用电子点火。

第四节　风力发电技术

风能作为一种无污染和可再生的新能源有着巨大的发展潜力，特别是对沿海岛屿，交通不便的边远山区，地广人稀的草原牧场，以及远离电网和近期内电网还难以达到的农村、边疆，作为解决生产和生活能源的一种可靠途径，有着十分重要的意义。

一、风力发电系统构成

风力发电所需要的装置，称作风力发电机组。这种风力发电机组主要由风轮（包括尾舵）、发电机、支架、电缆、充电控制器、逆变器、蓄电池组等组成，其主要部件见图8-6。

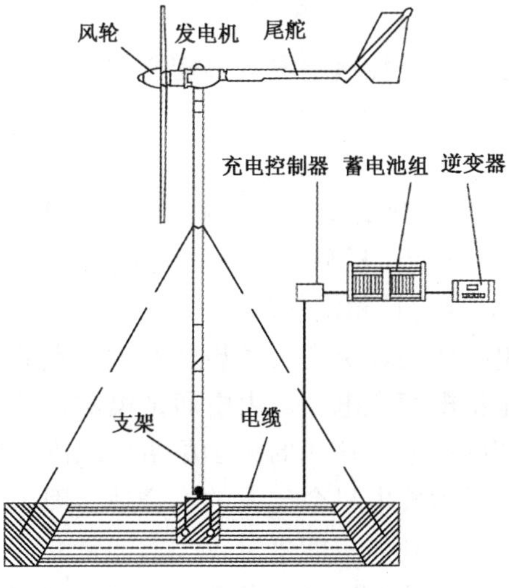

图8-6　风力发电系统

（一）风轮

风轮是把风的动能转变为机械能的重要部件，它由两只（或更多只）螺旋桨形的叶轮组成。当风吹向桨叶时，桨叶上产生气动力驱动风轮转动。桨叶的材料要求强度高、重量轻，目前多用玻璃钢或其他复合材料（如碳纤维）来制造。

由于风轮的转速比较低，而且风力的大小和方向经常变化着，这会使转速不稳定，所以，在带动发电机之前，还必须附加一个把转速提高到发电机额定转速的齿轮变速箱，再加一个调速机构使转速保持稳定，然后再连接到发电机上。为保持风轮始终对准风向以获得最大的功率，还需在风轮的后面装一个类似风向标的尾舵。

根据风轮结构形式不同，风力发电机可分为两类：①水平轴风力发电机，风轮的旋转轴与风向平行，见图8-7；②垂直轴风力发电机，风轮的旋转轴垂直于地面或者气流方向，见图8-8。

水平轴风力发电机分为升力型和阻力型两类。升力型风力发电机旋转速度快，阻力型旋转速度慢。对于风力发电，多采用升力型水平轴风力发电机。大多数水平轴风力发电机具有对风装置，能随风向改变而转动。对于小型风力发电机，这种对风装置采用尾舵，而

图 8-7　水平轴风力发电机

图 8-8　垂直轴风力发电机

对于大型的风力发电机，则利用风向传感元件以及伺服电机组成的传动机构。

垂直轴风力发电机在风向改变的时候无需对风，在这点上相对于水平轴风力发电机是一大优势，它不仅使结构设计简化，而且也减少了风轮对风时的陀螺力。

（二）支架

支架是支撑风轮、尾舵和发电机的构架。它一般修建得比较高，为的是获得较大的和较均匀的风力，又要有足够的强度。铁塔高度视地面障碍物对风速影响的情况，以及风轮的直径大小而定，一般在 6 ~ 20m 范围内。

（三）发电机

发电机的作用，是把由风轮得到的恒定转速，通过升速传递给发电机构均匀运转，因而把机械能转变为电能。

（四）风力发电输出系统

风力发电机因风量不稳定，故其输出的是 13 ~ 25V 变化的交流电，须经充电器整流，再对蓄电池组充电，使风力发电机产生的电能变成化学能。然后用有保护电路的逆变电源，把蓄电池组里的化学能转变成交流 220V 市电，才能保证稳定使用。

通常人们认为，风力发电的功率完全由风力发电机的功率决定，总想选购大一点的风力发电机，而这是不正确的。目前的风力发电机只是给电瓶充电，而由电瓶把电能贮存起来，人们最终使用电功率的大小与电瓶大小有更密切的关系。功率的大小更主要取决于风量的大小，而不仅是机头功率的大小。在内地，小的风力发电机会比大的更合适。因为它更容易被小风量带动而发电，持续不断的小风，会比一时狂风更能供给较大的能量。当无风时人们还可以正常使用风力带来的电能，也就是说一台 200W 风力发电机也可以通过大电瓶与逆变器的配合使用，获得 500W 甚至 1000W 乃至更大的功率输出。

二、风力发电系统选址安装

风力发电机安装地址的选择非常重要。性能很高的风力发电机，假如没有风，它也不会工作，而性能稍差一些的风力发电机，如果安装地址选择得好，也会使它充分发挥作用。原则上，在一年之中极强风及紊流少的地点应算最好，但有时很难选出这样的地点。建议地址选择原则如下：

1. 地址应选择风能丰富地区，风力发电机安装地点的年平均风速越大越好，其大体上数字是：年平均风速 3m/s 以上，3 ~ 20m/s 有效风速累计时效 3000 小时以上，全年 3 ~ 20m/s 平均有效风能密度 $100W/m^2$ 以上。只要能满足第一个条件，小型风力发电机在经济上便可认为是合算的。

2. 地址应具有较稳定的盛行风向。盛行风向是指出现频率最高的风向，气象上风向一般用 16 个方位表示。

盛行风向为西南风（平均风速 11.7m/s）、南西南风（平均风 11.5m/s）和东北风（平均风速 5.9m/s）。我国是季风较强的国家，不同季节盛行风向还要变化。选址时希望盛行风向较稳定，便于考虑地形的有利影响。

3. 风机高度范围内“风切变”要小（风剪切要小）

“风切变”是指短距离内风速、风向的较大变化。风机应避开强切变区，安在迎风坡上，或提高塔架高度。

4. 应考虑气象因素的影响

1）紊流。所谓紊流是指气流速度的急剧变化，包括风向的变化。通常这两种因素混在一起出现。紊流能影响风力发电机功率的输出，同时使整个装置振动，损坏风机。小型紊流多数是因地面障碍物的影响而产生的，因此在安装风力发电机时，必须躲开这种地区。

2）极强风。海上风速可达 30m/s 以上，内陆有时把大于 20m/s 时称为极强风。风力发电机的安装地址当然要选择风速大的地方，但在易出现极强风的地区使用风机，要求机组具有足够的强度，一旦遇有极强风，风力发电机便成为被袭击的对象。

3）结冰和粘雪。在山地和海陆交界处设置的风力发电机，容易结冰和粘雪。叶片一旦结了冰，其重量分布便会发生变化，同时翼形的改变，又会引起激烈的振动，甚至发生破坏。

4）雷。因为风力发电机在没有障碍物的平坦地区安装得较高，所以经常发生雷击事故，为此风机最好增设防雷装置。

5）盐雾损害。在距海岸线 10 ~ 15km 以内的地区安装风力发电机，必须采取防盐雾损害的措施。因为盐雾能腐蚀叶片等金属部分，并且会破坏装置内部的绝缘体。

6）尘砂。在尘砂多的地区，风力发电机叶片寿命明显缩短。其防护的方法，通常是防止桨叶前缘的损伤，对前缘表面进行处理。可是尘砂有时也能侵入机械内部，使轴承和齿轮机构等机械零件受到破坏。在工厂区，空气中浮游着的有害气体，也会腐蚀风力机的金属部分，应加以注意。

第五节 推荐技术

1. 双工况太阳能热泵冷热水机组

1）主要技术性能

该机组是一种综合利用空气、地热、太阳能等能源的高效中央空调机组。该机组可实现空气源和水源作为冷热源的两种运行工况，并可通过智能化控制，自动识别运行模式，进行运行工况切换，保证机组全天候运行，使机组的能效比得到提高。

该机组在夏季以空气源工况为主制冷时，当环境温度较高，空气源工况效率衰减严重时，可以选择性的转换为地下水源工况，提高机组的制冷效率；在以地下水源工况为主时，当地下水出现暂时回灌困难时又可转化为空气源工况运行，为地下水的回灌提供一定的缓冲时间。冬季机组制热运行时主要与太阳能集热系统进行偶合，机组以地下水源工况运行，可利用太阳能系统的热水作为补充热源，从而提高了机组的蒸发温度，使机组的能效比得到提高。

该机组采用模块式全自动控制，并设有高低压、过载、缺相等多种保护装置，具有能效比高、安全、可靠等优点。

2）适用范围及条件

地质条件适宜于打地下水井的建筑供暖空调系统。

3）技术要点

机组安装应由专业技术人员按照设备生产厂家的要求进行安装、施工。

4）技术推荐：山东宏力空调设备有限公司

2. 太阳能变径密排真空集热管式热水器

1）主要技术性能

该热水器由变径密排真空集热管、专用贮热水箱、支架及零部件组成。其核心技术是通过对普通太阳能真空集热管插入水箱端进行缩径，实现在相同集热面积内密排更多的集热管减少真空管之间间隙。采用变径真空集热管密排技术更合理有效利用集热面积，实现增加热水器/系统得热量的目的。

密排真空管式太阳热水器还采用了水箱分层供水和分区加热水箱技术，使热水有效利用进一步得以提高。

2）适用范围及条件

适用于太阳能资源丰富的地区的建筑采供暖和提供生活热水。

3）技术要点

该热水器的安装、施工应由专业技术人员按照设备生产厂家的要求进行，并应考虑运行时设备荷载对建筑结构的影响。

4）技术推荐：三河华隆新能源有限公司

3. 热管平板式太阳能热水系统

1）主要技术性能

该系统采用多根薄壁紫铜管和铝翅板（也可采用铜板、不锈钢板等）一次焊接构成热管式集热板芯，外涂高效选择性吸热涂层，并利用高透光率、高强度、抗冰雹撞击的单层或双层密封盖板技术进行封盖，组成热管式平板太阳能集热器。它具有保温效果好，抗冻性好，瞬时效率高等特点。热水系统多为分体式结构，可实现与建筑物的有效结合。

2）适用范围及条件

适用于太阳能资源丰富的地区建筑的生活热水。

3）技术要求

该热水器的安装、施工应由专业技术人员按照设备生产厂家的要求进行，并应考虑运行时设备荷载对建筑结构的影响。

4）技术推荐：山东中立空调设备有限公司

4. 被动式太阳能建筑

1）主要技术性能

被动式太阳能技术把建筑物本身作为一个集取、储存太阳热源的装置。通过建筑方位、内部布局和建筑内部传热、蓄热等构造措施采用南向集热墙、集热蓄热墙、直接受益和附加阳光间等集热方式，应用高效空气集热器的构造原理改进了集热墙的构造，提高了集热效率。充分利用建筑物所处地理位置的太阳能资源为建筑冬季采暖，在北方冬季室内温度可达 12℃以上。建筑采暖节能率可达到 70%，每平方米增加造价 100～150 元左右。被动太阳能建筑技术包含：

（1）被动太阳能建筑的设计、计算测试、评价；

（2）太阳能建筑热工计算方法和计算软件包；

（3）透光、集热和储热等材料及构件。被动式太阳房主要形式包括：直接受益式、集热蓄热墙式、附加阳光间式、组合式。

2）适用范围及条件

适用于我国西北、东北、华北等太阳能资源Ⅲ类以上地区的建筑采暖工程。

3）技术推荐：甘肃省科学院自然能源研究所

5. 主动式太阳能采暖系统

1）主要技术性能

主动式太阳能采暖是在节能建筑上增加太阳能热水系统和地板埋管采暖系统，已达到冬季居室采暖温度 16℃以上的要求。为避免夏季太阳能热水系统过热，可采用平板式太阳能热水系统或采用带有夏季防过热附件的真空管太阳能热水系统。对于节能 65% 指标的建筑物一般集热器面积与建筑面积之比为 1∶7～1∶8 左右，每建筑平方米增加成本 300 元左右。

2）适用范围及条件

适用于我国西北、东北、华北等太阳能资源Ⅲ类以上地区的建筑采暖工程。

3）技术推荐：北京市太阳能研究所有限公司

6. 智能化全天候太阳能热水系统

1）主要技术性能

该系统为分体式系统主要由储热水箱、集热器、管路循环系统、智能控制系统以及辅助加热系统组成。它充分并优先利用太阳能源，辅以其他能源，既最大限度的节省了能源，降低了运行成本，又能在冬季及天气不好时保证热水的正常供应，实现了全天候使用。同时先进的智能化控制，使整个热水系统能够全自动运行。智能化全天候太阳能热水系统所采用的集热器有平板型、全玻璃真空管、热管式真空管三种类型。其中，热管式真空管具有热效率高，启动快，工作温度高，承压能力强，不结垢，不爆管，抗严寒，全年使用的特点，但成本偏高。

2）适用范围及条件

适用于太阳能资源丰富地区的建筑的生活热水供应系统。

3）技术推荐：北京市太阳能研究所有限公司

7. 建筑构件型太阳能集热系统

1）主要技术性能

该系统主要技术特征是系统外露可见的重要部件——太阳集热器的建材化、标准化、模块化、多功能，与建筑一体化。太阳能集热器具有建材围护、保温、防水、隔热的功能和便于搬运、起吊、安装、运输的机械刚度、强度，又具有太阳能收集、转换的功能，集热器宽度按建筑模数固定为0.6m，长度可根据设计要求在9m以内定制，集热器上可以开孔透光，集热器横向和竖向组合构成的阵列可以直接作为建筑屋面、墙面、遮阳、阳台栏板使用。

主要由太阳能集热器阵列与智能控制器、带辅助热源和温度、压力、用电安全装置的承压密闭换热水罐、独立辅助热源加热设备、光伏电池、水泵、低温辐射供热地板等部件、装置构成。与建筑一体化的太阳能热水系统、太阳节能热水供暖系统、太阳能热风供热干燥系统和太阳能热水与光伏发电系统能够满足现代建筑的节能、环保、使用需求。

2）适用范围及条件

适用于日照时数在1200h/年以上地区的各类建筑。

3）技术推荐：上海福奥建筑科技有限公司、昆明新元阳光科技有限公司

8. 屋顶太阳能光伏并网发电系统

1）主要技术性能

该系统通过在屋顶安装太阳能电池板，将太阳能转化为电能，利用并网技术将电池板发出的电能输入公共电网，可以为建筑提供清洁能源，达到建筑节能目的。该系统由光伏阵列、逆变系统和监控系统组成。为了实现太阳能的有效转化利用，该系统在光伏阵列设计中，采用了全数字环境分析软件，对建筑物屋顶太阳能光伏阵列作阴影遮挡分析，优化光伏阵列分布，并采用可调倾角的支架，每年只需变动二次倾角，可增加发电量；在逆变系统设计中，经过优化设计与软件计算，选择多组串并联方式，保证了光伏阵列发电的一致性，有利于提高系统电能输出的平衡度，并运用逆功率控制保护系统，防止光伏阵列发出电能回流至主电网，有效保证公共电网与太阳能屋顶并网发电光伏系统安全稳定；此外，在光伏阵列上安装了自动清洁系统，定期清洁太阳能电池板表面的灰尘，避免了因外界因素干扰导致太阳电池发电效率降低。

2）适用范围及条件

适用于太阳能资源丰富，远离城市电网的地区。

3）技术推荐：珠海兴业绿色建筑科技有限公司

9. 温差循环太阳能供热水系统

1）主要技术性能

该系统主要由联管集热器、保温水箱、管路、循环泵和控制系统组成。采用集热温差循环方式，可实现多种控制功能。

其主要特点是系统可占用较少的楼顶空间，方便实现多种控制功能，并节约成本。控制系统性能参数：环境温度为1～40℃，相对湿度小于等于80%，电源配置380V/50Hz，漏电系统保护为50mA、75mA、100mA（视电功率而定），电功率≤108kW（可据用户要求订做）。联管集热器采用真空管镀膜技术，镀膜吸收率达96%，发射率4%，在300～400℃高温下不易发生变形，飘逸、失效等现象，抗－40℃高寒。

2）适用范围及条件

适用于太阳能资源Ⅲ类以上地区的建筑生活热水供应系统。

3）技术推荐：皇明太阳能集团有限公司

10. 城镇污水水源热泵系统

1）主要技术性能

该水源热泵系统是以污水处理厂处理后污水作为热源，可以进行制冷/制热循环的热泵型整体式水-空气空调装置。它在制热时以排放污水为热源，而在制冷时以排放污水为排热源。以水作为热源优点是热容大，传热性能好，传递热量所需水量少，换热器尺寸较小。

水源热泵机组运行参数如下：

水源热泵机组运行参数 **表 8-1**

项　　目	夏　　季	冬　　季
制冷量（kw）	40	
供热量（kw）		32～40
工　质（R）	22	22
蒸发温度（℃）	2	8.5
冷凝温度（℃）	30	40
压缩机入口工质压力（MPa）	0.32～0.40	
压缩机入口工质压缩比		4.0
冷凝器换热面积（m^2）	11	
蒸发器换热面积（m^2）		11
传热系数为（$W/m^2 \cdot K$）	1322	1282
系统平均供热性能系数	3.34	3.8～4.0

2）适用范围及条件

可在污水处理厂（二级处理）及周边地区推广。

3）技术要点

（1）保证足够的污水流量。根据该建筑的冷/热负荷，考虑换热温差和管道、换热器的热损失，计算整个系统所需污水流量。

（2）热交换设备的堵塞问题。利用城镇原生污水做热泵冷热源的最大技术困难就是如何防止污水对管路、换热设备的堵塞，因此必须采取相应的方法防止管路、换热设备的堵塞问题，例如可增加反冲洗防阻设备。

（3）换热器、污水管道防腐问题。由于城镇污水中氯离子含量很大，所以换热器必须采用抗腐蚀材质的特制换热器。

4）技术推荐：北京城镇排水集团有限责任公司

11. 小城镇垃圾沼气发酵处理技术

1）主要技术介绍

有机垃圾沼气发酵是指有机物在特定的厌氧条件下，微生物将有机质进行分解，其中一部分碳素物质转化为沼气（主要成分是甲烷和二氧化碳）。沼气发酵主要分为液化、产酸和产甲烷3个阶段进行。一个完整的沼气发酵工程，无论规模大小，都主要包括以下工艺流程：原料的收集、预处理、消化器（沼气池）、出料的后处理和沼气的净化与储存等。

（1）原料的收集：原料的收集方式又直接影响原料的质量，因此小城镇地区要根据当地条件合理安排废物的收集方式及集中地点，以便就近进行厌氧发酵处理。收集到的原料一般要进入调节池进行储存，调节池常可兼有酸化作用，这对改善原料性能和加速厌氧消化有好处；

（2）原料预处理。原料常混有生产作业中的各种杂物，为了便于输送和防止发酵过程中出现故障，或为了减少原料中的悬浮固体含量，有的在进入消化器前要对原料进行预处理；

（3）消化器。消化器是沼气发酵的核心设备。微生物的繁殖，有机物的分解转化，沼气的生成都是在消化器里进行的；

（4）出料的后处理。出料的后处理为沼气工程所不可缺少的构成部分，不考虑出料的后处理问题，会造成出料的二次污染。出料后处理的方式多种多样，最简便的是用作肥料施入土壤或池塘。可靠的方法是将出料进行沉淀后再将沉渣进行固液分离，固体残渣用作肥料或配合适量化肥做成适用于各种花果的复合肥料，适合市场要求，有较好的经济效益。清液部分可处理后排放，或用于灌溉或再回用为生产用水；

（5）沼气的净化、存储和输配。沼气发酵会有水分进入沼气，同时还会有一定量的硫化氢和二氧化硫气体进入沼气，水蒸气影响沼气利用，后两种气体对人体有害。因而要对沼气进行净化处理。一般采用脱水设备来脱水，脱硫塔等设备来脱硫。沼气的储存通常用浮罩式储气柜，以调节产气和用气的时间差别，储气柜大小一般为日产气量的1/3～1/2，以便稳定供应用气。

沼气发酵微生物要求适宜的生活条件，对温度、酸碱度及其他各种环境因素都有一定的要求。在工艺上满足微生物的这些生活条件，才能达到发酵快、产气量高的目的。

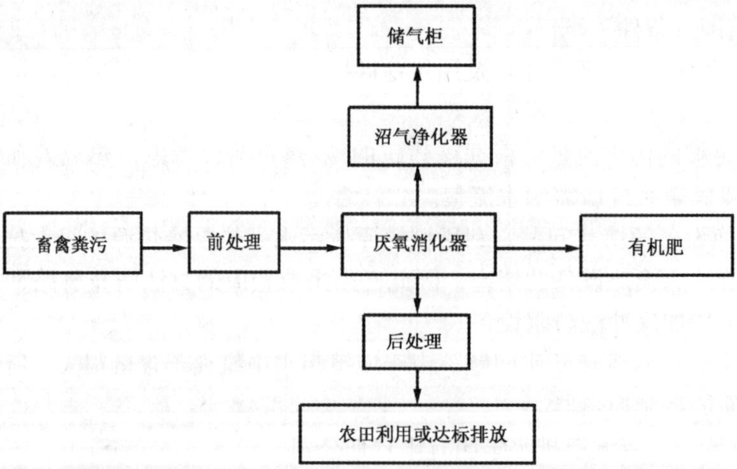

图8-9　沼气的净化、存储和输配工艺

小城镇规模的沼气工程具有设计灵活、占地面积少、易于管理、建设周期短、工程投资较小等诸多优势，使得厌氧沼气工程具有极强的生命力和发展潜力。

2）适用范围及条件

各种农业剩余物，如猪、马、牛、羊等家畜及家禽的粪便等，各种农作物的秸秆、杂草、树叶等，以及农产品加工的废物、废水，如豆制品、淀粉等加工的废水处理，并为城镇居民提供生活所需的部分能源。

3）技术要点

（1）严格的厌氧环境。沼气发酵微生物包括产酸菌和产甲烷菌两大类，它们都是厌氧性细菌。沼气池必须密闭，做到不漏水、不漏气；

（2）发酵温度。沼气发酵微生物是在一定的温度范围进行代谢活动，当温度增高到53~55℃时，沼气微生物中的高温菌活跃，产沼气的速率最快；

（3）pH 值。pH 值是指消化器内料液的 pH 值，而不是发酵原料 pH 值。沼气微生物最适宜的 pH 值范围是 6.8~7.5；

（4）碳、氮、磷的比例。发酵料液中的碳、氮、磷元素含量的比例，对沼气生产有重要的影响。对于以生产农副产品的污水为原料的，一般氮、磷含量均能超过规定比例下限，不需要另外投加。但对一些工业污水，如果氮、磷含量不足，应补充到适宜值；

（5）适宜的料液浓度。料液中干物质含量的百分比为料液浓度。对沼气池内发酵料液浓度要求，随季节的变化而不同。在夏季，发酵料液浓度可以低些，要求浓度在6%左右；冬季浓度应高一些，为8%左右；

（6）搅拌。搅拌的目的是使发酵原料分布均匀，防止大量原料浮渣结壳，增加沼气微生物与原料的接触面，提高原料利用率，加快发酵速度，提高产气量；

（7）接种物。在发酵运行之初，要加入厌氧菌作为接种物（亦称为菌种）。在条件具备时，宜采用生态环境一致的厌氧污泥作为接种物。当没有适宜的接种物时，需要进行菌种富集和培养，再投加入沼气池。

12. 寒地沼气池技术

1）主要技术性能

寒地沼气池针对传统沼气存在弊端，通过创新，打破了传统沼气池在寒冷地区无法普及推广技术瓶颈问题，与现有技术比较具有如下优势：

池体材料采用聚氯乙烯（PVC）改性材料制造的，抗腐蚀、抗老化、抗低温、耐酸碱，且池体膨胀系数相同，抗裂不易变形，不会因环境温差大、受冻而产生冻裂现象。池体保温性能好，池内温度保持在可以常年产气的温度范围内。按照设计要求，投料4~5天即可产气，全年12个月都可以安全产气。

池体采用工业化生产，实现了标准化、自动化、产业化生产。具有现场施工、安装、方便的特点、保证了施工质量，降低建设成本，提高了使用寿命，确保使用寿命20年。同时，产品设置了自动破壳装置，利用虹吸原理采用手动或机械泵进行排渣，人不必进池大换料，可以避免中毒事故发生；并设有自动稳压装置，自动调节池内压力，提高安全性能，避免压力过高而引起池体爆裂。

2）适用范围及条件

适用于各地广大农村农户安装使用沼气池设备。

3）技术要点

（1）选址要求

沼气池选址应选在猪圈厕所“三结合”的地方，利于人畜粪便随时流入沼气池。并尽量选择在背风向阳，土质坚实，地下水位低，出料方便和周围没有遮阳建筑物的地方，尽量远离树木和公路。

（2）沼气池定容和备料

寒地沼气池建设容积南方地区一般为6~8m^3，北方地区为8~10 m^3。沼气池实际用料通常选用普通砖酸盐水泥与0.35~0.5mm的中沙。

（3）沼气池放线

清理杂物，平整好施工场地，在地面上确定沼气池中心位置画出沼气池外距灰线。

（4）沼气池池坑开挖

根据池址的地质、水文情况，决定直壁开挖还是放坡开挖，并校正池坑，及时清理土方。

（5）池体施工

分别安装池体、围板、池盖板，连接盖板与围板。并安装进料管、出料管、水压间和出气管，安装完成后检查池体整体气密性。

（6）砌筑入户

在下池体如池坑前，应检查坑底、坑壁是否有能刺伤塑料板材的尖锐物再下池。下池体后将池体水压间板用1:5水泥砂浆砌筑红砖，并在砖表面抹灰。

（7）进户管线安装

连接进户管线室外管在空中的用铁线拉平，把管固定在铁线上，固定在墙上的要用固定扣固定好，一般应顺墙走线，地下走线要将管穿到铁管内，尽量不要空中架线影响美观，走线要达到横平竖直，美观大方、牢固。

（8）进户安装验收规程

①脱硫器距地面垂直高度大于1.6m，距炉灶水平距大于0.8m。

②炉灶距顶棚垂直距离大于1m，距灯阀水平距离大于2m。

③沼气灯距顶棚下垂直距离大于0.5m。

④管件接口胶垫平整、紧固可靠。

⑤管道拐角处采用90°弯头，无弯头处自然圆滑过渡，不允许有皱瘪等影响气流畅通的安装缺陷。

⑥进户管道安装要整齐，走线要达到横平竖直、美观大方。

⑦水平方向由进气向耗气方向保持向上1%斜度。

⑧气密性检查：先将池内用试压缩空气机充气至2kPa，保压30分钟不降压为合格，再将压缩空气机脱开，为脱硫器接通，用洗涤剂或洗衣粉水逐个接头检查，至无渗漏现象为止。

4）技术推荐：城市水资源开发利用（北方）国家工程研究中心、鸡西健鑫科技开发有限公司

重点推荐技术及相关资料详见附送光盘。

第九章　历史文化与乡土特色建筑保护

具有历史文化与乡土特色的建筑不仅是一个物质环境，也是传统文化的载体。各地具有浓郁地方特色的古街、古巷、古民居和古建筑物，蕴含着劳动人民千百年来的生活模式、生产方式、价值观念和审美习惯。但令人遗憾的是在今天大规模的城乡建设中，由于保护资金严重缺乏，使得我国大量的、优秀的具有历史文化与乡土特色建筑得不到有效的、及时的保护；由于具有历史文化与乡土特色建筑保护中对“原真性”的忽视，在具有历史文化与乡土特色建筑的维修保护中不懂得“修旧如旧”原则的必要性，大量出现以鲜艳的调和漆涂抹柱、梁及全部木装饰构件，追求“焕然一新”；对于本可以适当维修即可恢复传统风貌的具有历史文化与乡土特色建筑，为了追求经济效益，往往保护要让位于开发建设，借维修之名大拆大建或乱行加建，丧失原有的风貌特色；更有甚者，为了旅游需要将富有地方风貌特色且保存尚好的整条传统街道拓宽，重建一条仿古的商业街，使村庄变得过度商业化。由于旅游观光的不当开发，使具有历史文化与乡土特色的建筑遭到比城市更难恢复的破坏；由于缺乏具有地域特色、有针对性的、细化的保护技术，最大限度地保留具有历史文化与乡土特色建筑和传统聚落历史的信息，彰显千姿百态的建筑特色成为空话。正因如此，当今城镇风貌的趋同性已经显露无遗。如何正确处理历史遗留给我们的这些具有历史文化与乡土特色建筑？如何处理城市和村镇建设过程中的保护与更新，避免“千村一面”现象的出现？本章概要地阐述了具有历史文化与乡土特色建筑保护原则和工作思路、保护技术和几种有代表性、值得推广的保护模式，并推荐了几种实用性的保护技术。

第一节　保护的原则和思路

一、保护的原则

对于具有历史文化与乡土特色建筑和聚落的保护，最终目的在于利用，无论是作为专业人员的研究，还是普通大众的观览，他们所了解的应该是“真实”的和“历史”的，而不是“戏说”的，所以具有历史文化与乡土特色建筑和聚落保护的最基本的原则应该是：

（一）原真性

具有历史文化与乡土特色建筑的原真性是古街、古巷、古民居和古建筑物的价值特色的根本所在，具有历史文化与乡土特色建筑、历史古村、古镇的价值在于久远的历史和历史的真实，保护和修葺者本身就需要对其历史性和真实性具有深刻的理解，从而保证在制定保护计划时能够因不同乡镇或村落的地理位置、风土条件、民情习俗的差异以及今后发展的目标作出准确定位，以发掘、展现当地独特的人文环境，而不是盲目效仿或者有意、无意地伤害或改变当地的特色。对于传统建筑的修葺，不仅需要考察建筑的存世历史，更需要了解其在长期使用过程中的变动，以保存原来的建筑形制、原来的建筑结构、原来的建筑材料、原来的施工工艺为修缮原则，尽可能地利用原有构件、原有材料，以保留更丰富的历史信息。在保护中应防止不合理的功能及材料的使用对建筑遗产造成的真实性损害，任何修复工作都应力争使用原材料，并采用可逆性技术。

（二）整体性

具有历史文化与乡土特色建筑是包括建筑、环境、空间格局以及人类活动等元素在内的统一整体，所有组成元素都与整体有着一定意义的联系。因此，在保护中不能将其彼此割裂开分别对待，而应从整体上去考虑它们之间的关系，才能保持具有历史文化与乡土特色建筑风貌的完整性。

过去限于认识以及其他各方面的条件，对于古建筑的保护主要局限于那些历史悠久、艺术品位较高而被列入文物保护之列的建筑遗迹或遗物。随着历史建筑保护意识的增强，已经有越来越多的人感觉到特定建筑并非孤立的存在，其周边环境往往具有强化或削弱建筑特质的作用，因此强调整体性地保护风貌地段、街区渐渐成了共识。对于具有历史文化与乡土特色建筑、历史聚落的保护需要遵循整体性原则，一方面古城、古镇、古村或历史街区中为数众多的、普通的具有历史文化与乡土特色建筑以及空间结构是在长期社会发展中逐步形成并被固定下来的，它们能细致入微地反映当地的历史和文化，其特殊标识作用有着不可替代的重要意义，因而整体性的保护有利于完整地保留其空间的风貌特征；另一方面所谓“整体”保护还应包括古城、古镇、古村或历史街区中民俗特质，虽然社会的发展给当地居民的日常生活方式带来了巨大的变化，但作为一个完整的社区，多样性的社会生活、深厚的民风习俗积淀，显现了当地特定的历史氛围和文化氛围，所以从某种意义上说，整体性保护还应该对此有所关注，忽略了聚落的文化特质，仅仅是将其作为旅游景点，也将会失去本应具有的保护意义。

（三）可持续发展

保护的目的是为了保证古街、古巷、古民居和古建筑物不受破坏，为一定历史文化时期提供真实见证，但并不是静止不动地保护，一味地限制当地的经济发展，相反，健康适度的旅游开发等经济活动，在展示遗产风貌和筹集保护资金等方面，对具有历史文化与乡土特色建筑的持续发展会起到积极的作用。在古街、古巷、古民居和古建筑物保护中需要采用多样性保护手段。当然这种多样性利用需要以不伤害具有历史文化与乡土特色建筑的留存为前提，而不是任由人们按照自己的意向毁坏原来的历史风貌和改变本身的建筑构造。所以应根据当地实际情况和发展趋向，制订合理的具有当地建筑和文化特点的传统建筑保护规划就显得极为重要。在保护的基础上，进行适当的改造和利用，随着保护和利用的条件不断成熟，逐步制定不同时期的策略，安排不同时期的用途。同时注重土地的合理利用与保护，保证具有保护价值古街、古巷、古民居和古建筑物不被新建建筑所侵犯，并为以后发展留有一定的空间。

二、具有历史文化与乡土特色建筑的保护思路

具有历史文化与乡土特色建筑之所以被认为具有保护的必要，原因是其中蕴涵了诸多

存在价值，我们对其进行保护，目的在传承历史与文化，同时也使之满足于今天的实际需要。因此这样的保护就不应是随心所欲的，而需要以最大限度地有利于传承真实的历史信息作为出发点。

（一）开展全面调查

对有保留价值的街区、历史地段、村落、古建筑，经过翔实的调查后，应经专家鉴定和评估，进行分类建档，划分市、县（市）、镇（乡）重点保护级别，达到省级或国家级文物标准的项目，要按程序进行申报。为了挽救具有历史文化与乡土特色建筑，在进行调查时，除文字记载外，还应对建筑物的外形、主要结构进行资料拍照，有条件的还可以对一些实地、实体、现场进行录像存档，以作维护、落架大修和设计的依据。同时，根据调查的结果，建立起翔实的信息资料档案库。

（二）制定保护政策

对于具有历史文化与乡土特色的村落和建筑要结合地方的特点，有针对性地制定地方性的保护、使用、维修的规章制度和政策。该政策主要涉及专项资金的来源，建立专家咨询机制，制定保护规划，提出在保护区内的建筑活动（增建、改建、扩建等）的审批原则，制定具体的保护修缮措施，建立保护区内建筑的处置办法及处罚办法等。

（三）开展专项研究

为保护、利用具有历史文化价值的镇、村、寨和古建筑提供技术服务，为政府决策献计、献策，解决修缮和利用方面存在的现实问题和疑难问题。应组织相关专家学者和技术人员，对具有历史文化与乡土特色建筑展开专项研究工作，着重点应在于各地传统技法的共性和个性以及当地历史、文化、民俗、民风、经济发展水平对传统聚落和建筑的影响的研究。

（四）绘制测绘图

具有历史文化与乡土特色建筑因地域、气候、民风、风俗等的不同而各异，从而充分体现了当地的建筑特色。各地可组织当地的建筑设计人员，编制（设计）出具有历史文化与乡土特色建筑的测绘图纸，以供居民修缮、建房时选择使用。

（五）编制专门的保护和利用规划

各地应在名镇、名村、名寨和古建筑普查的基础上，编制专门的保护和利用规划。让它们为社会和经济发展作贡献，成为发展旅游事业的重要景观、景点，促进地方经济的发展。

第二节　几种典型的保护模式

自从具有历史文化与乡土特色建筑的保护工作受到关注以来，各地都有结合自己特点的探索，也获得了不少成功经验。面对他人的经验，需要有所借鉴，即认真分析其成功背后的原因，探讨别人在获得成功之前对当地的社会、经济、文化乃至地理区位所做的分析和研究，然后结合自己的情况开展保护工作。近年来，在全国的古街、古巷、古民居和古建筑物的保护中，出现了许多各具特色的保护模式，其中有一些是非常值得推广的。

一、政府统建，居民自助模式

这种模式，首先由政府结合地方实际情况，制定遗产保护的地方性法规和章程；然后，由政府多方筹集资金，进行有组织的大规模修复建设。同时，政府对古民居保护区内的商业活动实行严格的建设审批制度和商业经营行为准入制度，凡与历史风貌不协调的建筑装饰一律拆除，与传统民族文化和传统特色不协调的产业及经营项目一律迁出，规范商业摊点的门店装饰和经营行为。为了保证原住民长期在古民居中生活，充分发挥原住民的积极性，政府通过给原住民提供修缮手册，提供资金的补助等方式，让原住民结合每家每户的实际进行自助式修复。这种方法为历史城镇面对旅游和都市现代化迅猛发展步伐的威胁提供了一个有效保护的方法，非常适合引导房屋所有人，特别是不具有优越社会地位和经济条件的原住居民，通过切合实际的能力和科学技术手段，遵循当地经济和习惯对建筑进行修复加固和科学保护。

采用这种方式比较成功的实例是丽江古城古民居的修复。1997 年 12 月 4 日，丽江古城被联合国教科文组织列入世界文化遗产名录。近十年来，丽江先后出台了 20 多项遗产保护的地方性法规和规章，努力与国际接轨。政府先后投入 10 多亿元，进行了几次大的修复建设。这些项目的实施，按照《世界文化遗产丽江古城民居保护维修技术手册》指导，始终遵循了“修旧如旧、保存历史真实性”的原则，严格按照规划实施，使古城全面保存了“浓郁的地方民族特色与自然美妙的小桥流水”结合的典范。此外，丽江古城还实行了严格的建设审批制度和商业经营行为准入制度，凡与古城历史风貌不协调的建筑装饰一律拆除，与古城传统民族文化和传统特色不协调的产业及经营项目一律迁出，规范商业摊点的门店装饰和经营行为。为更好地保护丽江古城的传统民居，丽江古城保护管理局与美国全球遗产基金会于 2002 年 10 月 28 日共同签署了《丽江古城传统民居修复协议》，从 2003 年开始，双方共同筹资，对丽江古城内年久失修的传统民居建筑进行补助修复，提高古城居民的生活质量和生活水平，使古城居民能够长期居住古城，继续民族文化的传承和弘扬。截至目前，丽江古城保护管理局与美国遗产基金会已出资 231. 14 万元，共完成了丽江古城 299 户居民户、236 个院落的传统民居修复工作。联合国教科文组织亚太地区办公室文化总顾问理查德·恩哥哈特说：“这种方法为原住居民和政府之间的合作再加上外来的专家、捐助者的支持，搭建了一个更宽阔的遗产保护方法的基础框架，是丽江古城遗产保护模式的延伸和扩充，是符合世界遗产保护综合规划的，值得向全世界遗产地推广”。2007 年 10 月，丽江古城的民居修复和保护项目荣获“联合国教科文组织亚太地区 2007 年遗产保护优秀奖”。

二、民居认领模式

这种模式，是根据我国目前在古村落、古民居保护中的资金缺乏问题，向海内外推介可认领保护古村落或单幢古建筑，认领者将可获得古民居的居住使用权。保护方式分为自行保护及提供资金由当地专业部门组织保护两种，亦可只提供文物建筑保护技术。这种保护模式，既有利于吸纳社会资金参与文物保护，进而破解经费不足这一文物保护难题，又能很好地唤起全社会的文物保护意识，原地整体保护。

采用这种模式取得较好效果的是黟县。2008 年黄山市提出了以维修或认领保护古民居换取古民居居住权、经营权等保护理念。认领人提供保护资金，就可以根据资金数额享受在修缮完好的古民居内生活与居住相应时间的权利，而且该权利还可以转让给朋友与亲属享用。黄山市制定的认领保护政策对认领方式与享受权益作出的规定还包括：海内外的社会团体、企事业单位、家庭及个人，均可在首批106个古村落中，认领古村落或选择任何一处或多处文物建筑进行认领保护，原文物建筑所有权不变。保护方式分为自行保护及提供资金由当地专业部门组织保护两种，亦可只提供文物建筑保护技术。认保人承担了相应的保护义务后，可获得黄山市政府颁发的认保荣誉证书，成为保护对象所属乡村的荣誉村民，凭文物建筑保护荣誉证书免费参观该市已开放的古村落旅游景区。对认领保护的古建筑不能破坏或改变建筑风貌与结构，不能私自增加建筑物或构筑物。

三、"冻结式保存"模式

这种模式，就是按照我国《文物保护法》中"不可改变文物原状"的原则，强调文化遗产"原真性"，原封不动地保存那些珍贵的遗产。通过严格管理，增加保护区内村民建房的审批难度，使申请人从提出申请到图纸批准需要半年以上，且还有大部分得不到批准。同时，对于违章建盖建筑的村民进行严格处罚。

用此种模式较成功的是黟县。1999年起，黟县建设局开始对西递、宏村、南屏的村民建房进行审批。2001年起，黟县管理部门对西递、宏村、南屏、关麓、屏山等村落的村民建房、改建门窗、房屋维修的审批更严格。具体的建房审批程序如下：①由房主人提出建房申请；②村、组根据实际情况，签署证明性意见；③镇政府审核后，提交县城建部门；④由黟县城建局、文物局、土地局、旅游局等多部门统一现场审查。⑤如通过审批，申请户送设计图纸到县规划办审批；⑥图纸通过申请后，建房户需根据房屋的区位或地段，向镇政府交纳建房保证金，然后才能按批准图纸施工。2001年起，黟县基本停止审批西递、宏村等村落保护区内的各类建房，仅审批维修的具有历史文化与乡土特色建筑，且数量较少。在政策的执行中，黟县严格处罚建盖违章建筑的村民。2001年~2004年，西递村仅增加了2户新建房和2户重建房，平均每年的房屋增加率为0.27%。宏村仅增加了1户新建和4户重建，平均每年的房屋增加率为0.31%。这两个村落的做法及其目的是为了把2000年1月被列入世界文化遗产时的村落原封不动地保存下去，使之长期展示给游客及后代人。

四、异地搬迁模式

对于具有历史文化与乡土特色建筑的保护，必要时还可采取移地保护的办法。如欧洲曾将若干古堡迁到美洲，美国前几年还把我国苏州园林网师园中的殿春簃，移植到大都会博物馆中展出，我国在黄河治理中亦曾将三门峡附近的永乐宫迁到高地上。因此最近有人倡议把各地要被拆毁的有代表性的优秀具有历史文化与乡土特色建筑集中起来，建成一个实物原样的"中国传统民居园"，成为我国民居的自然保护区，这也不失为一个好的保护办法。

集中异地搬迁，国内外均有成功经验。日本明治村就是国外的一个成功的实例，日本人将明治时代有代表性的建筑物，集中移建在名古屋郊外一处风景优美的地方，取名"明治村"。明治村1965年开始接待游人，共有7个自然区域，57座建筑物。其中包括县厅郡舍、学校教室、医院、监狱、银行、教堂、工厂、住宅等。在我国采用这种模式较成功的是新安江延伸段综合开发工程，新安江市建委等各部门坚持两条腿走路，即一手抓建设进度，一手抓文物保护；做到两不矛盾，即拆迁与建设不矛盾，开发与保护不矛盾。对工程范围内的具有历史文化与乡土特色建筑、古渡口、古祠堂、古亭及古树名木等进行登记造册，确实做到开发建设与文物保护可持续发展。新安江工程除了对21幢具有历史文化与乡土特色建筑实行异地集中保护外，还对沿路的古树名木进行保护，古老的尤溪渡口也被保存了下来。与此同时，建设部门还创新保护方式，即不仅仅对工程范围内的古民居进行保护，还对散落在黄山民间的不易保护的且具有一定价值的乡土特色建筑进行收集，集中到工程开发建设中的照壁怀古节点中来，力求达到文化与历史、保护与开发、欣赏和实用、景观和效益的多重功能。

五、居民自觉模式

农民是农村中传统民居的主人。没有农民的积极行动，保护传统民居在很大程度上只能是一句空话。只要农民真正认识到传统民居保护与自己的切身利益息息相关，并且很好地组织起来，他们就会成为保护传统民居的主体，他们就能创造出奇迹，即使是似乎无法解决的保护资金短缺的难题，他们也会想出办法来解决。这就是以居民自觉保护为主的保护模式。这种保护模式一般由原住民自觉成立保护传统民居的组织，在该组织的带领下原住民主动多方募集保护资金，义务地完成古建筑维修。

采用这种模式较成功的实例是桂林市江头村的古民居保护。早在2000年，江头村村民就自发地成立了“古民居旅游开发领导小组”，江头村保护传统民居组织成立后的第一个动作，是打扫村子的环境卫生。党、团员和村干部带头出义务工，清除村中各处积存的垃圾。村民们也行动起来，在出义务工集体干的同时，家家户户都把自家的庭院、居室里里外外收拾打扫得干干净净。从此，形成了保持室内外清洁卫生的规矩和习惯。江头村保护传统民居所做的第二件事，是维修古建筑。村干部带头，各家各户出义务工。到2002年6月，全村已出义务工2万多人次。修复村中卵石铺成的村道11000m^2，在修村道的同时，修整了沿路的排水沟；将原用来架桥的牌坊石料拆回，另建水泥桥一座；砌筑护龙河片石河堤800余米；祠堂天面翻新、厨房修复。江头村传统民居保护的资金，主要是靠村民多方募集而并非得自政府。2000年，桂林市规划院赞助该村3000元；同年11月8日，江头村向本村在外工作的人发出倡议书，请他们支持村里的传统民居保护工作，先后共筹得3万余元；村民自己也捐了1万余元。这些钱，用以购买建筑材料，村民则出义务工，维修古建筑。他们精打细算，用不多的钱办了很多的事。2002年，旅游业收入2万余元；2003年上半年，该项收入超过了2万元。这些收入，绝大部分都投入到了民居保护工作上去。

第三节　实用保护技术

一、残损调查技术

根据建筑保护的最小干预原则和可处理性原则，对建筑采取任何干预时采用尽可能对建筑少作出破坏甚至没有破坏的手段，现在比较提倡的是无损检测。

无损检测就是不改变或破坏材料及构件可用性的检测方法。无损检测在历史建筑保护中的运用范围很广，常用的领域有：对整体结构状况进行评价，对建筑环境进行评价，对建材属性的分析，对空洞、裂缝和不连续性的检测，对隐藏的节点要素进行检测，对历史的年代进行分析，对基地的调查，对地下隐蔽设备的检测等。可用的技术手段非常之多，目前国内常用以下方法。

（一）肉眼检测

肉眼检测最简单，便宜，而且一般不需要任何设备。此方法往往作为基础性的评估检测方法。肉眼检测具体需要好的视力、良好的照明，还有就是关于具体要检测什么的知识。肉眼检测方法一直是检查和发现不同原因造成的各种破损状况的最有效方法之一。肉眼检测法常常需要辅助性的手段对所需观察的对象表面进行事先的处理，以方便察看表面所存在的问题，比如常采用低倍放大镜甚至内窥镜作为增强的肉眼检测方法。

（二）探地雷达

探地雷达，也称为脉冲雷达。探地雷达擅长对空洞、内部裂缝、墙体和地板内的不连续部分的定位和测量、石结构的裂纹和定位。当然，对所接收数据的分析和解读较复杂，需要高度专业的知识以避免解读的错误。目前，对用探地雷达对建筑物进行评估，可以为建筑的原初结构、历史变迁以及当前状况提供相当有用信息。当然也可以运用在检测修缮工作是否完善，比如压力灌浆是否均匀等等。

目前欧美国家已经有比较成熟的产品，并广泛运用到工程实践和历史建筑保护领域。我国的雷达研究虽然有一定的进展，但目前国内采用的设备仍以引进国外雷达为主。

（三）激光扫描

该方法突破了传统的手工及照相保留历史建筑信息的办法，也突破了二维量化数据及小目标采集数据的技术瓶颈，它可以将室内外的大型文物目标或实景（特别是没有原始数据、不规则）的三维立体数据信息通过激光点的逐扫直接采集到电脑中，进而实现各种文物包括历史建筑原形的数据保存、模拟、展示、仿真、分析、还原、设计、加工、复制、修复等，曾成功用于国际上很多文物领域。

激光扫描技术的特点是：可对长距离、大视域目标或场景进行全天候激光扫描并采集高精度的三维数据，精度可以达到0.2mm，距离达到百米以上，对于建筑尺度的测绘而言是绰绰有余的。可便携、遥控及机动地定点操作，特别适合户外或野外工作尤其是面向不宜移动性的、危险性的、非接触性的、高价值的历史建筑。软件处理除本身矢量化作业处理外，还能很好地解决与其他应用平台的数据衔接及预处理工作。目前激光扫描技术仍在快速发展阶段，但已经使用于小面积高效或大面积低精度的测量工作中。

二、材料保护技术

（一）木材

1. 木构件破坏的种类和原因

由于木材本身具有吸、脱、湿的物理特性与功能，使得木材产品产生反复收缩与膨胀的现象，此为影响木材破坏中最主要的因素。木材是一种非均质的材料，在水分移动的过程中木材内部、外部及不同轴向间会产生不同大小收缩或膨胀的应力反应，木材三个主要构造方向的收缩及膨胀率均以弦向为最大，径向次之，纵向为最小，其比值约为10∶5∶0.5。因而在干燥过程容易造成木材会有翘曲、变形、干裂、纵裂或脱榫的现象，间接影响到木构件本身的结构强度。

对于木构件破坏的原因影响较大的缺陷一般为腐朽、斜纹、虫蛀、木节与裂缝等（表9-1）。

木材裂纹和破坏的几种形态　　表9-1

破坏形态		呈现状态
裂纹	锯口开裂	出现于木材断面、平行木质线而纵深开列
	锯口坏裂	出现于木材断面、平行年轮而纵深开列
	髓心裂	严重纵裂，自髓心辐射而出，达到或几乎达到木材外表面
	材面裂痕	在木材表面可以看到纵裂或环裂现象，通常在木材的弦切面发生
	贯　裂	贯穿于木材的纵裂或环裂
	拔　裂	木材开裂达到2cm以上，视为最严重的开裂
破坏	材面腐朽	出现于木材长向表面的腐朽痕迹或缺陷
	材面虫蛀	出现于木材长向表面的虫蛀痕迹或缺陷空穴
	碰　伤	木材在运输和制作过程中的冲击所留痕迹
	碰　缺	木材在运输和制作过程中的冲击伤害缺损
	孔　洞	因钉钩、嵌石凳而造成木材表面的孔洞
	疵	有损于木材外观的瑕疵

木材为一种生物性材料，在自然环境下长期受到风、雨、日照、菌类侵蚀及人为破坏等因素而产生破坏及损毁的现象。传统木构架建筑木构件组件依照不同的损坏程度可分成表面裂缝、内部损坏与断裂，见表9-2。

木构件破坏程度分类表　　表9-2

原因和方法 / 破坏程度	破坏原因	修复方法
表面裂缝	1. 木材干燥过程中因体积收缩不均匀产生 2. 环境或人为因素造成表面开裂	采用添加加强材料的方式修复
内部损毁	木材受到虫、菌产生内部的空、洞，导致木材构件发生破坏	依照不损毁的程度可采取修复材料或替换木材的方式加以修复
断　裂	木材因环境或虫、菌的严重侵蚀导致木材断裂	采用整根木料替换的方式加以修复

2. 木构件保护修复技术措施

早期的木构建筑对于木构件的修复，常采用牛胶与竹钉等作为修复的材料，一般匠师将牛胶称之为水胶，是属于动物胶的一种胶粘剂。而竹钉主要是利用竹子削成细长条的形状，一般先钻孔且在孔中涂满水胶后再将竹钉打入空隙之中。现阶段保护修复工程中采用白胶或环氧树脂代替牛胶作为胶粘剂使用，并且采用铁钉代替竹钉的施工方式。

对于木构件破坏修复的方法（表 9-3），现阶段还是停留在以传统大木匠师的经验为主。一般匠师修复木构件除了需要经验及手艺的成熟度外，修复的过程中还要掌握不同地区及时代风格的建筑物的建造原则，会依照当地常见的方式保护修复，并且对于修复前没有修复记录的建筑物，采取尊重并保持原状的原则，不予以变动。

木构件破坏的修复方式 **表 9-3**

工艺名称	说　明	使用位置
挖　补	以原有相同材质木料做成木楔再上胶填实抹平	柱、通梁、桁楹、栱、斗等
开裂修补	以水性胶、环氧树脂等化学材料修补开裂处，或于树脂内加入石英粉、木屑等拌合后填实	柱、通梁、桁楹、栱、斗等
腐朽修补	结合挖补和开裂修复方式	柱、通梁、桁楹
墩　接	用齐头墩接或半墩接方式衔接新旧木材	柱

1）木柱的糟朽处理

木柱是大木结构中的重要构件，用以支撑整个梁架。由于年代久远，受潮湿气候的影响，往往都出现有劈裂、糟朽现象，尤其是包在墙内的柱子，水分不易散发，最易糟朽，严重者几乎丧失承载能力。

对损坏柱子的保护处理方法主要有挖补、化学材料加固、墩接三种方法。

①挖补：主要针对轻微的、局部的糟朽，且糟朽深度不超过柱径 1/2 的部位。挖补的具体做法是：先将糟朽的部分用凿子或扁铲剔成容易镶补的几何形状，如三角形、方形、多边形、半圆形等，剔挖面积以最大限度保留原有的完好柱身为度，所剔洞边尽量平白，洞壁要求微微向里倾斜，洞底平整无木屑杂物。然后将干燥的木料（尽量用同样的木材，相近的颜色和纹理）制作成补洞形状的木块，楔紧严实，用环氧树脂将缝胶结粘牢，表面打磨一遍以利油饰。

②化学材料浇筑加固：是传统建筑维修中采用现代高分子材料的一种方法。柱子由于生物性破坏或当初建造时选料不慎，造成外皮完好，柱心糟空的情况，这种情况采用不饱和聚酯树脂浇筑加固。不饱和聚酯树脂灌浆材料配比如下：307 号不饱和聚酯树脂 100g，过氧化环己酮浆（固化剂）4g，萘酸钴苯乙烯液（促进剂）2～3g，石英粉 100g。浇筑前首先需要将糟空部分清理干净，同前述挖补法，清理干净后，将柱身上有可能漏浆液的小洞细缝用环氧树脂堵严。浇筑时要分段分时浇铸。

③墩接加固：墩接是在柱子糟朽严重，深度超过柱径 1/2，高度在柱高 1/4 内，将整段糟朽部分截去，采用墩接新柱的办法。墩接方式根据榫卯式样分三种，分为巴掌榫、抄

手榫、蝉螂榫。榫接头相交长度 50cm，接缝用环氧树脂填补粘牢，外加扁钢箍分上下三道箍紧，扁钢尺寸 40mm×4mm，钢箍嵌入柱身，表面与柱外皮平，以利油饰。

2）木构件裂缝的加固

对于构件轻微的裂缝，可直接用铁箍加固。铁箍的数量与大小，可根据具体情况酌定，铁箍可采用圈形，接头处用螺栓或特制大帽钉联结牢固，使裂缝闭合。对于断面较大的矩形构件，可用 U 形铁兜绊，上部用长脚螺栓拧牢。

3）木构件弯垂的加固

木构件由于长期负荷而产生变形，主要处理办法是在适当的位置增加相应的构件来分担原物所承受的荷载。例如在弯垂的部位采用柱子进行支顶，或采用附加梁的办法进行解决。檩条也是经常发生弯垂的构件，特别是脊檩。对于檩条的加固一般是在檩条下皮再加一根檩条或增加随檩枋以抵抗弯垂。另外，对于弯垂的构件，除了对弯垂的部位进行支顶加固，还应当在其剪力较大的榫卯处进行支撑，以增强构件的承载能力。

4）维修木材选用

选择含水率合适的木材，如果使用含水率较高的构件，日后木材极易变形糟朽，从而给历史建筑埋下新的隐患。修缮时木料含水率要符合要求，但修复中由于施工和天气的原因，还会出现二次含水率超标的问题，需要我们掌握合理的工期，不要只看木材表面干了就进行油饰封护，在可能的情况下，应该恢复隔年开春油饰这种好的传统，以确保古建筑百年大计。

5）木材涂层清洗

涂层保护木构件免受湿气渗透和紫外线的损害，首先应该对涂层进行检测，以确定是否重新涂饰或在必要时去除涂层。当漆层表面受到破坏或作为整个维护程序的一部分需要重新涂饰以及更换合适的保护层时，应清除掉原有的涂层。在清除木构件表面涂饰时应尽量用较轻柔的方法，避免对下层材料的伤害。清洗漆层时，可考虑使用稀氨水配合其他化学方法有针对性地进行处理。地帐层厚的地方可直接用竹签或手术刀刮除。彩绘较稳固的地方可以排刷除灰。漆层较脆弱的地方应特别小心，因为水或酒精都会将彩绘洗脱，可考虑使用棉花稍微湿润表面，再以竹刀、手术片等轻轻刮除其表面杂质。漆层表面有较厚的结垢者，可以使用非离析表面活性剂等进行处理。

6）木材涂层加固

由于时间、自然风化等原因，地帐和油漆的粘合剂会不同程度降解从而丧失其作用力，最后造成地帐和油漆层脱落。它们不仅仅是装饰层，同时对木构件起着保护作用，因而对其加固是十分必要和非常重要的。加固剂采用丙烯酸树脂类和聚乙烯醇缩醛，其渗透性良好、抗老化能力强、对木构件无损害、对环境无污染。对于漆层的局部缺失部位，使用矿物颜料（国画颜料）或苯胺染料修饰其木质基底层的色彩，使其与原漆饰色彩协调一致，并上漆修理。

3. 木构件保护的注意事项

首先，在保护措施的选择上应该慎重，特别是在大木构件更换等问题上，应严格遵守木结构加固规范的要求，通过修缮不仅要保证历史建筑的结构安全，也要保证其加固后外观与建筑的协调，同时要最大限度地保护历史原结构的完整性和历史建筑原有的结构、工艺和做法。

其次，对于只注意强调“超过规范必须更换”，而忽视技术规范中强调的损坏程度超过规范应优先考虑加固的这一环节的做法，是不提倡的。其目的是避免历史建筑在维修中木构件更换量过大而使历史原构件及价值的损失。

最后，避免修复后的历史建筑外观金碧辉煌，不能够使人们从外观充分感觉到历史建筑的价值之所在，丧失其原真性。

（二）砖

砖砌体，是历史建筑最具代表性的构筑材料。以清水砖墙为代表的砖砌建筑材料不仅仅用来实现建筑的结构功能，也被转换成了装饰美学的表现手段。同时，建筑外观给人的印象是直观而深刻的，建筑外观修复的成功与否决定了整个历史建筑修复的成功。对于砖砌体的保护要选择合适的保护措施，目前保护修复措施主要有：抢险加固、维护保养工程、少量的砖替修补和屋面局部揭瓦、墙体修补、局部择砌、地面修补局部挖补、涂料饰面以及化学保护等。

1. 砖墙破损与修复措施

历史建筑砖墙的毁坏既有自然原因又有人为破坏。经过对有关砖砌体历史建筑的破损调查，共有以下10项不同程度的破损。分别是砖块龟裂、污损、灰缝脱落、发霉等。依据破损现象，可以采取五种主要的保护修复措施作为对应（表9-4）。

2. 砖砌体保护注意事项

首先，在保护措施的选择上应该慎重，特别是在砖墙局部替换等问题上，应严格遵守砌体结构加固规范的要求，通过修缮不仅要保证历史建筑的结构安全，也要保证其加固后外观与建筑的协调，同时要最大限度地保护文物原结构的完整性和历史建筑原有的结构、工艺和砌筑做法。目前采取的方法主要还是传统的抹面或修补等物理保护措施，这种做法使历史建筑外观在修缮后可得到一定改善，但对建筑本身也会产生一定损坏，对于酥碱面积较大，一般只要求去除酥碱等病害部分，然后根据缺失部分尺寸，用同材质材料进行局部镶嵌补齐，减少因剔凿给建筑带来新的扰动。

其次，对化学保护材料的使用，只有在需要抢救时才予以考虑。材料的选择，工艺的操作，都应经过试验、研究和检测，最后通过鉴定后才能使用。通常对保护材料提出最多的要求是：耐老化，防水性，起加固作用和有一定的渗透深度。

再次，不提倡在替代部分受损或缺失材料时采取全面替代历史构件的做法，也不建议使用与原有历史建筑不相匹配和协调的材料作替换。重砌的做法应该严格控制，这是对建筑历史价值损坏最大的一种做法。虽然外观新了，但与文物价值的减少相比有些得不偿失，这种做法只是不得已而为之的权宜之计。

最后，尽量避免用简单抹灰涂饰的修复方法进行砖砌体的历史建筑的修复，避免修复后的历史建筑外观金碧辉煌，不能使人们从外观充分感觉到文物的价值之所在，丧失其原真性。

在以下三个方面应具体做到：

①砖墙面清理

检查外墙面，清除松动砖块，剔除酥松的原砌筑砂浆，确保基层墙面的稳定性。对每一块砖进行检查，并对外墙和所有外墙砖块采用岩石增强剂增强处理。施工采用淋涂方法，保证外墙面连续淋涂、无漏点。风化严重的部位加以重点处理，养护至少一星期。

砖墙破损与修复措施 **表 9-4**

砖墙破损状况	修复措施	修复原则	修复方法	修复工艺
①墙体龟裂	裂缝修复	修补时须注意表面不要有明显的区别	将龟裂部位清扫干净后，向砖块裂缝中注入修补材料（修补材料需经过研究和试验确定）并对壁体强度及透水的部分有所对应	①注入材料 材料：水泥胶和环氧树脂增强材料 做法：抹平清理干净裂缝表面，用手动或机械将封缄剂低压沿砖墙裂缝注入裂缝中，注入完成后须适当养护后，拆除注入器并磨平封缄剂以做表面修饰。 ②缝合粘结 沿着裂缝每隔数批转敲除其中一块，敲出后内部注入工程填充增强材料，并用“门”字形不锈钢缝合，兼固定两侧，再将外表砖砌上
②浮凸 ③遗失 ④破损 ⑤风化 ⑥钉孔 ⑦锁孔	损伤修复	明显损伤的地方需修复，修复时用剩余的砖或二手砖，如不足时才可以使用新砖	破损较轻微的砖块，以修复方式进行，不许替换；由于新增设备造成的空洞，利用砖块修补替换，明显损伤的部位以手工切除取下，如果以新砖代替原砖，表面需涂以近似周围砖的颜色。	①灰泥修复工艺 本工艺针对砖的缺损、剥落、破碎的轻微损伤，程序为： • 调查记录砖块色泽，并修饰破损处和对劣质砖的检除。 • 调试砖粉、颜料、石灰、水泥的配合比，与原砖色泽一致。 • 缺损处周围粘胶带，并修建契合。 • 调制修复灰泥，以泥刀填塞破损处。 • 修饰表面并小心剥离胶带。 ②砖块抽换工艺 本工艺适用于各类破损现象的修复，为了达到与原有材料色泽的一致，最好采用二手砖或原砖使用，或特别定制，或来源相同的砖。工艺程序为： • 利用各式工具或切割机等，先剔除四周砖缝再进行拆砖。 • 清除砖孔内杂物并以水枪清洗干净。 • 调制与原有砖灰缝浆相同的灰泥。 • 以镘刀将灰泥铺底再砌入湿润砖块。 • 采用灰泥注射法或胶带塞浆法将砖缝填满。 • 以原样式修饰周边砖缝
⑧灰缝脱落	砖缝修复	为了加强墙体强度和防水，须对砖缝做彻底的修复	破损部位先扫除干净，再用镘刀将水泥砂浆填补、压实砖缝，易产生渗水的部位用树脂水泥砂浆填补砖缝	①调查准备 调查记录砖缝形状、宽度、色泽等，并作中性化试验确认中性化程度。 收集或定制适合原砖缝宽的钎、削、塞工具。 实验调查砖缝灰缝成分的配比。 ②砖缝挖除 利用适当钎、削、挖等工具挖除至设计深度。 砖缝挖钎底面应平整，以利新拌灰泥的结合。 以水枪清洗凹洞，但应避免水的浸泡，须注意清洗时应由上而下。 砖缝挖钎深度应根据砖缝宽度和中性化深度来决定

续表

砖墙破损状况	修复措施	修复原则	修复方法	修复工艺
⑧灰缝脱落	砖缝修复	为了加强墙体强度和防水，须对砖缝做彻底的修复	破损部位先扫除干净，再用镘刀将水泥砂浆填补、压实砖缝，易产生渗水的部位用树脂水泥砂浆填补砖缝	③砖缝填塞 灰泥三明治法： • 剪裁 150mm×125mm 及 150mm×75mm 各两片塑胶片。 • 准备与原灰缝相同的灰泥。 • 用泥刀将灰泥置于两塑胶片中形成 50mm 宽与原砖缝相同的灰泥三明治。 • 将此三明治置于已清洗干净的砖缝中。 • 用泥刀将灰泥压入砖缝并抽出塑胶片。 • 以干净的尖泥刀修饰砖缝灰缝。 • 灰泥注射法（适合于 5mm 以下砖缝）： • 准备水泥枪及喷嘴和 2mm×100mm×25mm 铜板。 • 将 2 份灰泥加 1 份砂混合后，装入水泥枪并套上喷嘴。 • 将水泥枪喷嘴穿过铜板孔塞入砖缝中。 • 注意控制灰浆注入至半满。 胶带塞浆法（适用于砖缝与石缝）： • 将胶带粘贴于砖缝，并用刀片沿砖缝切割开。 • 用刀片将胶带边缘压入砖缝。 • 用泥刀将灰泥塞入砖缝。 • 灰泥塞满后，将胶带小心剥离

②墙砖粉修补

根据外墙面不同部位砖块的质感和色彩，采用砖粉等辅料配制砖块修补材料，其修复流程为：a. 高压水清洗风化层；b. 淋涂岩石增强剂养护；c. 砖修补的外形在原有砖块基础上进行，使用砖粉修补材料对砖体损坏程度在 2mm 以上的部分进行修补、割缝、用专门勾缝材料勾缝；d. 采用无色透明渗透型憎水性保护液对整个墙面进行全面保护，对保留较完好的清水砖墙，采用高压水清洗后憎水剂整体淋涂的方式。

“砖粉”是以黏土砖磨成粉为基础材料，通过化工手段制成性能“可控”的现代修复材料。在材料附着力、透气性等技术指标上有较好保障，成本也较高。该技术基本能够实现修复后的墙体健康坚固、经历风霜的历史面貌、外观整体和谐与修复过部分的可辨识三者的统一。

③外墙替砖修复

对风化、倾斜严重的外墙砖砌体首先将污渍、风化层应清除干净，然后选用沿内部分割墙砖块，采用掏砌、剔砌等方法加以修复。对风化缺损不太严重的砖面及外饰面不做修补处理。

技术对工人与工艺要求较高，对墙体干涉程度较低，在不同的地区做法略有不同。修补后呈现出的仍是原建筑经历长久岁月磨砺展现出的肌体特征，某种程度上反映了国际宪章以史料原真性与可读性为基础的肌体保存原则；修补的砖块可源自本身拆除部分，收集同年代砖块以及仿制的旧砖，不同砖块的选用可以适用于不同保护级别的历史建筑并体现不同修复理念与原则。

（三）石材

1. 石材的保护修复技术措施

1）石材表面清洗①

石材表面的有害物质包括水溶性盐、难溶硬壳、灰尘烟垢、过去处理过的残留物、微生物（地衣、霉菌、藻类）、杂草等。对清洗的要求是：有效清除有害物；不应产生任何危及将来再处理的物质；不能引起任何严重划痕、裂隙或其他损伤文物的后果。清洗前要对石质成分，清洗面的形状及表面有害物的化学性质有所了解。熟悉清洗材料的成分和工具，要通过试验来确定合适的清洗方法及操作程序。清洗方法一般分为四类：水清洗、机械清洗、热清洗和化学清洗。

①水清洗法

只用在没有雕刻的石构建筑上，如孔隙小的花岗石、石灰石等，因它们的吸水性弱，可用2～3个大气压喷水清洗。也有用热蒸汽清洗大理石雕刻，将水通过很窄的喷嘴喷出雾化水，使它落在石雕表面，其覆盖面大，且能避免水更多地渗透到石质里面。建议使用去离子水，为减少处理费用，把它收集、过滤，通过离子交换树脂处理后重新使用。去离子水是通过负离子树脂处理，它能捕获 SO_2 释放 HCO_3^- 离子。水清洗方法，都要求石质建筑风化轻微的情况下才能使用。

②吸附脱盐法

用纸浆、纸巾、脱脂棉、木浆、活性白黏土等，用去离子水湿润敷在石质文物上，外面再覆盖塑料薄膜。过一段时间揭开薄膜，使吸附材料干燥，这时，一些可溶盐便被吸附出来。用测定吸附材料的电导率，来检验除盐的量。吸附材料中还可加入有机溶液，表面活性剂等。

③机械清洗法

对于受过职业培训的人员来说，这是一种温和、可行的方法。如果是一个没有经验的人来做，这又是危险、粗暴的，甚至可能损伤文物。此法只能减少污垢，而不是清除。要根据不同情况采用不同的工具：软性工具：用擦子，刷子，木棒，骨棒，塑料棒等，在污垢上刮或撬。避免用玻璃、钢刷，更不用电动工具。

2）裂缝修复与加固

采用高分子材料渗透性树脂作为石材建筑表面的修复、强化，高分子材料渗透性树脂渗透性好，粘结强度高，一方面保持了树脂优秀的物理性能，另一方面使其能够渗透到石材缺损部位中再产生硬化修复作用。它既可以用于石材的裂缝修复，也可以强化酥松的石材，增加石材的强度。选择的主要标准是修复效果和可操作性。一种好的石材修复材料应该是修复效果、硬化时间、渗透性、流动性和可操作性的完美结合。石材强化粘结剂应该是一种无色透明、清澈如水的液体，以适合各种颜色石材的处理。它无毒、不易燃，稳定性好，耐候性好，而且具有很好的可逆性。通过修复、强化的石材应达到具有较高的抗风

① 黄克忠《云冈研究石雕的风化与保护》1995（学术会议论文）

化、抗侵蚀、抗破坏强度的效果。经过多年的市场调研和实际应用，初步认定德国、意大利、美国几家公司的石材强化剂产品具有较好的强化性能。我国目前出现的几种石材保护剂，通过这些石材强化剂处理后的石材，经测试，抗弯强度和抗压强度得到很大改观。大理石的强度增加达60% ~65%，对于风化后的石材，其处理后的强度可得到数倍的提高，而且石材本身没有损害，毛细孔仍被保留，石材能保持其原有的呼吸性，石材原有的颜色没有改变。

3）复制替换

当历史建筑原有材料破损或缺失时，可以通过重嵌和复制替换破损的砌体结合部位，如碎裂的石灰石、灰浆裂缝、酥松的砖石砌块及抹灰等。最好应用历史的材料和传统的工艺，新的工艺和材料应在材料、设计、颜色、质地与历史原有的材料相匹配，并在修复后与原有材料有所区别并供进一步的研究和采取保护措施。新的替代材料如在建筑外部使用，还应注意紫外线、湿气渗透、由温度改变而应起的压力等对替代材料产生的破坏或削弱其功能。

目前主要有以下几种材料应用于历史建筑修复中的材料替换：石材类有人造石材、预制混凝土、玻璃纤维加强混凝土等。

4）化学保护①

要根据不同的要求和用途来选择各种化学保护材料。大致可分为灌浆材料、粘结材料、清洗材料、表面防水剂、表面加固剂等五类。

①灌浆材料

主要用在石材裂隙的粘结，防止水进入石材内部，危岩的加固等。对灌浆材料的基本要求是：材料应接近被加固石质的物理力学性质，要求材料黏度低，可灌性好，室温下可固化，粘结性好，反应时放热量少，符合耐候性、耐水性、耐酸碱性等要求。对材料的色泽和毒性也应予以重视。还要考虑施工方便，价格便宜等。现我国当前经常使用的几种灌浆材料②：呋喃改性环氧树脂、PS 系列灌浆材料、水泥浆材等。

②粘结材料

石质文物的粘结剂，传统方法曾使用过动物胶（如鱼鳔胶、猪血、兽皮胶、虫胶），植物胶（如树胶、树脂）和矿物胶（如沥青、石蜡）等。但这些材料对小型石质文物或构件仅能起临时加固作用，对比较大的构件或文物就不行了。结构性加固粘结，目前多数是用环氧树脂。

5）石材养护

石材养护剂大多采用第四代产品——硅酮树脂和氟化物树脂。一般来说，防护剂应具有较好的耐候性和重涂性，防护剂的耐候性越好，重涂的次数越少，重涂性能越好，说明防护剂失效后对石材的负面效应越小。石材防护剂产品除了耐候性、重涂性、渗透性好之外，还要求具有抗静电、抗紫外线等性能。抗静电性好的防护剂不易吸附尘土，能保持石材洁净的表面，减少污物对石材的侵蚀。抗紫外线性能好的防护剂，使处在露天的石质文物不因阳光的曝晒而褪色、氧化，减缓老化的进程，有利于石质文物的保护。此外，石材防护剂还须具有不改变石质文物的透气性，不改变石材颜色的性能，不能使石材微孔和水

① 刘树林．北京孔庙石质文物的现状及保护探研．www. yuanliner. com/article/2008/0422

② 四川省文物考古研究所．《在大足石刻维修工程中研制的新型灌浆材料》．1984

蒸气通道受到阻塞，而应该让石材照常自由呼吸。一旦微孔和水蒸气通道被封闭，来自地下和内部的水分不能排出，将会使石材出现胀裂、水斑等多种病变。使用石材防护剂产品的 pH 值应以中性为好，既不改变石材的颜色，也不造成环境的任何污染，又对石材无任何损伤，实现对石材的永久（10～30 年）性保护。

2. 石材保护注意事项

根据石质建筑所处的环境、规模、体量大小以及质地的不同，选择不同的保护修复技术。预防性保护，化学保护，物理保护等几种保护措施往往不是单一的用某一种方法，而是根据具体要求采用综合的手段。在实施保护的全过程，必须遵循文物保护的原则和程序。特别是在石材局部替换等问题上，应严格遵守砌体结构加固规范的要求，通过修缮不仅要保证历史建筑的结构安全，也要保证其加固后外观与建筑的协调，同时要最大限度地保护文物原结构的完整性和历史建筑原有的结构、工艺和砌筑做法。

不建议在替代部分受损石质材料的时候采取全面替代历史构件的做法，也不建议使用与原有历史建筑不相匹配和协调的材料作替换。石材的重砌应该严格控制。

避免用简单抹灰涂饰的修复方法对石构件的修复，或凭主观臆断随意加工石构件。

三、历史建筑结构保护技术

（一）保护技术措施

1. 还原修整

在建筑的发展过程中，技术的发展和进步起着至关重要的作用，只有通过了解建筑结构技术的发展演化才能完整了解建筑的发展历史。因此，在历史建筑保护中，首先应该保留历史结构整体的原真性，对建筑现状准确掌握的基础上，结合历史档案记载，还原结构的本来面目，通过修整，除去后期随意添加的内容，净化整体结构。

2. 维修加固①

现有结构的修复、加固设计中，首先应保证原有结构的性能得到有效的改善和提高，满足可靠度要求。在设计中除了考虑加固时的工作应力、加固部分应变滞后、加固后构件截面形心和刚度变化、新旧材料协同工作、合理安排加固拆装顺序外，尤其要考虑尽可能保留和利用原结构构件，发挥原结构的潜力，避免不必要的拆除和安装。

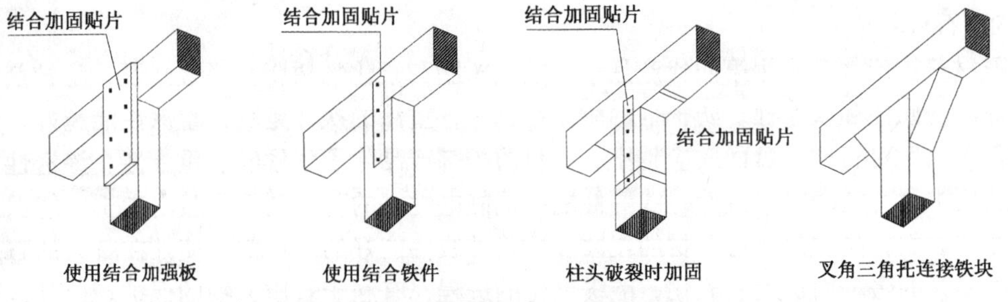

图 9-1　梁柱结合处损坏的几种加固方式

① 周兴寿．厦门历史风貌保护工程南薰楼的加固改造研究．重庆大学工程硕士学位论文．2003. 11. P11

对于构件轻微的裂缝，采用铁箍加固。铁箍的数量与大小，根据具体部位和裂缝长度确定，铁箍采用圈形，接头处用螺栓或特制大帽钉连接牢固，使裂缝闭合。对于断面较大的矩形构件采用了U形铁兜绊，上部用长脚螺栓拧牢。

构件弯垂的加固

木构件由于长期负荷而产生变形，主要处理办法是在适当的位置增加相应的构件来分担原物所承受的荷载。在弯垂的部位采用柱子进行支顶，并采用附加梁的办法进行解决。经常发生弯垂的檩条，特别是脊檩的加固是在其下皮再加一根檩条或两侧附加铁板以抵抗弯垂。另外，对于弯垂的构件，除了对弯垂的部位进行支顶加固，还在其剪力较大的榫卯处增加铁板以增强构件的承载能力。

3. 嫁接替换

针对历史建筑屋顶、楼地面、门窗过梁及楼梯等木构件的破损状况，采取替换的修复策略，具体实施的技术方法有以下两种：整体替换和局部缺失修复。

替换修复：对于原建筑在各个历史时期不规则或不和谐的修补的替换。注意替换的可识别性和可逆性。

缺失修复：对于大面积肌体损坏后缺失部分的复制修复。原有缺损销钉锚固或按照同质材料加相应颜料修复。

（二）保护技术的注意事项

上述技术措施，根据不同的部位和不同的损坏程度加以选择，结构构件的损害程度往往决定了所采取的具体措施。维修加固应是历史建筑保护中采取的首要措施，特别是砖木混合结构建筑的维修加固，应严格遵守相关砌体结构加固规范要求，通过维修加固，不但要保证建筑结构的安全性，还要保证加固后外观与建筑的协调，要最大限度地保护历史建筑的完整性和其原有结构、工艺、做法的真实性。那么对表征历史建筑价值的相关特征和损害程度进行准确的评估和检测就显得尤为重要。

在历史建筑修复过程中尽量避免构件的过多替换，以免导致建筑的历史性特征（如外观、比例、细部等）的改变和丧失。如果原有建筑材料功能性的丧失，传统工艺和匠人的缺乏，原有建筑材料在结合过程中存在缺陷，不能满足现行法规对建筑安全、健康、卫生等要求时，才可考虑适当替换。

第四节 推荐技术

1. 古建砖石等多孔性材料保护液

1）主要技术性能

该产品依据固体界面的表面能原理，利用含氟的长链烷基有机硅保护液的低界面能特性对古建砖石等多孔材料表面进行常温渗透，改变古建砖石材料的表面状态，形成斥水、透气的界面屏障来阻断与水相关的风化病害（干湿、冻融、生物、盐迁移等）。该产品所使用的界面技术不堵塞砖石孔隙，可满足对古建砖石等多孔材料的保护要求。

2）适用范围及条件

适用于对古建砖、石、瓦等多孔材料的保护。

3）技术要点

(1) 基层清洁，确保基层表面污染物清理干净。

(2) 涂刷保护液，可采用刷涂、喷涂、浸泡、流沿等多种方法施工，保护液应均匀涂刷在基层表面，除浸泡方法以外，应至少涂刷2遍，涂刷量以完全润湿为准，间隔时间为30～60分钟，以保证保护液充分渗透。施工过程中应保证通风。

(3) 养护，在保护液施工后24小时内不得与水接触，5天内不得浸泡于水中。

4) 技术推荐：广州市白云化工实业有限公司

2. 建筑石材渗透性保护剂

1) 主要技术性能

建筑石材渗透性保护剂是由氟化烷基树脂、烷氧基硅烷、脂肪族碳氢化合物、醋酸丁酯和矿物松节油等成分组成的无色透明液体，可直接在石材表面进行涂刷。该保护剂在石材表面形成一层保护膜，防止水分或其他污染物进入石材，并可防止由于石材表面的毛细作用而吸入杂质，保持石材内部的干燥。该产品具有耐酸、碱能力，可有效防止酸、碱、洗涤剂等进入石材内部而引起的石材质量恶化，并可保持石材的本来色调，附着性强。该产品不影响石材外观，涂刷后便于石材表面的清洁、维护。

2) 适用范围及条件

适用于建筑石材装饰和古建保护工程。

3) 技术要点

(1) 基层处理，清理基层表面的污垢、油分、蜡等杂质，保持基层清洁；

(2) 干燥，确保基层表面充分干燥，若干燥不彻底会产生固定不良、变色、白化等不良反应；

(3) 涂刷保护剂，采用专用毛刷等将保护剂分2次均匀涂刷于基层表面（2次间隔时间10～20分钟），在环境温度5℃以下及石材温度超过40℃时不得施工；

(4) 干擦，第2次涂刷完毕后，约20分钟后将残留液干擦去除；

(5) 养护，干擦后静置石材4～5分钟，且24小时内不得接触水。

4) 技术推荐：MIYAKI株式会社

3. 木材防腐剂

1) 主要技术性能

中铁ACQ木材防腐剂由DDAC、CuO和活性有效物等成分构成，在木材内固着性能良好，固着率达96%以上，对其机械性能影响较小，处理后不影响木材的正常使用。霉菌的防治效力达到83.3%，有效防治家白蚁，对钢铁制品的腐蚀性很低，不含砷等有毒物质，对人畜低毒，可有效保护环境。经本品处理的木材表面略呈淡蓝色，不影响其油漆性能。

2) 适用范围及条件

主要适用于建筑、铁路、矿井等对木材有防腐要求的工程。

3) 技术要点

施工工艺分为真空加压处理法和浸泡处理法两种，在条件允许的情况下推荐采用真空加压法。

真空加压处理法：

(1) 木材的含水率应小于30%，并将表面清理干净；

(2) 将防腐剂稀释至活性成分的质量数为1%～1.5%；

（3）首先在 $-0.08 \sim -0.09$MPa 真空条件下静置 30～60 分钟，再在 $0.8 \sim 2.0$MPa 的加压条件下静置 1～4 小时，最后在 $-0.05 \sim -0.08$MPa 真空条件下静置 30 分钟。

浸泡处理法：

（1）将木材表面清理干净；

（2）将防腐剂稀释至活性成分的质量数为 2%～4%；

（3）将木材常压浸泡在溶液中，浸泡时间根据木材种类、大小和含水率等因素确定；

（4）浸泡后的木材经干燥处理后方可使用。

该防腐剂对铜、铝、锌-铝合金等材料具有一定的腐蚀作用，因此需对相应材料采用有机涂料覆盖或采用热浸式镀锌处理。另外，应避免防腐剂直接接触皮肤。

4）技术推荐：中国铁路物资总公司、鹰潭木材防腐厂

4. 水溶性高效防白蚁防腐剂

1）主要技术性能

泰祥-1 水溶性高效防白蚁防腐剂是采用硼酸及助剂配制而成的多功能木材防腐剂，属环保产品。该产品可以预防白蚁、蠹虫、天牛和腐霉菌对木材及其制品的危害，有效地保护木材及其制品，延长木材使用寿命。

2）适用范围及条件

适用于各种木材的防虫防腐处理。

3）技术推荐：广州市泰祥白蚁防治工程有限公司

5. 松柏类濒危古树复壮技术

1）主要技术性能

该项目通过对松柏类濒危古树与健壮古树的细胞超微结构进行了对比分析，发现古树衰弱濒危后，其叶肉细胞中会产生大量的淀粉粒和嗜锇颗粒，证明了衰老物质存在的客观性及复壮措施的可行性。项目还发现并研究了芫天牛在古油松上的危害特点及发生规律，提出行之有效的防治措施。

该项目的研究结果为推动古树管理技术的规范化提供依据，为古树营养诊断、合理配比复壮营养提供了标准，使古树的复壮更加有针对性和有效性，促进了古树管理技术水平的进步。

2）适用范围及条件

适用于我国淮河以北自然生长的各类古树的养护管理。

3）技术推荐：北京市园林局公园管理处

重点推荐技术及相关资料详见附送光盘。

第十章 防灾减灾

灾害会给人们带来不同程度的财产和生命损失，因此防灾减灾工作对于社会主义新农村建设至关重要。农村重大灾害事件包括自然灾害与人为事故灾害两大类型。我国是世界上自然灾害最为严重的国家之一，各种灾害在我国都有发生。有资料显示，全国50%以上的人口分布在地震、地质等自然灾害严重的地区，常年受灾人口在2亿以上。据不完全统计，我国每年因各类自然灾害造成的人员伤亡80%以上在农村，台风、暴雨、雷电、滑坡、泥石流等造成的人员伤亡90%以上在农村，每年因各类自然灾害倒塌房屋近200万间，其中绝大多数在农村。

第一节 灾害种类及避灾

一、火灾及其避灾方法

随着改革开放和市场经济的高速发展，广大农村人民群众的生活水平日益提高，大量原来相对落后的偏远地区农村人民生活也发生了翻天覆地的变化，农村用火用电用气增多，家庭火灾危险随之增大，全国农村房屋发生火灾的比例成逐年上升趋势。

农村人口密度虽低，但居住的较为密集，特别是建筑房屋布置甚密。农村建筑的总体特点是结构简单，耐火等级低。而由于生产生活过程中都需要用火，农村建筑周围可燃材料较多，稍有不慎便引发火灾，加之农民缺乏防火救火知识，往往使小火酿成大火。

在农村火灾带来的危害巨大，主要表现在以下方面：

1. 火势蔓延速度快，不易控制，不能及时扑救。农村建筑普遍简陋，建筑周围多有易燃和可燃物质，当火灾发生时，由于交通不便利，水源匮乏，村民难以自救，而大量村庄远离消防队，初期火灾得不到及时扑救，易出现火烧连营的局势。

2. 建筑耐火等级低，易出现屋毁人亡的恶果。农村地区普遍经济基础薄弱，建筑所用材料多为可燃物，建筑耐火等级低。火灾发生后建筑很快就丧失承载能力，继而发生垮塌。

火灾重在预防，柴火等易燃物堆放要远离房屋；注意用电安全，禁止私接电线，并及时更新老化的电线。

火灾发生后首先应拨打火警电话，电话中要说清地点、火情、起火原因、报警人姓名及电话号码。在消防车到达以前可以采取一些自救手段，用水或沙子喷洒到燃烧物上来灭火是通常会采用的方法，也可以用淋湿的棉被盖在火焰上，使其因缺乏氧气而熄灭。

火灾发生后最重要的是保持冷静，先观察火势，再选择逃生方式。火灾引发浓烟严重威胁生命，大多数葬身火海的人是因为一氧化碳窒息而死。用浸湿的布或毛巾堵住口鼻，可防止被浓烟呛晕。在浓烟中逃生时，尽可能俯身或匍匐前进，当烟雾太浓看不清方向时，可以朝一个方向一直走，找到墙后沿着墙走就能找到出路。逃生时不要过分顾及财物，应把生命安全放在首位。若身上已着火不可乱跑，要就地打滚使火熄灭。

二、洪灾及其避灾方法

洪灾的种类除了大江河的洪水灾害外，还有凌汛灾害、融雪洪、山洪、溃坝洪等危害范围大小不一的洪灾。我国气象灾害频繁，降雨区域与年度严重不均衡，70%的中小河流经常发生山洪灾害，2/3 国土面积不同程度地受到洪水威胁；我国洪水一级区划分共包括 2457 个区域，其中一般风险区 990 个，重点风险区 1380 个。资料显示，发生洪水时，一般风险区和重点风险区内村镇住宅大量损坏甚至倒塌，如 1975 年的河南洪水，倒塌房屋 524 万间；1998 年的长江洪水，倒塌房屋 212.85 万间；2003 年的淮河洪水，倒塌房屋 77 万间，同年的渭河洪水倒塌房屋 18.72 万间。

为了预防洪水发生，对居住区的排水沟等排水排洪设施应经常检查，保证其畅通。在村子周围及自家庭院周围可以修筑拦洪坝、围堰等防洪措施。为了使房屋在洪水的冲击下不至于倒塌，应尽量让房屋中的门窗洞口前后对齐便于洪水通过。有条件的情况下应对旧有的房屋给以加固。

洪灾一旦发生，当收到洪水来袭的警报时，应当及时行动，有必要时应组织群众及时撤离，撤离时要保管好家中的贵重财物，离开房屋住所时，切记关闭水、电、气等，锁好房门。用沙袋、土袋堵住房屋的门窗洞口，用胶带密封门窗缝隙，总之堵死一切可能进水的地方，防止建筑物进水。农村地形较为开阔，在洪水来临时，要远离以下地带：河床、水库及渠道、涵洞、危房、危墙、电线杆、高压电塔。

洪灾发生后应积极展开自救，应当尽量向高处转移，如果房屋坚固基础条件较好可以选择在屋顶避难，如果身处危房，应该选择迅速撤离。除非在洪水可能冲垮建筑物或水面没过屋顶时被迫撤离，否则应待着别动，等水停止上涨再逃离。如果在避险过程中不幸落水，一定要想办法抓住固定物或漂浮物，确认暂时安全后等待救援。如果发现有电线断头下垂时，一定要迅速远避，防止触电。避开洪水威胁后，要耐心等待救援，为了使救援人员能够尽快发现你，在白天可以使用玻璃、镜子等在阳光照射下发出的亮光来求救，在夜晚可以借助手电或火光来发出求救信号。

在发生洪灾时，常常会有人落水、溺水，如果能掌握一定的急救知识会有很大的帮助。当拖被溺者时，应蹲或趴在岸上或船上，避免被拽进水里，必须从船、艇的头部或尾部把溺水者拖上来，以免翻沉。用船救助落水者时，要控制船的速度以免撞伤落水者。溺水者上岸后，要立即采取急救措施，主要是要做到三点：

1. 畅通呼吸道，溺水者的鼻腔和口腔中很可能被一些污物阻塞，应尽量排除污物；

2. 心肺复苏，村民们都应掌握一定心肺复苏及人工呼吸的急救技术，应定期组织学习演练；

3. 倒水，应尽快倒出胃中的污水。

洪灾引发的次生灾害主要是各种传染性疾病，例如，由于卫生条件差引起的肠道类传染病（霍乱、伤寒、痢疾、甲型肝炎等）；人畜共患疾病和自然疫源性疾病（鼠媒传染病、钩端曼旋体病、流行性出血热、寄生虫病、血吸虫病等）；由于蚊虫大量滋生而引发的由蚊虫传染的疾病（乙脑、疟疾、登革热等）。为预防疫情爆发，灾后要注意个人和环境卫生。发现得病应及时治疗。除了传染病外，洪水引发的次生灾害还有诸如触电、中暑、外伤、毒虫咬螫伤、毒蛇咬伤、食物中毒、农药中毒等，要注意预防。

三、地质灾害及其避灾方法

地质灾害是指由于自然变异或人为的作用，使地质环境或地质体发生变化达到一定程度，造成地表危害人类和社会的现象。它主要表现为崩塌、滑坡、泥石流、地裂、地面沉降、地面塌陷等。

滑坡和泥石流是我国村镇中较常见的地质灾害。

滑坡是指斜坡上的土体或者岩石，受河流冲刷、地震、强降雨等因素的影响，整体或者分散地顺坡向下滑动的现象。滑坡从发生开始到达人们的居住区通常都要有一段时间，人们可以利用这段时间逃生，发现滑坡发生可从以下几个方面着手：滑坡的发生通常伴随一些不寻常的现象，如泉水、井水水质混浊，原来干燥的地方突然渗水；地下发生异常响声，家畜家禽有异常反应等；当然也可以通过观察山上树木的倒伏来判断是否发生滑坡。滑坡发生后，应迅速向滑坡山体的两边跑，如果跑不了，可躲避在结实的障碍物下。可以采用报警器等相关技术对滑坡的发生进行预警。

泥石流的暴发主要因连续降雨、暴雨和特大暴雨等集中降雨而诱发的。其发生的时间与集中降雨时间相一致，季节性明显。西南地区，如四川、云南等地的降雨多集中在6~9月份，其泥石流也多发于6~9月份。西北地区降雨多集中在6~8月份，特别是7、8两个月，其泥石流也多发于7、8月份。

发现泥石流后，要马上与泥石流呈垂直方向向两边的山坡上面爬，绝对不能往泥石流的下游走，来不及奔跑时要就地抱住河岸上的树木。房屋不要建在泥石流多发地区。要选择远离沟口，且地势高平的地区建房。在山谷行走遭遇大雨时，要迅速转移到安全的高地，离山谷越远越好，不要在谷底停留。注意观察周围环境，特别留意是否听到远处山谷打雷般声响，如听到要高度警惕，这可能是泥石流将至的征兆。下雨的天气，不要贸然进入深山。

四、震灾及其避灾方法

震灾是由地壳和上地幔中的特殊部分发生变异运动，造成强烈地面振动，使人类生命财产遭受损失的自然灾害。我国位于欧亚地震带、喜马拉雅地震带及环太平洋地震带的重要分布区，地震灾害多发。

目前，地震的预测仍是世界性的难题，虽然世界各国都投入了大量的人力物力对这一问题进行研究，但至今也没有取得突破性的成果。地震发生前，通常会出现一些反常的自然现象，如地下水往往会发生突然升、降。井水会发生打旋、冒泡、变色、变味；动物表现异常；植物不适季节开花等，这些现象虽然不能预示地震必然来临，但应引起人们足够的注意。

如房屋倒塌，应选择大块倒塌体与支撑物形成的三角空间，也就是我们通常所说的避难空间，例如在平房内，来不及跑到室外，可马上躲到桌下、床下或墙根，并保护好头部。如果在室外，应该选择空旷开阔的地带，蹲下或趴下避难，尽量躲避高大的建筑物、烟囱、桥梁、胡同、架空管道、高压线、变电变压设备、山坡陡崖、危岩和河岸等地带。

地震发生后，如果来不及逃避很有可能被建筑的废墟埋住，这时就需要掌握一定的自救方法来获得更大的生存希望。若身体被埋住，应该尽量搬开身边的碎砖与杂物以扩大活动空间，同时设法用砖石、木棍等支撑残垣断壁，以防余震时再被埋压。若闻到异味或灰尘太大，应设法用湿衣物捂住口鼻。在这样的情况下人们通常会表现出恐惧、无助甚至绝望，这时保持平稳的心态很重要，可以用敲击的方式求救，例如金属管道，同时注意保存体力，切忌胡乱喊叫。被较重的坍塌物压住时，不要随意挪动身体，以免给自己造成更大的伤害。当发现自己受伤时，应尽力用衣服等物包扎伤口，避免失血过多。

在地震这样的大型灾难面前，个人的力量十分有限，相互帮助相互救治是每个人都应承担起的责任。我们互救的原则是“先救易，后救难，以人为本，救人为主”。

地震的次生灾害一般指地震强烈震动后，以震动的破坏后果为导因引起的一系列其他灾害，诸如火灾、毒气泄漏、爆炸等。地震发生后，往往伴随一定数量的余震发生，人们的生存环境将十分艰苦并有逐步恶化的趋势，要做好面对这种情况的心理准备。地震属于突发事件，等待救援的时间往往很漫长，这时保持耐心很重要。当闻到空气中有异味时，很可能是有毒气体泄露，这时要用湿衣服捂住口鼻，迅速逃离。不要随便使用水电，因为这时水源可能已经被污染，电路也可能由于地震而发生漏电。不要使用明火，因为这时空气中很可能有可燃气体存在，使用明火可能引发火灾甚至爆炸。被废墟埋住后，人的双眼长时间处于黑暗之中，获救后不能立即接受强光刺激。获救后进食进水要循序渐进，以免胃肠受到损伤。受灾后，应该有效的组织起来，统一行动，在有关人员的指挥下撤离，以免造成拥挤踩踏。

五、用电安全

随着农网改造低压电网的延伸，电在改善农民生产生活条件的同时，用电安全问题也呈现出不容乐观的态势，农村安全用电管理有了新的压力。由用电安全引发的事故给人们生活带来极大威胁，主要表现在以下方面：

1. 电线使用时间过长，电线外皮老化外露，造成漏电威胁人们生命；
2. 建筑不注意避开高压线，影响输电安全造成断电引发经济损失；
3. 由于电源断路引发的火灾。农民安全用电知识缺乏，违章操作，是诱发农村用电安全事故发生的重要原因。

第二节　建筑与防灾

房屋建筑是村镇居民进行各类活动的主要场所，其安全性至关重要，影响安全性的诸多因素中灾害的破坏性最为严重。能对房屋安全性造成影响的灾害很多，但在各类灾害中，发生频率最高的是火灾，破坏性最大的应属震灾。

一、建筑防震

震灾中建筑物的倒塌是造成人员伤亡和财产损失的主要原因。村镇房屋抗震能力不足是由于房屋的设计施工不能严格按照规范执行造成的。

（一）地震相关概念介绍

1. 地震震级

地震震级是指地震的强烈程度，它取决于地震所释放的能量的大小，采用仪器测得的为1～8级以上。如1975年2月的辽宁海城地震为7.3级，1976年7月的河北唐山地震为7.8级，2008年5月的四川地震为8.0级。一般情况下，2级以下的地震人感觉不到，俗称为微震；2级以上4级以下的地震人能够直观感觉到，但对建筑没有损坏，俗称为有感地震；5级以上7级以下的地震可以造成建筑不同程度的损坏，俗称为破坏性地震；而7级以上8级以下的地震可以造成建筑极大程度的损坏甚至倒塌，一般俗称为强烈地震；8级以上的地震能对建筑物造成毁灭性的损失，俗称特大地震。

2. 地震烈度

地震烈度是指地震时在一定地点震动的强烈程度，它反映某一地点地面和各类建筑受到影响和破坏的程度。不同的地区受到地震的影响不同，因此可以有多个不同的地震烈度。由于震中地点烈度最大，因此称之为震中烈度。我国采用的是“十二度”划分法来界定地震烈度，见表10-1。

中国地震烈度简表 **表10-1**

地震烈度	直观感觉
1	无感觉
2	室内个别静止中的人有感觉
3	室内少数静止中的人有感觉，门窗轻微作响，吊灯等悬挂物微动
4	室内多数人有感觉。室外少数人有感觉。少数人梦中惊醒。门窗作响，吊灯等悬挂物微动明显摆动，器皿作响
5	室内普遍、室外多数人有感觉，多数人梦中惊醒。门窗、屋顶、屋架颤动作响，灰土掉落，抹灰出现微细裂缝，有檐瓦掉落，个别屋顶烟囱掉砖。不稳定器物摇动或翻倒
6	多数人站立不稳，少数人惊逃户外。房屋损坏-墙体出现裂缝，檐瓦掉落，少数屋顶烟囱裂缝、掉落。河岸和松软土出现裂缝，饱和砂层出现喷砂冒水；有的独立砖烟囱轻度裂缝
7	大多数人惊逃户外，骑自行车的人有感觉，行驶中的汽车驾乘人员有感觉。房屋轻度破坏－局部破坏，开裂，小修或不需要修理可继续使用。河岸出现坍方；饱和砂层常见喷砂冒水，松软土地上地裂缝较多；大多数独立砖烟囱中等破坏
8	多数人摇晃颠簸，行走困难。房屋中等破坏－结构破坏，需要修复才能使用。干硬土上亦出现裂缝；大多数独立砖烟囱严重破坏；树梢折断；房屋破坏导致人畜伤亡
9	行动的人摔倒。房屋严重破坏－结构严重破坏，局部倒塌，修复困难。干硬土上出现地方有裂缝；基岩可能出现裂缝、错动；滑坡坍方常见；独立砖烟囱倒塌
10	骑自行车的人会摔倒，处不稳状态的人会摔离原地，有抛起感。房屋大多数倒塌。山崩和地震断裂出现；基岩上拱桥破坏；大多数独立砖烟囱从根部破坏或倒毁
11、12	建筑毁灭性破坏。地震断裂延续很长；大量山崩滑坡。地面剧烈变化，山河改观

注：表来自《中国地震烈度表》（GB/T 17742-2008）

3. 震中烈度与震级

根据经验和数据统计震中烈度与地震震级大致对应关系见表10-2，

地震震中烈度与地震震级的大致对应关系　　**表10-2**

震　级	2	3	4	5	6	7	8	8级以上
震中烈度	1～2	3	4～5	6～7	7～8	9～10	11	12

4. 设防烈度

设防烈度是指按照国家规定的权限批准，作为一个地区抗震设防依据的地震烈度。一般情况下，设防烈度可以采用《中国地震烈度区划图》中规定的该地区的地震基本烈度。对于已经编制抗震设防区划的城市，也可以采用批准的抗震设防烈度。例如我国北京地区的设防烈度为8度，天津地区的抗震设防烈度为7度等。建筑的设防烈度越高设计出来的建筑抗震能力就越强，但同时建筑的造价也会大幅度的提高，所以没必要人为提高抗震设防烈度，严格按照国家规定执行即可。

5. 建筑抗震设防类别

根据建筑物使用功能的重要性，建筑物的抗震设防类别划分为甲、乙、丙、丁四类。

甲类建筑属于重大建筑工程和地震时可能发生严重次生灾害的建筑。例如有特殊要求的建筑，或一旦发生破坏会产生放射性污染的建筑等。甲类建筑必须采取特殊的抗震措施。

乙类建筑属于地震时使用功能不能中断或需尽快恢复的建筑。例如供水、供电等城市中重要的生命线工程。乙类建筑所采取的抗震措施，应按该地区的抗震设防烈度提高一度的要求进行设置。

丙类建筑属于甲、乙、丁类建筑以外的一般建筑。例如住宅等普通的工业与民用建筑。丙类建筑所采取的抗震措施，应按该地区的抗震设防烈度的要求进行设置。

丁类建筑属于抗震次要建筑。一般是指不易造成较大损失或伤亡的建筑。丁类建筑所采取的抗震措施，应按该地区的抗震设防烈度降低一度的要求进行设置。

抗震设防烈度为6度及以上地区的住宅，必须进行抗震设计，其抗震设防类别不应低于丙类。

6. 建筑抗震设防目标

由于地震对建筑的重大影响，建筑必须具有抵抗地震的能力。一般来讲，建筑抗震设防的目标有以下三方面：

1）当建筑遭受到多遇的低于本地区设防烈度的地震时（俗称“小震”），建筑一般不应受到损坏或者不需要修理仍能继续使用；

2）当建筑遭受到本地区设防烈度的地震时（俗称“中震”），建筑可能有一定的损坏，经过一般修理或者不需要修理仍能继续使用；

3）当建筑遭受到高于本地区设防烈度的地震时（俗称“大震”），建筑不致倒塌或者发生危及人员生命的严重破坏。

上述抗震设防目标可通过抗震设计计算以及采取抗震构造措施实现。

7. 建筑抗震措施

为了确保建筑物的抗震性能，经常采取一些构造上的措施，如混合结构房屋中：

1）尽量采用横墙承重；

2）墙体均匀布置，门窗洞口上下对齐，洞口一致；

3）房屋高度和层高不超过规定限值；

4）房屋总高度与总宽度的比值不超过规定限值；

5）横墙之间的间距不超过规定限值；

6）采用圈梁和构造柱。

（二）场地的选择

所谓场地，可以简单地理解为建筑物修筑的地点，应该选择有利地段，避开危险地段。至于如何判断有力地段与危险地段则需要一定的专业知识，最好在专业人员的指导下选择场地。对抗震不利的场地通常有条状突出的山嘴、高耸孤立的山丘、非岩石的陡坡、河岸和边坡边缘等，在这些地点是不合适建造建筑的，如有特殊需要必须要在这些地点建造则必须要加强抗震措施。

（三）地基及基础

农村建筑的地基应优先采用天然地基，当在新填土或不均匀土上建造建筑时，应采用相应的地基处理措施。当存在相邻建筑时，新建建筑基础埋置深度不宜大于原有建筑基础。当埋置深度大于原有建筑基础时，两基础应保持一定的距离。关于地基的填土建议选用砾石、卵石及块石，不宜采用淤泥、耕土、冻土及膨胀土。可以根据填土中石块粒径的大小来选择处理方式，粒径大时（一般大于400mm）应采用夯实法，粒径小时（一般小于200mm）可采用压实法。农村建筑宜首选无筋扩展基础，埋置深度一般不小于0.5m且在地下水位以上。同一建筑的基础类型应该统一，基础底面应埋置在同一深度上。

（四）建筑结构体系

建筑物的平面布置宜规则对称，应具有良好的整体性。建筑物平面不规则的宜在适当部位设置防震缝，将建筑物分割成规则的形式，防震缝的宽度不宜小于50mm。当墙体为承重结构时，墙体在竖向应上下连续，下部应与基础相连。在同一轴线上的窗间墙宽度宜均匀，禁止采用悬挑梁上托墙的结构形式。楼梯间及大房间不宜布置在建筑的端部和转角处。建筑结构整体的传力路径应该简明、合理。应避免因部分结构或构件破坏而导致整个结构丧失承载能力。结构应具有一定的变形能力，特别是在地震的作用下结构应具有消耗地震能量的能力，从修筑建筑的材料来看，结构的变形能力由强到弱依次是钢筋混凝土结构、砖砌体结构、石结构、生土结构。由于后两种结构没有相应国家规范来指导，所以在地震多发区不适宜采用。当结构体系主要由墙体承重时，应优先选用纵横墙混合承重的布置方式。平面内墙体布置应闭合对称，纵横墙交接处应有拉结措施。各构件之间的连接应牢固可靠，连接处的破坏不应早于构件本身的破坏。烟道等竖向孔道不应削弱墙体。楼和屋的面板应选用现浇混凝土板。同一建筑不应采用不同材料承重结构混合承重。

1. 砖砌体结构

砖砌体结构层高不应超过3.6m。墙体厚度不应小于180mm。横墙间距最大不应超过6m。为增强建筑的整体性，砌体结构应设置圈梁，圈梁应设在楼盖或屋盖处，沿墙紧靠底板设置，圈梁宽度应与墙同宽，高度不小于120mm。圈梁中应配置纵筋与箍筋，纵筋应配置在圈梁的角部，纵筋直径一般为10~14mm，随着建筑抗震设防烈度的提高而提高。

箍筋的直径一般为6mm。圈梁应闭合设置，当遇洞口断开时，圈梁应上下搭接，搭接长度宜为上下圈梁间距的2.0倍，且不小于1.0m。

门窗洞口的上部应设钢筋混凝土过梁，过梁的支承长度不应小于240mm。钢筋混凝土构造柱、芯柱的施工，应先砌墙后浇构造柱、芯柱。构造柱截面不应小于240mm×180mm，沿构造柱方向的纵向钢筋不应少于4根直径12mm的钢筋，箍筋间距不应大于250mm，且在柱上下端宜适当加密。构造柱与墙连接处应砌成马牙槎，并应沿墙高每隔500mm设2根直径6mm拉结筋，每边伸入墙内1m。构造柱与圈梁连接处，构造柱的纵筋应穿过圈梁，保证构造柱纵筋上下贯通。构造柱可不单独设置基础，但应伸入室外地面下500mm。

地圈梁也是一种圈梁，其设在正负零以下承重墙中，按构造要求设置，连续闭合的梁。它的作用主要是调节可能发生的基础不均匀沉降，加强基础的整体性，也使地基反力更均匀点，同时还具有圈梁的作用和防水防潮的作用。

圈梁与构造柱同为建筑抗震构造措施，不起承重作用，对砌体有约束作用，有利于抗震，其尺寸满足规范要求即可不宜过大。

2. 生土结构

生土是指没有经过焙烧的土，常见的有灰土或夯土承重结构。生土建筑的地基应夯实，基础建议采用红土砖或毛石。生土建筑的承载力较弱，不宜两层及以上的建筑且高度不应超过3m。生土墙建筑的屋架宜采用木质的轻质屋盖，支撑方式宜采用硬山搁檩，不宜采用墙支承梁或屋架。土坯墙建筑的土坯应采用粘性土湿法成型并掺入草苇等拉结材料，拉结材料能提高墙体的整体性对于生土结构十分重要，墙体应同时分层交错夯筑或咬筑，不应有竖向施工通缝。生土建筑的墙体的转角处及墙的交接处，应沿墙高每隔250mm放一道竹筋、木条、荆条等拉结材料。

3. 石结构

石结构应用水泥砂浆砌筑。石砌建筑承载力要好于生土结构，可以建造二层的建筑，但层高不宜小于3m，墙体的厚度不宜小于250mm，北方地区应适当加厚。石结构横墙间距不应大于6m。石砌结构的纵横墙交接处应有可靠的拉结，有条件地区应沿墙高每隔500mm设置拉结钢筋网片，每边伸入墙内不小于1m。无条件地区可以用竹筋、木条、荆条等拉结材料代替，同时减拉结材料设置的间距，适当增加每边深入墙内的长度。毛石墙的毛石形状应比较规整，可用水泥砂浆砌筑。石结构建筑的楼盖及屋盖处均应沿纵、横墙顶设置圈梁，其截面高度不应小于120mm，宽度应与墙体宽度相同，纵向最少应配置4根直径10mm的钢筋，配置在圈梁的四角，箍筋间距不宜大于200mm。

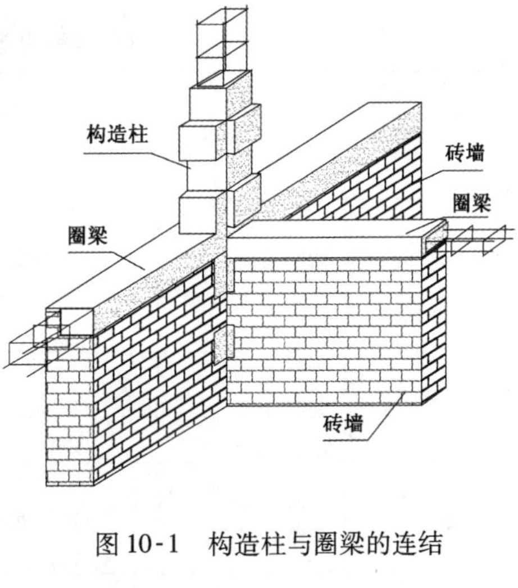

图10-1 构造柱与圈梁的连结

二、建筑防火

火灾是村镇最常见的灾害之一。建筑设计

中应采取防火措施，以防止火灾发生和减少火灾对生命财产的危害。

（一）建筑防火相关概念

1. 燃烧性能

建筑中构件的燃烧性能是指构件在明火或者高温辐射的条件下，是否燃烧以及燃烧的难易程度。构件的燃烧性能可以分为三类，即燃烧体、难燃烧体和非燃烧体。燃烧体是指用容易燃烧的材料做成的构件，如使用木材做成的梁、柱等。难燃烧体是指用不易燃烧的材料做成的构件，或者用燃烧材料做成，但用非燃烧材料作为保护层的构件，如木板条抹灰就属于难燃烧体。非燃烧体是指用非燃烧材料做成的构件，如天然石材、人工石材以及金属材料制作的构件。

2. 耐火极限

构件的耐火极限是指在标准耐火试验条件下，构件从受到火的作用时起，到失去稳定性、完整性或隔热性时为止，上述抵抗火作用的时间，一般以小时计。只要上述三个情况中的任何一种情况出现，即可确定达到了其耐火极限。

3. 耐火等级

建筑物的耐火等级是反映建筑物耐火程度的标准。建筑物耐火等级划分的目的是以建筑物的用途不同而设定不同的耐火等级要求，以利于建筑物的安全利用和节约造价。建筑物的耐火等级是由组成建筑物的构件的燃烧性能和耐火极限的最低值设定的。建筑物的耐火等级划分为四级，既一级、二级、三级、四级。每一耐火等级的建筑物，其构件的燃烧性能和耐火极限不应低于相关的规定。

以上述各级耐火等级中建筑物构件的燃烧性能和耐火极限为依据，可以大致判定不同结构类型建筑物的耐火等级。一般情况下，可以下述来确定：

1）钢筋混凝土结构、钢筋混凝土砖石结构的建筑物可以基本上定为一、二级耐火等级；

2）砖木结构建筑物可以基本定为三级耐火等级；

3）以木柱承重而且以非燃烧材料作为墙体的建筑物，可以定为四级耐火等级。

建筑物的耐火等级其主要构件材料见表 10-3。

建筑物耐火等级及构件的材料要求　　表 10-3

构件名称		耐火等级 一级	二级	三级	四级
		材料			
墙	外墙	砖、石、混凝土、钢筋混凝土	砖、石、混凝土、钢筋混凝土	砖、石、土	砖、石、土、木、竹
墙	内墙	砖、石、混凝土、钢筋混凝土	砖、石、轻质混凝土、钢筋混凝土	砖、石、土、轻质混凝土、木、竹	木、竹
墙	防火墙	砖、石、混凝土、钢筋混凝土（厚度不小于 22cm）	砖、石、混凝土、钢筋混凝土（厚度不小于 22cm）	砖、石、混凝土、土（厚度不小于 22cm）	砖、石、混凝土、土（厚度不小于 22cm）
柱		砖、石、混凝土、钢筋混凝土	砖、石、混凝土、钢筋混凝土、钢（设防护层）	砖、石、混凝土、钢木（设防护层）	木、竹

续表

构件名称		耐火等级			
		一级	二级	三级	四级
		材料			
楼层承重构件	梁	钢筋混凝土	钢筋混凝土	型钢、钢筋混凝土、石	钢、钢木、木
	楼板	钢筋混凝土、砖（石）拱	钢筋混凝土、砖（石）拱	钢筋混凝土、砖（石）拱、石	木
楼梯		钢筋混凝土、砖、石	钢筋混凝土、砖、石、钢	钢筋混凝土、砖、石、钢	木、竹
屋顶承重构件	梁、屋架、屋面板	钢筋混凝土	钢、钢筋混凝土	钢、钢木、木	钢、钢木、木、竹
	檩条、次梁	钢筋混凝土	钢、钢筋混凝土	钢筋混凝土、石、钢、钢木、木	钢、木、竹
	椽条	—	—	木、竹	木、竹
吊顶		轻钢龙骨吊石膏板、钢丝网抹灰	经防火处理木龙骨吊石膏板、钢丝网抹灰	可燃龙骨吊苇箔、板条、纤维板、席、塑料制品	可燃龙骨吊席、纸、塑料制品
屋面层		石板、瓦、瓦楞铁、油毡撒豆砂	石板、瓦、瓦楞铁、油毡撒豆砂	石板、瓦、瓦楞铁、炉渣、三合土、草泥灰	玻璃钢、油毡、草、席、树皮

注 1. 观众厅内的吊顶耐火等级不宜低于二级；三级耐火等级的住宅和单层办公用房可采用纸吊顶。

2. 本表来自《村镇建筑设计防火规范》（GBJ 39—1990）表 2.0.1 P2 ~3。

（二）村镇建筑防火的一般要求

民用建筑和村镇的厂（库）房的耐火等级、允许层数、允许占地面积及建筑构造防火要求应符合《村镇建筑设计防火规范》的规定，如表 10-4 所示。

民用建筑的耐火等级、允许层数、允许占地面积、允许长度　　表 10-4

耐火等级	允许层数	防火分区占地面积（m^2）	防火分区允许长度（m）
一、二级	五　层	2000	100
三　级	三　层	1200	80
四　级	一　层	500	40
	二　层	300	20

注：1. 体育馆、剧院、商场的长度可适当放宽。

2. 《村镇建筑设计防火规范》GBJ 39—1990 表 5.0.1。

厂（库）房的耐火等级、允许层数和允许占地面积应符合表10-5的规定。

场（库）房的耐火等级、允许层数和允许占地面积 **表10-5**

火灾危险性分类	耐火等级	允许层数	一栋建筑的允许占地面积（m^2）
甲、乙	一、二级	二层	300
丙	一、二级	三层	1000
	三级	二层	500
丁、戊	一、二级	五层	不限
	三级	三层	1000
	四级	一层	500

注：1. ①甲、乙类厂房和乙类库房宜采用单层建筑；甲类库房应采用单层建筑。

②单层乙类库房，占地面积不超过150m^2时，可采用三级耐火等级的建筑。

③火灾危险性分类，应符合《村镇建筑设计防火规范》GBJ39—1990附录二、三的规定。

2.《村镇建筑设计防火规范》表4.1.1。

（三）村镇建筑防火间距

1. 民用建筑防火间距

村镇民用建筑较之厂房或库房发生火灾的危险性小，起火后民用建筑的影响范围也小。在及时报警的情况下，消防人员一般可以及时到达火灾现场并有效控制火势蔓延。当四级耐火等级的民用建筑起火时，会对周围9m左右范围内的人员及10m左右范围内的三级耐火等级建筑构成较大威胁。因此，村镇建筑必须满足建筑物防火间距的最低要求。

一般民用建筑的防火间距 **表10-6**

耐火等级	耐火等级		
	一、二级	三　级	四　级
	防火间距（m）		
一、二级	6	7	9
三　级	7	8	10
四　级	9	10	12

注：《村镇建筑设计防火规范》GBJ 39—1990 表5.0.4。

表中若两栋建筑相邻较高一面的外墙应为防火墙或两相邻外墙均为非燃烧体实体墙，且无外露可燃屋檐时，其防火间距不限。

2. 厂（库）房的防火间距

厂房和库房与民用建筑不同，其房屋内部可燃物资比较多，发生火灾的危险性比较大。火灾发生后，燃烧的建筑对周围的环境影响也比较大。对于这类建筑防火间距应适当加大，特别是存放易燃易爆品的仓库，防火间距要更大一些。

厂（库）房之间的防火间距　　表 10-7

耐火等级	耐火等级		
	一、二级	三　级	四　级
	防火间距（m）		
一、二级	8	9	10
三　级	9	10	12
四　级	10	12	14

注：1. ①防火间距应按相邻建筑物外墙的最近距离计算，如外墙有凸出的燃烧构件，则应从其凸出部分外缘算起。
②散发可燃气体、可燃蒸汽的甲类厂房之间或与其他厂（库）房之间的防火间距，应按本表增加 2m，与民用建筑的防火间距不应小于 25m。
③甲类物品库房之间以及一、二、三级耐火等级的厂（库）房之间的防火间距不应小于 12m，甲、乙类物品库房与民用建筑之间的防火间距不应小于 25m。
2. 《村镇建筑设计防火规范》GBJ 39—1990 表 4.2.1。

3. 堆场、贮罐的防火间距

液体贮藏罐及易燃材料、可燃材料的露天堆场发生火灾的危险性比较大，所以防火等级和防火间距也应该相应增大，在村镇建筑中，此类建筑的防火间距应满足表 10-8 和表 10-9 的要求。

液体贮罐堆场与建筑物的防火间距　　表 10-8

总贮量（m^3）		火灾危险性分类	耐火等级		
			一、二级	三　级	四　级
			防火间距（m）		
贮罐区或堆场	1～50	甲、乙、丙	12 10	15 12	20 18
	50～100	甲、乙、丙	15 12	20 18	25 20

注：1. ①贮罐区或堆场的防火间距应从最近的罐壁或桶壁算起。
②一、二、三级耐火等级的建筑，当相邻外墙无门窗洞口，且无外露的可燃屋檐时，乙、丙类液体贮罐或堆场与建筑物的防火间距，可按本表防火间距减少 20%。
③甲类桶装液体不应露天堆放。
④火灾危险性分类应符合《村镇建筑防火规范》GBJ 39—1990 附录三的规定。
2. 《村镇建筑设计防火规范》表 4.2.6。

甲、乙类液体储罐和乙类液体桶装露天堆场，距明火或散发火花地点的防火间距不宜小于 30m，距民用建筑不宜小于 25m；距主要交通道路边沟外沿不宜小于 20m。

易燃可燃材料堆场与建筑物的防火间距　　表 10-9

堆场名称	堆场总储量	耐火等级		
		一、二级	三级	四级
		防火间距（m）		
粮食土圆仓、席茓囤	30～500t	8	10	15
	501～5000t	10	12	18
棉、麻、毛、化纤、百货等	10～100t	8	10	15
	101～500t	10	12	18
稻草、麦秸、芦苇等	50～500t	10	12	18
	501～5000t	12	15	20
木　材　等	50～500m^3	8	10	15
	501～5000m^3	10	12	18

注：《村镇建筑设计防火规范》GBJ 39—1990 表 4.2.8。

易燃、可燃材料堆场与甲、乙类液体贮罐和甲、乙类可燃气体贮罐的防火间距，不宜小于 25m；与丙类液体贮罐和乙类助燃气体贮罐的防火间距，不宜小于 20m。室外电力变压器与甲、乙类液体贮罐和易燃、可燃材料堆场的防火间距，不宜小于 25m；与丙类液体贮罐的防火间距不宜小于 20m。

（四）村镇防火通道

随着村镇规模的日益扩大，大量的工业建筑集中出现，这些建筑中多存放了火灾危险品；同时随着人口的集中，高层建筑、大型建筑集中出现，一旦失火扑救难度较大。因此，在村镇建筑的设计与规划中应充分考虑到防火通道的设置。

1. 村镇内消防车通道之间的距离，不宜超过 160m。消防车通道可利用交通道路，并应与其他公路相连通，其路面宽度不应小于 3.5m，转弯半径不应小于 8m。当管架、栈桥等障碍物跨越道路时，其净高不应小于 4m；

2. 消防通道宽度不宜小于 4m，转弯半径不宜小于 8m；

3. 建房、挖坑、堆柴草饲料等活动，不得影响消防车通行；

4. 消防通道宜成环状布置或设置平坦的回车场。尽端式消防回车场不应小于 15m × 15m，并应满足相应的消防规范要求。

在村镇建设中，建制镇内的建筑应符合《建筑设计防火规范》GB 50016—2006 的规定；行政村内的建筑应符合《村镇建筑设计防火规范》GBJ 39—1990 的规定，同时满足《村庄整治技术规范》GB 50445—2008 的要求。

第三节　建筑维修与加固

对既有结构进行维修与加固的目的是为了恢复和加强建筑的使用功能，提高和改善结构的性能。通常来说维修主要针对建筑中的非承重结构，加固则主要针对房屋的承重结构。为了解既有房屋结构的安全性、适用性和耐久性是否满足要求，在改造加固前必须要对结构进行检测和鉴定，对其可靠性做出正确的评价。加固设计时，应根据鉴定的评估报告对结构目前实际的安全性、适用性、耐久性作分析，在此基础上确定能否进行加固及采用何种设计方案。对既有房屋的检测、鉴定及加固设计应该由有资质的设计单位或研究单位来承担。

一、砌体结构的加固方法

1. 钢筋混凝土外加层加固法

其优点是施工工艺简单、适应性强，砌体加固后承载力有较大提高，并具有成熟的设计和施工经验；适用于柱、带壁墙的加固；其缺点是现场施工的湿作业时间长，对生产和生活有一定的影响，且加固后的建筑物净空有一定的减小。

2. 钢筋水泥砂浆外加层加固法

其优点与钢筋混凝土外加层加固法相近，但提高承载力不如钢筋混凝土外加层加固法。该方法适用于砌体墙的加固，有时也用于钢筋混凝土外加层加固带壁柱墙时两侧穿墙箍筋的封闭。

3. 增设构造柱加固法

当无构造柱或构造柱设置不符合现行国家标准《建筑抗震设计规范》GB 50011—2010的要求时，应增设现浇钢筋混凝土构造柱进行加固。构造柱的材料、构造及设置部位应符合现行行业标准《建筑抗震加固技术规程》JGJ 116—2009、关于外加柱设计和构造的规定。增设的构造柱应与墙体、圈梁、拉杆等连接成整体，若所在位置与圈梁连接不便，也应采取措施与现浇混凝土楼、屋盖可靠连接。

4. 砌体裂缝修补方法

对砌体结构进行加固后，还应对影响砌体结构、构件正常使用性的裂缝进行修补，应根据裂缝的种类、性质及出现部位进行修补设计，以选择适宜的修补材料、修补方法和修补时间。砌体结构的裂缝按其性状可分为以下两类：静止裂缝，即由过去事件引起、且不再变化的裂缝。其特点是裂缝宽度和长度稳定，修补时选用的材料和方法仅与裂缝粗细有关，而与材料的刚性或柔性无关；活动裂缝，即裂缝宽度不能保持稳定、易随着正常使用的结构荷载或砌体湿热的变化而时开时合的裂缝。当无法完全消除其产生原因时，修补这类裂缝宜使用有足够柔韧性的材料，或无粘结的覆盖材料。

5. 基础补强注浆加固

当建筑物基础由于不均匀沉降、冻胀等原因引起开裂或损坏时，可采用灌浆法加固基础。施工时可在基础中钻孔，注浆管的倾角一般不超过60°且不小于30°，孔径应比注浆管的直径大2～3mm，在孔内放置直径25mm的注浆管，孔距可取0.5～1.0m。对单独基础每边打孔不应少于2个，浆液可由水泥浆或氧树脂等制成，注浆压力可取0.1～0.6MPa，当15分钟内水泥浆未被吸收则应停止注浆，注浆的有效直径约为0.6～1.2m。对条形基础施工应沿基础纵向分段进行，每段长度可取1.5～2.0m。

二、混凝土结构的加固与维修方法

1. 加大截面加固法

在受弯构件受压区增加混凝土现浇层，可增加截面有效高度，扩大截面面积，起到加固补强的作用。

该法施工工艺简单、适应性强；适用于梁、板、柱、墙和一般构造物的混凝土的加固；但现场施工的湿作业时间长，对生产和生活有一定的影响，且加固后的建筑物净空有一定的减小。

2. 置换混凝土加固法

该法的优点与加大截面法相近，且加固后不影响建筑物的净空，但同样存在施工的湿作业时间长的缺点；适用于受压区混凝土强度偏低或有严重缺陷的梁、柱等混凝土承重构件的加固。

3. 有粘结外包型钢加固法

把型钢或钢板包在被加固构件的外边，加固后的构件，由于受拉和受压钢截面面积大幅度提高，因此正截面承载力和截面刚度大幅度提高。

该法施工简便、现场工作量较小，但用钢量较大；适用于使用上不允许显著增大原构件截面尺寸，但又要求大幅度提高其承载能力的混凝土结构加固。

4. 粘钢加固法

在构件承载力不足区段表面粘贴钢板，这样可提高被加固构件的承载力，且施工方便。

该法施工快速、现场无湿作业或仅有抹灰等少量湿作业，对生产和生活影响小。但加固效果在很大程度上取决于胶粘工艺与操作水平。

5. 粘贴纤维增强加固法

外贴纤维加固是用胶结材料把纤维增强复合材料贴于被加固构件的受拉区域，使它与被加固截面共同工作，达到提高构件承载能力的目的。除具有粘贴钢板相似的优点外，还具有耐腐蚀、耐潮湿、几乎不增加结构自重、耐用、维护费用较低等优点，但需要专门的防火处理，适用于各种受力性质的混凝土结构构件和一般构筑物。

6. 增加支承加固法

增设支点加固法是通过减少受弯构件的计算跨度，达到减少作用在被加固构件上的荷载效应，提高结构承载水平的目的。该法简单可靠，但易损害建筑物的原貌和使用功能，并减小使用空间；适用于具体条件许可的混凝土结构加固。

7. 灌缝胶修复裂缝法

本方法适用于对混凝土构件、砖混构件所产生的缝隙进行灌注粘结，达到裂缝修复加固的目的。具体施工流程可总结为：裂缝检查-裂缝处理-设置灌浆嘴-封缝-封缝检验-灌胶。

第四节　推荐技术

1. 金属护套无机矿物绝缘电缆

1）主要技术性能

该电缆由绞合铜导体、无机绝缘包覆层、无机绝缘填充层、铜护套层等组成，具有耐火性能优良、燃烧时无烟无毒、过载能力大、耐腐蚀、使用寿命长等特点，与同类金属护套氧化镁矿物绝缘防火电缆相比柔性好、制造长度长和截面大，可满足用户的不同需求。

具有以下主要特点：

（1）防火性能优异，耐火等级不仅满足A类950℃ 90分钟的要求，还可满足《在着火状态下能保证电路工作的电缆的性能要求规范》BS 6387—1994中规定的A级650℃ 3小时；B级750℃ 3小时；C级950℃ 3小时的要求；

（2）连续长度可达2000m；

（3）截面大，单芯截面可达400mm^2，多芯截面可达95mm^2；

（4）柔性好，电缆可以盘在电缆盘上（弯曲半径≥20D）；

（5）燃烧时无烟无毒，采用无机材料绝缘，燃烧时不产生有害气体；

（6）无电磁干扰，因有铜护套的屏蔽，不会对信息/控制线等产生干扰；

（7）使用寿命长，采用无机材料绝缘，绝缘材料不易老化，寿命长。

2）适用范围及条件

适用于各类建筑物中的消防设备、应急照明系统、生产设备等供电。

3）技术要求

柔性防火电缆长度不受限制且具有柔性，可以直接从低压柜到控制柜到设备，系统全部线路均为防火电缆。

柔性防火电缆的安装方式基本等同于普通有机绝缘电缆的安装。其安装应符合《民用建筑电线电缆防火设计规程》DGJ 08—93—2002以及《电力工程电缆设计规范》GB 50217—2007要求。

4）技术推荐：上海胜武电缆有限公司

2. 防火止回阀

1）主要技术性能

防火止回阀由止回装置、伞形防火门、不锈钢弹簧和温控片等构件组成。其中，止回装置采用热镀锌钢板制成的二半门通过可转动的中心轴固定在阀门进气端，受重力作用二半门平时保持关闭，可防止共用排气道内的气流倒灌；伞形防火门通过导向轴固定在阀门出气端的支架上，在弹簧和温控片共同作用下保持静止。当共用排气道内温度超过70℃时，温控片受热熔化脱落，伞形防火门在弹簧作用下沿导向轴迅速将阀门进气端堵闭，防止火灾蔓延。

该阀门结构设计合理、构造简单，具有防火和止回阀功能，安装、使用方便。

2）适用范围及条件

适用于中、高层建筑通风管道、共用排气道。

3）技术要点

本防火止回阀上安装有一个玻璃水平仪，安装使用时只要将水平位置对准，将产品嵌入烟道孔中，并固定。

4）技术推荐：启东市中林五金厂

3. 住宅钢结构防火涂料

1）主要技术性能

该防火涂料利用无机多孔轻集料使防火涂层具有高孔隙率和低导热系数。在火灾发生时，该涂料通过涂层固有的良好绝热性以及防火添加剂的吸热作用，阻隔和消耗火灾热量向钢材表面传递，从而延长钢材到达临界温度的时间。该产品在常温下不释放甲醛、氨、氯离子等有害物质；受热状态下不释放 SO_2、NO、CO 等有害气体和烟气。该产品当涂层厚度 18.4mm 时，耐火极限大于 2 小时；涂层厚度 24.3mm 时，耐火极限大于 3 小时。

2）适用范围及条件

该涂料适用于已进行防腐处理的各种钢结构建筑，尤其适用于钢结构住宅。涂料贮存有一定温度要求，不可放在室外贮存或在太阳下曝晒。

3）技术要点

（1）涂装前钢构件应作除锈处理，最好刷上防锈漆，以免在喷涂防火涂料前又会有新锈蚀出现，喷涂前应清除表面尘污；

（2）涂装环境温度应保持在 0℃以上，并无穿堂风；

（3）采用喷涂机具喷涂涂装，每次喷涂厚度为 5～10mm，相隔 2～8 小时喷涂一道，直到要求厚度为止，局部修补可用手工抹涂；

（4）固化与保养。刚喷好的涂层应避免雨水冲淋，常温下涂层在 48～96 小时以内固化。

4）技术推荐：北京市建筑涂料厂、北京住总集团有限责任公司、北京市住宅建筑设计研究院

4. 红外自动扫描定向射水灭火装置

1）主要技术性能

该装置把红外监控技术、计算机技术、远程通信技术、机电一体化技术有机地结合起来，在其保护的空间范围内实行全天候、全方位的监控。一旦发生火灾，红外自动扫描定向射水灭火装置就快速反应、主动寻找火源、扫描定位、实行火灾报警，同时自动打开阀门射水灭火。经过扫描射水灭火冷却，确认火灾完全扑火，装置便自动关闭阀门回复监视状态。该系统具有灭火保护范围大、管网密度小，造价经济等特点。

2）适用范围及条件

适应大空间建筑消防系统。

3）技术要点

红外自动扫描定向射水灭火装置设计方法详见《大空间智能型主动喷水灭火系统设计规范》DBJ 15—34—2004、《火灾自动报警系统设计规范》GB 50116—1998 和《自动喷水灭火系统设计规范》GB 50084—2001 的要求。

4）技术推荐：南海市天雨智能灭火装置有限公司

5. 高强度单片铯钾安全防火玻璃

1）主要技术性能

高强度单片铯钾安全防火玻璃通过对玻璃同时进行物理增强和化学增强，即将含 K^+ 或 Cs^+ 的熔盐在物理钢化过程中喷射到玻璃表面，对玻璃同时进行物理增强和化学增强，使玻璃获得很高的预压缩应力，能够抵御受热时所产生的热应力，从而具有防火的功能。同时因此制备的玻璃还具有强度高、重量轻、透光率高等特点，其强度是普通钢化玻璃的 1.5 倍以上。

技术指标如下：

耐火完整性　≥ 90 分钟　　　　弯曲度 ≤0.2%

抗弯强度　≥300MPa　抗冲击强度 ≥20Nm

碎片状态　在任何 50mm×50mm 区域内的碎片数≥100 块

2）适用范围及条件

可用于建筑外墙以及建筑内部防火隔断、燃气灶炉具面板等耐热部位。

3）技术推荐：广东金刚玻璃科技股份有限公司

6. 无火花快速堵漏技术

1）主要技术性能

该技术是根据危险化学品泄漏事故具有危险性大、突发性强、处置技术难度高等特点，研制而成的适用于危险化学品行业处置泄漏事故的应急救援技术和产品，包括了粘贴式堵漏技术和 BF 系列无火花快速堵漏器材。其中，采用无火花材料制作堵漏装备，可有效避免在堵漏过程中产生火花引燃泄漏介质，另外，利用永磁技术可对不同形状容器的泄漏处进行封堵。

该技术具有堵漏速度快，动态堵漏、耐压性能好、耐介质性能好，无火花，适用范围广、操作简便等特点。主要技术性能指标如下：

（1）适用介质压力：　2.5 MPa

（2）适用最高温度：　90℃

（3）无火花性能：　符合 GB/T 10686—1989 的相关要求

（4）适用介质：　水（淡水、海水、石灰水）

气（液化气、蒸汽、氯气）

浓度不大于 10% 的 H_2SO_4、HCL、NaOH

2）适用范围及条件

对金属或非金属制成的容器为水、油、酸、碱、盐、气体及有机溶剂等介质泄漏可进行现场边漏边修复。

应用条件：抗剪切强度≥30MPa；温度使用范围在 -70 ~ +250℃。

3）技术推荐：江西慰诺集团

7. 多层房屋建筑隔震橡胶支座

1）主要技术性能

该支座由多层橡胶和多层钢板或其他材料交替叠置结合而成，是一种竖向承载力极大、水平刚度较小、水平侧移容许值较大的装置。

建筑隔震技术是在建筑物的基础顶面设置建筑隔震橡胶支座，利用橡胶支座竖向刚度大而水平刚度弱的特点，使地震发生时，隔震层将发挥“隔”的作用，代替上部结构承受地震强烈的水平位移震动，有效减轻上部结构的地震作用，实现以“放”而达到抗震的要求。同时采用该技术的建筑物上部结构地震作用效应减小，可以在设计建造时减少墙柱截面尺寸和配筋，总体上可减少土建投资。该技术具有构造简单，施工安装方便，适用面广的特点。

2）适用范围及条件

适用于抗震设防烈度 7 ~9 度地震区多层房屋抗震。

3）技术推荐：华南建设学院西院、中国汕头和泰隔震器材公司

8. 剩余电流动作保护器（漏电断路器）

1）主要技术性能

针对传统漏电断路器在电源电压故障时不能保护的缺陷，本产品在脱扣控制电路中，增加了两门电路，其中一门电路，按导通方向一致与可单向可控硅元件、机械脱扣开关的电磁铁线圈、地线接线端子电连接。另一门电路按电路导通方向电连接在输出线路的三相线上，这样解决了三相线并存、中性线与地线并存通路、控制电路系统中线间电容值的稳定等技术问题。当电源电压故障（控制相线或中性线断路）发生漏电或触电事故时，断路器仍能通过其他相线与地线形成回路而是机械脱扣开关自动分离，起到保护作用。

主要技术指标：

额定电压	230/400V	额定短路能力	6000A、4500A
额定电流	≤63A	额定剩余动作电流	30mA、50mA

2）适用范围及条件

适用于交流50Hz（或60Hz）、额定电压230/400V，额定电流至63A的电路中，具有为人身触电和设备漏电保护功能。并且有过载、短路保护功能，也可以在正常情况下作为线路的不频繁转移之用。

3）技术要点

（1）正常工作条件。漏电保护器安装场所的周围空气温度，最高为+40℃，最低为-5℃，海拔不超过2000m，在最高温度40℃时，相对湿度不应超过50%。

（2）安装条件。安装时要求安装场所的外磁场任何方向均不应超过地磁场5倍，安装处无显著冲击和振动，无腐蚀性和爆炸性气体存在。

（3）安装方法。采用35mm标准导轨安装，并用螺钉压紧接线。漏电断路器一般应该垂直安装，手柄向上为接通电源位置。

（4）安装后的现场检测。保护器安装后应进行如下检测：带负荷分、合开关3次，不得误动作；用试验按钮试验3次，应正确动作；各相用试验电阻接地试验3次，应正确动作。

4）技术推荐：安阳安科电器股份有限公司

9. 智能单相电位偏差保护器

1）主要技术性能

在TN-S、TN-C-S系统的低压配电系统中，由于中性线断线、电气设备或线路发生单相接地故障、三相负载严重不平衡等现象均可导致低压电网中性线电位偏移。而中性线电位偏移过大将会烧毁单相用电设备引起火灾，甚至会危及人身安全。

该智能单相电位偏差保护器具有线路过电压、欠电压保护功能和线路正常电压自动延时复位功能，从而减少由于电位偏差而造成的事故。

保护器的技术指标：

（1）线路电压偏差超欠220V±20%自动切断线路，恢复至220V±7%以内自动接通线路；

（2）实现了在线路电压50～450V范围内正常工作，即工作电压50～450V；

（3）负载功率≤13.86kW，消耗功率<1W；

（4）在线路电压不稳定时（电压忽有忽无）断开线路；

（5）停电启动或恢复供电时延迟3分钟接通线路；

（6）当继电器触头发生故障时自动报警；

（7）承受来自于线路的瞬态过电压能力超过 4kV；

（8）断开线路的动作时间呈反时限特性；

（9）少飞弧技术特点。

2）适用范围及条件

适用于 TN-C-S、TN-S 的低压配电线路中，采用单相线路电压 220V 的用户或采用单相线路电压 220V 的负载。

3）技术要点

智能单相电位偏差保护器在低压配电箱系统中的安装位置可参考国家建筑标准图集《住宅小区建筑电气设计与施工》03D603。

4）技术推荐：乌鲁木齐市神安实业有限公司

10. 家用燃气多功能防护阀

1）主要技术性能

该阀门利用空气动力学原理进行形体结构设计，以两个永久磁铁为主控力，根据管道燃气作用于橡胶隔膜门大小不同面积和过高压门上产生不同压力，利用控制力（磁力、重力、弹力、摩擦力）相互作用，实现阀在规定压力条件下开通和关闭。在管道燃气压力非正常变化（如突然停气、气压过高、过低等）时，自动断气，避免因煤气泄漏而引起的燃气流失、中毒、火灾等意外。

2）适用范围及条件

适用于管道燃气用户终端。

3）技术推荐：九江骏达燃安有限公司、浙江省玉环县环城化工机械厂、陕西大唐智能仪器仪表有限公司

11. 家用燃气报警器

1）主要技术性能

该系列家用燃气报警器采用了自产的催化元件传感器和电化学传感器，能检测空气中泄漏的燃气浓度，并进行警报。由于本产品使用了多种类型的传感器，大大增强了报警器对所处环境中所测气体的选择性，避免了由于传感器的选择性差而引起的误报警或乱报警现象。另外还提高了整机的线性指标，从而增强了整机工作的可靠性。

主要技术性能指标：

系统检测误差 $\leqslant \pm 5\%$ LEL；检测响应时间 $\leqslant 50s$；显示分辨率为 1% LEL；系统报警误差 $\leqslant \pm 5\%$ LEL；检测对象为环境中的可燃性气体。

2）适用范围及条件

主要应用于天然气和煤气管道的安全检测。

3）技术推荐：北京科力恒安全设备有限责任公司

12. 堤坝工程快速抢险技术

1）主要技术性能

该技术采用土工合成材料对堤坝工程的渗流起到控制作用。大部分土工合成材料都具有良好的透水性，它可汇集地下渗流将其排泄，如挡土墙后的垂直排水，渠道防渗土工膜下的织物排水，土石坝坝面防渗土工膜下的织物排水，软土地基塑料排水板的等于垂直排

水，加筋土堤的平面排水，软土地基的层面排水等。水工建筑物中为防止渗流破坏，常需设置经过设计的砂砾料所组成的滤层，而土工织物的过滤功能和传统的颗粒滤层完全相同，故可以此取而代之。它可在地下水渗流作用下，既能防止土颗粒过量流失而造成的破坏，同时又使水流顺利排泄，以免由于孔隙水压力的升高而造成土体失稳。如土石坝和堤防由及目标的排水滤层；堤坝护坡的滤层；水井、减压井周边的滤层，挡土墙回填土的排水滤层，公路、机场、铁路道碴与人工堆石之间的隔离层等。

土工合成材料以适当的方式埋入土体中，可以约束土体的拉伸应变，减少土体变形，从而改善土体的受力状况，增加其稳定性。土工织物、土工格栅、土工网及其他复合土工合成材料都具有加筋作用。如公路、铁路、土石坝、防波堤等工程中用以加强软弱地基，同时起隔离与过滤作用，加强堆土或开挖陡坡的稳定性，加固路面防止反射裂缝的发展等。某些土工合成材料还具有保湿防冻及隔热以减缓温度变化的作用。事实上工程中所应用的土工合成材料仅发挥一种功能乃是极少的，通常是相互补充，兼起其他几种功能的作用。

2）适用范围及条件

可用于大坝、堤防渗流快速控制。

3）技术推荐：南京水利科学研究院

13. 泥石流监视预警仪

1）主要技术性能

泥石流监视预警仪以地震检波器为传感器作为触发开关，泥石流临近振幅超过预设的阈值时，打开摄像头监视泥石流，进行声光报警。针对泥石流临近时地面振动特点，采用低频高灵敏度地震检波器作为传感器，泥石流临近振幅超过预设的阈值时，触发打开远红外摄像头，进行监视预警和视频录像，采用先进的“视觉神经系统”，对监控到的视频信号进行智能分析，一旦觉察到画面内容有变化，如泥石流临近，报警通知泥石流下游居民进行防灾。当下游泥石流监测人员看到画面出现泥石流，立即组织居民撤离灾区。报警声响为130dB，监视器为多视频接口电视机或专用监视器，交直流两用供电，连接3km无线遥控模块可进行无线报警。

2）适用范围及条件

适用于针对泥石流灾害报警。

3）技术推荐：中国地质调查局水文地质环境地质调查中心

14. 滑坡伸缩仪

1）主要技术性能

滑坡伸缩仪主要针对崩塌滑坡体位移进行监测预警，监测伸缩量的变化，达到预定的阈值进行报警。可以同时对一个主滑坡体的多个活动裂缝进行多级监测，监测预警量程0～1000mm，独有的监测非用电技术，监测过程不耗电，只在报警时用电，报警声响130dB，碱性电池监测时间三年，产品成本仅为美、日等经济发达国家多级滑坡伸缩仪的千分之一或万分之一，连接无线遥控模块即可成为最先进的无线伸缩报警仪，滑坡伸缩仪设计为有线/无线两用预警仪，适合所有崩塌滑坡监测预警。

2）适用范围及条件

应用于崩塌、滑坡裂缝的监测领域。

3）技术推荐：中国地质调查局水文地质环境地质调查中心

15. 滑坡裂缝报警器

1）主要技术性能

崩塌滑坡裂缝报警器监测裂缝量的变化，达到预定的阈值进行报警，其体型小巧，预警量程为100mm，裂缝张开加大超过预定距离时，报警器会发出105dB的警报声，通知查看和避灾，以确保居民生命和财产安全；报警器监测不用电，报警才用电，采用碱性电池可预警监测三年。

2）适用范围及条件

应用于滑坡、崩塌的地面或房屋裂缝的监测。

3）技术推荐：中国地质调查局水文地质环境地质调查中心。

16. 在役混凝土结构耐久性增强修复材料

1）主要技术性能

锈蚀钢筋混凝土结构耐久性修复砂浆是由水泥、砂、减水剂、纤维等材料按照一定的配比制成的水泥基修补砂浆。该修补砂浆力学性能、自然收缩性能、抗渗性能和抗氯离子渗透性能良好，其修补后的有害孔和多害孔体积较小。

混凝土结构表面保护液自身呈碱性，系无色透明水性溶液，主要成分是一种单有机硅醇的水溶性金属化合物。该保护液涂刷在混凝土表面后不形成涂膜，而是在混凝土孔壁上形成憎水层，防止混凝土因吸水、氯离子侵蚀和冻融等破坏，但不妨碍其透气性能，属渗透型混凝土防护材料。该保护液可提高混凝土结构抗紫外线、抗冻融、抗风化能力，延长混凝土使用寿命，也可有效防止砌体、装饰石材表面“泛碱”现象，涂刷后可使结构保持清洁，免受污染。

2）适用范围及条件

适用于作为在役钢筋混凝土结构裂缝、保护层破坏、钢筋锈蚀等耐久性修复工程。

3）技术要点

（1）对钢筋混凝土老化情况进行评估，确定修复方案；

（2）混凝土表面防护施工方法：

a 清理混凝土表面劣化层并打磨平整；

b 高压水冲洗或喷砂法清理基层；

c 涂刷保护液。

（3）挖补加钢筋钝化修复方案施工方法：

a 凿除松动和锈损混凝土；

b 用钢刷或砂纸打磨钢筋除锈；

c 钢筋表面涂刷钢筋表面钝化剂；

d 在原混凝土表面涂刷界面剂；

e 使用修复材料对构件进行修复。

4）技术推荐：中冶集团建筑研究总院、国家工业建筑诊断与改造工程技术研究中心

17. 住宅墙体裂缝处理技术

1）主要技术性能

对于静止裂缝，即其开展已基本稳定的裂缝和可能防止进一步扩展的裂缝，其修补采

用以下方法：①裂缝宽度小于0.3mm时，一般可不作处理，当为满足使用要求时，宜用环氧树脂浆液或水泥浆液进行表面封闭；②裂缝宽度大于或等于0.3mm时，宜用环氧树脂浆液灌注；③当裂缝宽度大于1.0mm时，可用微膨胀水泥浆液修补。修补前，应在裂缝表面涂刷一层水泥浆界面剂；④对于大面积缺损、孔洞等，宜采用1:2水泥或细石混凝土进行修补。为保证新混凝土与原结构的可靠结合，可将缺陷周围先凿毛，清理干净，并涂刷一层水泥浆界面剂。

对于活动裂缝，即处于继续开展而未稳定的裂缝，应在分析并控制裂缝开展使其稳定后，方可按上述方法进行修补。如裂缝开展不能控制，则应采取相应的措施，限制结构的变形，裂缝宜用柔性材料进行封闭处理。

对于结构承载力不足引起的裂缝除采用本方法处理外，还应采取相应的加固措施，确保结构安全。

2）适用范围及条件

主要用于修补混凝土结构所出现的裂缝，恢复其整体性和使用功能。

3）技术推荐：中国建筑科学研究院

18. 粘钢加固施工技术

1）主要技术性能

粘钢加固技术针对结构承载能力不足，采用结构表面粘贴钢板的方法提高结构的承载能力，具有造价低，施工简单的特点。该技术施工程序：被粘混凝土和钢板表面处理、加固构件卸荷及粘结剂配制、涂敷胶、粘贴、固定、加压、固化、卸支撑检验、防腐、粉刷等。

2）适用范围及条件

用于因地震或其他原因导致承载力不足的结构进行加固。

3）技术要点

（1）处理被加固混凝土面及钢板面，配制粘结剂。用抹刀同时涂抹在已处理好的混凝土表面和钢板面上，厚度1~3mm，中间厚、边缘薄，然后将钢板贴于预定位置。如果是立面粘贴，为防止流淌，可加一层脱蜡玻璃丝布。粘好钢板后，用手锤沿粘贴面轻轻敲击钢板，如无空洞声，表示已粘贴密实，否则应剥下钢板，补胶，重新粘贴。

（2）钢板粘贴好后立即用夹具夹紧，或用支撑固定，并适当加压，以使胶液刚从钢板边缝挤出为度。

（3）加固后，钢板表面应粉刷水泥砂浆保护。如钢板表面积较大，为利于砂浆粘结，可粘一层铅丝网或点粘一层豆石。

（4）拆除临时固定设备后，应用小锤轻轻敲击粘结钢板，从音响判断粘结效果或用超声波法探测粘结密实度。如锚固区粘结面积少于90%，非锚固区粘结面积少于70%，则此粘结件无效，应剥下重新粘结。

4）技术推荐：中国建筑科学研究院

19. 砂浆与混凝土修补剂

1）主要技术性能

该修补剂是由水分散环氧乳液、水泥及砂配制而成的一种新型砂浆与混凝土修补材料。该材料和混凝土基层的粘结强度比普通水泥砂浆的粘结强度增加5~10倍，比凿毛处理增加2～3倍。它能避免饰面材料脱落、抹灰砂浆空鼓等弊端，广泛用于新老混凝土的结构破损修补，此外它还具有优良的防水、补强、耐腐蚀、耐湿热和抗冻融等性能，其性能远远优于由丙烯酸乳液配制的聚合物水泥修补砂浆。主要的技术指标：

28天抗压强度　　35～40 MPa

28天抗折强度　　8～12 MPa

28天拉伸粘结强度　　2.0～2.5 MPa

2）适用范围及条件

适用于混凝土结构的破损补强工程。

3）技术推荐：中国建筑材料科学研究总院水泥科学与新型建筑材料研究所

20. 灌缝结构胶

1）主要技术性能

该灌缝结构胶是以环氧树脂、活性稀释剂、改性助剂等组成的高强度胶粘剂。它是由甲、乙两组分组成的，甲组分为灰色粘稠胶体，乙组分为浅黄色油状液体。主要的技术指标：

钢—钢粘结抗剪强度：　　>15MPa

钢—混凝土粘结抗拉强度：　　>5MPa（混凝土基层破坏）

混凝土—混凝土粘结抗拉强度：　　>5MPa（混凝土基层破坏）

抗压强度：　　>80MPa

抗拉强度：　　>12MPa

耐冻融性能：经200次冻融循环后，重量与强度无损失

2）适用范围及条件

用于混凝土结构的裂缝灌缝处理、结构补强，适合于大于0.3mm的混凝土裂缝的修补。

3）技术推荐：中国建筑材料科学研究总院水泥科学与新型建筑材料研究所

重点推荐技术及相关资料详见附送光盘。

参 考 文 献

［1］何兆益．农村公路养护与管理［M］．北京：人民交通出版社．2006

［2］郭克清．公路安全保障工程实用手册［M］．北京：人民交通出版社．2007

［3］中华人民共和国行业标准．公路工程技术标准（JTG B01-2003）［S］．北京：人民交通出版社．2003

［4］中华人民共和国行业标准．公路桥涵养护规范（JTGH 11—2004）［S］．北京：人民交通出版社．2004.

［5］中华人民共和国行业标准．公路沥青路面养护技术规范 JTJ 073.2—2001［S］．北京：人民交通出版社．2001

［6］中华人民共和国行业标准．公路技术状况评定标准（JTG H20-2007）［S］．北京：人民交通出版社．2008

［7］刘玲花，周怀东，金旸等编译．农村安全供水技术手册．北京：化学工业出版社，2008

［8］李亚峰主编．给水排水工程概论．北京：机械工业出版社，2008

［9］李亚峰，佟玉衡，陈立杰主编．废水处理实用技术．北京：化学工业出版社，2008

［10］张可方，李淑更编著．小城镇污水处理技术．北京：建筑工业出版社，2008

［11］王淑莹主编．环境导论．北京：建筑工业出版社，2004

［12］徐文龙主编．城市生活垃圾管理与处理技术．北京：建筑工业出版社，2006

［13］秦峰主编．粪便处理与处置技术．北京：化学工业出版社，2006

［14］朱良文．深化认识传统，明确保护真谛［J］．新建筑，2006，1：6~8

［15］牛建农．农村传统民居保护，希望在农民［N/OL］．http：//www.chinajsb.cn

［16］赵爱辉．中国传统民居的保护与更新［J］．安徽文学，2007，2：25~26

［17］朴玉顺．保护与传承．河北建筑科技大学学报［J］．2005，3：17~19

［18］周兴寿．厦门历史风貌保护工程南薰楼的加固改造研究．重庆大学工程硕士学位论文．2003.11：11~12

［19］刘树林．北京孔庙石质文物的现状及保护探研．www.yuanliner.com/article/2008/0422

［20］四川省文物考古研究所．在大足石刻维修工程中研制的新型灌浆材料［M］．1984.4：24~26

［21］黄克忠．云冈研究石雕的风化与保护．学术会论文．1995：34~37